高等学校电工电子类系列教材

MATLAB
实用教程

主 编 林旭梅 葛广英
副主编 崔明辉 王素珍 郭 文
参 编 （以姓氏笔画为序）
　　　　王树华 包信宗 罗清龙
主 审 韩 力

中国石油大学出版社

内容提要

本书主要内容包括图形图像处理、信号处理与仿真、控制系统以及通信系统的数学模型、时域分析法、根轨迹分析法、频域分析法、控制系统校正与综合、线性系统状态空间分析与设计、非线性系统、离散控制系统等。本书以MATLAB仿真为主线，精心设计了各个仿真实例，将电子信息理论、自动控制理论与MATLAB较好地结合起来。由于MATLAB是理工科科学计算、仿真分析的专业工具，本书注重一些常用使用方法的介绍，如图形用户界面GUI，数字图像的灰度变换及直方图操作，数字图像的增强滤波、空间变换、边缘检测与分割等。

本书语言通俗易懂，内容丰富，既适合各高等院校的电子工程、通信工程、信息工程、自动控制等专业的本科生、研究生使用，也可作为相关专业工程技术人员的参考书。

图书在版编目(CIP)数据

MATLAB实用教程/林旭梅，葛广英主编.—东营：
中国石油大学出版社，2010.3
ISBN 978-7-5636-3055-4

Ⅰ.①M… Ⅱ.①林… ②葛… Ⅲ.①计算机辅助计算—软件包，MATLAB—教材 Ⅳ.①TP391.75

中国版本图书馆 CIP 数据核字(2010)第 035203 号

MATLAB 实用教程

主　　编：	林旭梅　葛广英
责任编辑：	刘　静

出 版 者：	中国石油大学出版社(山东 东营,邮编 257061)
网　　址：	http://www.uppbook.com.cn
电子信箱：	cbs2006@163.com
印 刷 者：	青岛星球印刷有限公司
发 行 者：	中国石油大学出版社(电话　0546—8391810)
开　　本：	185×260　印张：14.75　字数：358千字
版　　次：	2010年4月第1版第1次印刷
定　　价：	25.80元

版权专有，翻印必究。举报电话：0546—8391810
本书封面覆有带中国石油大学出版社标志的激光防伪膜。
本书封面贴有带中国石油大学出版社标志的电码防伪标签，无标签者不得销售

编审委员会
BIANSHEN WEIYUANHUI

高等学校电工电子类系列教材

主　　　任	王志功（东南大学）	
副 主 任	马家辰（哈尔滨工业大学（威海））	
	曹茂永（山东科技大学）	

编委会成员（以姓氏笔画为序）

于海生（青岛大学）	王培进（烟台大学）
王宝兴（聊城大学）	卢　燕（青岛理工大学）
刘法胜（山东科技大学）	刘庆华（中国石油大学出版社）
李贻斌（山东大学）	李　明（中国矿业大学）
张　勇（济南大学）	郑永果（山东科技大学）
周绍磊（海军航空工程学院）	周应兵（山东交通学院）
武玉强（曲阜师范大学）	孟祥忠（青岛科技大学）
侯加林（山东农业大学）	唐述宏（潍坊学院）
韩　力（北京理工大学）	褚东升（中国海洋大学）
谭博学（山东理工大学）	綦星光（山东轻工业学院）

编委会秘书　刘　静（中国石油大学出版社）

出版说明

电工电子技术作为当前信息技术的基础，在国民经济和社会发展中起着越来越直接和越来越重要的作用。在高校中，由于广阔的技术应用和良好的就业前景，使电工电子类专业成为近年来发展势头最强劲的专业之一。在学生人数激增、学科应用拓展、学科发展加速的现实背景下，要使高校的专业教学跟上发展的步伐，适应社会的需求，则必须进行课程体系和课程内容的改革。这是摆在电工电子类专业从教者面前的一项重要而紧迫的任务。

正是在这种共同认识的驱动下，我们20多所高校——一些平时在教学改革方面颇多交流、在学科建设方面颇多借鉴的院校，走到了一起。我们这些院校各有所长，在一起切磋、比较、学习，搭建了一个很好的学习和交流的平台，共同推动了教育教学改革，促进了各自的发展。经验告诉我们，教改的核心是课程体系和课程内容的改革，但课程体系和课程内容改革的成果呈现在学生面前的最主要资源便是构架完备系统的教材。因此，课程改革与教材建设同步，编写出一套适合当前教学改革要求、结构体系完备、体现教学改革思路的好教材，成了我们共同的追求。

教材指导教学，教材体现教改。根据现实的教学需求和进一步的发展规划，我们把这套教材的建设构架为三个方面，也可以说是三个模块：

第一个方面是电工电子的基础理论与技术教材，主要针对工科类学生的通识课或者基础课，包括信号与系统、电路分析、电子线路、模拟电子技术、数字电子技术、单片机原理及应用、微机原理及应用、电气控制及PLC技术、计算机控制技术、电机与电气控制技术、传感器与检测技术、电机与拖动等，涵盖电气工程及其自动化、自动化、电子信息工程、通信工程、计算机科学与技术、电子科学与技术等专业的基础知识。为确保教材的权威性、科学性，各书主编及主要撰写者，均由具有多年教学经验的教授和专家担任。教材的覆盖面广、知识面宽，以高校的精品课建设为基础，着重基本概念和基本物理过程的论述，注重教学内容的内拓和精选，突出先进性、针对性和实用性。

第二个方面是实验与实训类教材。实验教学是培养学生基本工程素质、提高工程实践能力的重要手段，是高校工科教育教学改革的核心课题。为此，我们这些高校都极其重视实验教学改革与教材建设，不断更新实训教育理念，注重学生创新能力和动手能力的综合发展。国家级实验教学示范中心是高等学校实验教学研究和改革的基地，对全国高等学校实验教学改革具有示范作用。我们的整套实训教材以山东科技大学和青岛大学"国家级电工电子实验教学示范中心"为依托，将任务驱动与项目引领相结合，融基础实验与综合技能训练、系统设计与综合应用、工程训练和创新能力培养为一体，体系完整、内容丰富、工程实践性强，以期达到加强学生的系统综合设计能力和训练学生工程思维的目的。这一类教材主要包括电路实训教程、模拟电子技术实验教程、数字电路逻辑设计与实训教程、电子工艺与实训教程、PLC 应用实训教程、电子工程实训教程、电气工程实训教程等。相信这部分教材对加强、规范和引导相关高校的实验教学会有一定的借鉴作用。

第三个方面则是我们独具特色的电工电子类专业的双语教学教材。我们本着自编和引进并重的原则，打造适合我国高等教育发展的电工电子类双语教材体系。我们拥有具有东西方不同教学体系下丰富教学经验的外国专家和教授，他们以纯正的英语语言直接面向我们的大学生编写教材，这在国内恐属首创。比如这套教材中的双语教材之一《Introductory Microcontroller Theory and Applications》就是由英籍专家 Michael Collier 主编完成的英文版双语教材。该教材已在试用中得到了教师和学生的很高评价。在编写原创双语教材的同时，为了提供更丰富的双语教材资源，弥补原创双语教材在数量上的不足，各校将在共同讨论的基础上，引进相对适应性广泛的原版教材。另外，电工电子类双语教学网站也在同步建设中，为师生提供双语教学资源，打造师生互动平台。

诸事万物，见仁见智。对一套好教材的追求是我们的愿望。但当我们倾力追求教材对于我们学校现实的适用性时，我们真的惧怕它们或许已离另一些学校更远。站在不同的起点或角度进行教材构架时，这种差异有时会影响人们对教材的评判。这就时刻提醒我们参与教材编写的院校，在追求教材对于自身的适用性的同时，需要努力与其他院校做更多的沟通和了解，以使自身更好地融入全国教改的主流，同时使这套教材具有更好的普适性，有更广泛的代表意义和借鉴作用。

教材是教学之本。我们希望这套教材：不仅能符合专业培养要求，而且能顺应专业培养方向；不仅能符合教育教学规律，而且能符合学生的接受能力和知识水平；不仅能蕴含和体现丰富的教学经验和思想，而且能为学生呈现良好的学习方法，能指导学生学会自主学习，能调动学生的创造力和学习热情……我们将为此继续努力！

编委会

2009 年 12 月

前言

PREFACE

随着国家信息化、工业化以及自动化水平的不断提高,电子信息处理、自动控制方面的研究越来越显示出其重要性。

MATLAB 是美国 MathWorks 公司于 1984 年开发的,目前已成为国际上最流行、应用最广泛的一种用于科学与工程运算的高效软件。MATLAB 集矩阵运算、数值分析、图形图像显示和仿真于一体,被广泛用于电子信息处理、自动控制、数学运算、计算机技术、图形图像处理、语音处理和汽车工业等领域,同时也是国内外高校和研究机构进行科学研究的重要工具。MATLAB 的语法规则简单,人机交互方便。

本书以 MATLAB 仿真为主线,以培养读者的学习方法为目的,精心设计了各个仿真实例,将电子信息理论、自动控制理论与 MATLAB 较好地结合起来,对电子信息、自动控制方面的实例和项目设计进行了仿真与分析,包括图形图像处理、信号处理与仿真、控制系统以及通信系统的数学模型、时域分析法、根轨迹分析法、频域分析法、控制系统校正与综合、线性系统状态空间分析与设计、非线性系统、离散控制系统等。这些内容不仅与理论知识很好地结合在一起,将枯燥的理论化为丰富的仿真实例,而且与一些实际的项目和工程密切联系,为一些工程的仿真提供了参考。与此同时,因 MATLAB 是理工科科学计算、仿真分析的专业工具,所以本书注重一些常用使用方法的介绍,如图形用户界面 GUI,数字图像的灰度变换及直方图操作,数字图像的增强滤波、空间变换、边缘检测与分割等。

在内容编排上,本书讲求循序渐进,深入浅出,使读者能够一步一步地深入,较好地掌握本门课程的内容和精髓,学习相应的仿真方法,以达到培养读者创新能力和独立思考的目的。

本书是以 MATLAB 7.0 版和 SIMULINK 6.5 版为平台编写的,主要内容包括:

(一) MATLAB 入门介绍

(二) 控制系统仿真

(三) 图形图像处理

（四）SIMULINK 仿真

（五）信号处理与仿真

（六）通信信息处理与仿真

本书共分七章。第一章简单介绍了 MATLAB 的入门知识；第二章详细介绍了 MATLAB 程序设计；第三章介绍了 MATLAB 图形图像处理的知识；第四章讲述了 SIMULINK 仿真；第五章详细阐述了线性控制系统的分析与仿真，包括系统的时域分析、频域分析、根轨迹分析、稳定性分析；第六章介绍了 MATLAB 在信号处理中的应用；第七章详细阐述了 MATLAB 在通信原理中的应用。每一部分都给出了典型实例。

本书第一、二章由青岛理工大学的王素珍编写，第三章由聊城大学的葛广英、包信宗编写，第四章由山东工商学院的郭文编写，第五章由青岛理工大学的林旭梅、崔明辉编写，第六章由聊城大学的王树华编写，第七章由聊城大学的罗清龙编写。全书由林旭梅、葛广英统稿，由北京理工大学的韩力教授主审。

由于编者水平有限，难免会有错误和不足之处，望广大读者批评指正，以便本书进一步修订和完善。

编　者

2010 年 3 月

目录

CONTENTS

第一章 MATLAB 软件入门 ·········· (1)
  1.1 MATLAB 软件的特点 ·········· (1)
    1.1.1 MATLAB 软件的特点 ·········· (1)
    1.1.2 MATLAB 7.0 软件的新特点 ·········· (1)
  1.2 MATLAB 软件的安装和启动 ·········· (2)
    1.2.1 MATLAB 的安装 ·········· (2)
    1.2.2 MATLAB 的启动 ·········· (7)
    1.2.3 MATLAB 的开发环境配置 ·········· (7)
  1.3 MATLAB 软件桌面 ·········· (8)
    1.3.1 MATLAB 主菜单及功能 ·········· (9)
    1.3.2 MATLAB 命令窗口 ·········· (9)
    1.3.3 MATLAB 工作空间及文件管理 ·········· (11)
  1.4 Help 帮助系统 ·········· (14)
    1.4.1 Help 帮助导航简介 ·········· (14)
    1.4.2 Demo 演示 ·········· (14)
  习 题 ·········· (15)

第二章 MATLAB 的程序设计 ·········· (16)
  2.1 MATLAB 的变量与数组 ·········· (16)
    2.1.1 MATLAB 的数据类型 ·········· (16)
    2.1.2 变量 ·········· (18)
    2.1.3 数组的表示 ·········· (20)
    2.1.4 数组的创建 ·········· (20)
    2.1.5 常用的矩阵运算函数 ·········· (24)
    2.1.6 数值型数据的输出形式 ·········· (27)
  2.2 MATLAB 的运算符 ·········· (28)
    2.2.1 数学运算符 ·········· (28)
    2.2.2 关系运算符 ·········· (29)
    2.2.3 逻辑运算符 ·········· (29)
    2.2.4 位运算符 ·········· (31)
    2.2.5 集合运算符 ·········· (31)
  2.3 MATLAB 的流程控制 ·········· (32)
    2.3.1 循环语句 ·········· (32)
    2.3.2 条件语句 ·········· (34)

  2.3.3　switch 结构 ··· (34)
  2.3.4　其他控制流 ··· (35)
 2.4　M 文件 ·· (37)
  2.4.1　M 文件简介 ··· (37)
  2.4.2　M 文件的调试 ·· (37)
  2.4.3　M 文件的创建 ·· (37)
 2.5　文件 I/O 函数 ··· (40)
  2.5.1　低级文件 I/O 函数 ·· (40)
  2.5.2　I/O 函数创建实例 ··· (43)
 习　题 ·· (48)

第三章　MATLAB 图形图像处理 ··· (49)
 3.1　二维图形的绘制 ··· (49)
  3.1.1　直角坐标系中的绘图 ·· (49)
  3.1.2　图形的打印和输出 ·· (50)
  3.1.3　线型、点型、颜色 ·· (51)
  3.1.4　同一坐标系内多条曲线的绘制 ··· (52)
  3.1.5　多个图形窗口 ··· (53)
  3.1.6　对数坐标图形 ··· (54)
  3.1.7　坐标轴上下限的设置 ·· (55)
  3.1.8　极坐标下的绘图 ··· (56)
  3.1.9　复数的绘图 ··· (57)
  3.1.10　特殊二维图形的绘制 ··· (58)
 3.2　三维图形的绘制 ··· (60)
  3.2.1　三维曲线的绘制 ··· (60)
  3.2.2　三维表面、网格、等高线图形的绘制 ·· (61)
  3.2.3　动画的制作 ··· (62)
 3.3　图形用户界面 ··· (62)
  3.3.1　GUI 的工作机制 ·· (63)
  3.3.2　创建 GUI 的基本步骤 ·· (64)
  3.3.3　GUI 应用实例 ··· (64)
 3.4　MATLAB 数字图像处理 ·· (66)
  3.4.1　数字图像的概念 ··· (66)
  3.4.2　数字图像的表示 ··· (66)
  3.4.3　图像格式与图像类型 ·· (67)
  3.4.4　数字图像的读取 ··· (68)
  3.4.5　数字图像的显示与存储 ·· (69)
 3.5　图像的灰度变换与直方图 ·· (70)
  3.5.1　图像的灰度变换 ··· (70)
  3.5.2　灰度直方图 ··· (71)
  3.5.3　直方图均衡化 ··· (71)
 3.6　图像的增强滤波 ··· (72)
  3.6.1　空域滤波概述 ··· (72)
  3.6.2　空域滤波的分类 ··· (73)
  3.6.3　基于 MATLAB 的空域增强滤波 ·· (73)
 3.7　图像的空间变换 ··· (75)

  3.7.1 图像比例缩放 ……………………………………………………………………… (75)
  3.7.2 图像剪切 ………………………………………………………………………… (76)
  3.7.3 图像旋转 ………………………………………………………………………… (77)
 3.8 图像边缘检测与分割 ………………………………………………………………… (78)
  3.8.1 边缘检测概述 …………………………………………………………………… (78)
  3.8.2 梯度算子 ………………………………………………………………………… (78)
  3.8.3 二阶微分算子 …………………………………………………………………… (80)
  3.8.4 阈值分割 ………………………………………………………………………… (82)
 习 题 ………………………………………………………………………………………… (85)

第四章 SIMULINK 仿真 …………………………………………………………… (87)

 4.1 SIMULINK 入门 ……………………………………………………………………… (87)
  4.1.1 SIMULINK 简介 ………………………………………………………………… (87)
  4.1.2 SIMULINK 的启动和退出 ……………………………………………………… (88)
  4.1.3 SIMULINK 界面窗口介绍 ……………………………………………………… (88)
  4.1.4 SIMULINK 的常用模块库 ……………………………………………………… (89)
 4.2 SIMULINK 模型创建 ………………………………………………………………… (91)
  4.2.1 SIMULINK 模块参数、属性设置 ……………………………………………… (91)
  4.2.2 SIMULINK 模块的查找、选定与移动 ………………………………………… (91)
  4.2.3 SIMULINK 模块的复制与删除 ………………………………………………… (92)
  4.2.4 SIMULINK 模块几何属性的调整 ……………………………………………… (93)
  4.2.5 创建新 SIMULINK 模块 ………………………………………………………… (93)
  4.2.6 SIMULINK 模块的连接 ………………………………………………………… (94)
 4.3 子系统的建立 ………………………………………………………………………… (95)
  4.3.1 子系统的创建 …………………………………………………………………… (95)
  4.3.2 子系统的封装 …………………………………………………………………… (96)
  4.3.3 条件子系统 ……………………………………………………………………… (97)
  4.3.4 SIMULINK 仿真、调试 ………………………………………………………… (98)
 4.4 定制函数库和 S-函数 ………………………………………………………………… (101)
  4.4.1 函数库定制 ……………………………………………………………………… (101)
  4.4.2 S-函数的建立 …………………………………………………………………… (101)
 4.5 SIMULINK 仿真实例讲解 …………………………………………………………… (102)
 习 题 ………………………………………………………………………………………… (107)

第五章 控制系统仿真研究 ……………………………………………………………… (108)

 5.1 控制理论的基本概念 ………………………………………………………………… (108)
 5.2 经典控制理论 ………………………………………………………………………… (108)
  5.2.1 控制系统的数学模型 …………………………………………………………… (108)
  5.2.2 线性系统的时域分析 …………………………………………………………… (109)
  5.2.3 线性系统的根轨迹 ……………………………………………………………… (110)
  5.2.4 线性系统的频域分析 …………………………………………………………… (112)
  5.2.5 线性系统的校正方法 …………………………………………………………… (114)
  5.2.6 线性离散系统的分析与校正 …………………………………………………… (116)
 5.3 现代控制理论 ………………………………………………………………………… (117)
  5.3.1 状态空间模型 …………………………………………………………………… (117)
  5.3.2 系统的能控性和能观性 ………………………………………………………… (118)
  5.3.3 李雅普诺夫稳定性 ……………………………………………………………… (119)

5.4 控制系统的仿真 ·· (120)
    5.4.1 控制系统的参数模型 ··· (120)
    5.4.2 控制系统的分析 ·· (130)
习　题 ··· (158)

第六章　MATLAB 在信号处理中的应用 ······································· (159)
6.1 信号和系统的时域分析 ·· (159)
    6.1.1 信号的表示及 MATLAB 实现 ·· (159)
    6.1.2 系统的时域分析及 MATLAB 实现 ·································· (164)
6.2 信号和系统的频域分析 ·· (170)
    6.2.1 信号的傅立叶变换 ··· (170)
    6.2.2 序列的离散傅立叶变换和快速傅立叶变换 ······················ (172)
    6.2.3 系统的频域分析 ·· (174)
6.3 变换域中的系统 ··· (176)
    6.3.1 拉普拉斯变换及应用 ·· (177)
    6.3.2 z 变换及应用 ··· (178)
6.4 数字滤波器的设计 ·· (180)
    6.4.1 IIR 数字滤波器的设计 ·· (181)
    6.4.2 FIR 数字滤波器的设计 ··· (185)
习　题 ··· (189)

第七章　MATLAB 在通信原理中的应用 ······································· (191)
7.1 模拟调制系统 ·· (191)
    7.1.1 幅度调制原理 ··· (191)
    7.1.2 角度调制原理 ··· (194)
7.2 MATLAB 在模拟调制系统中的应用 ·································· (196)
    7.2.1 amod 函数的功能 ·· (196)
    7.2.2 ademod 函数的功能 ··· (197)
    7.2.3 amodce 函数的功能 ··· (198)
    7.2.4 ademodce 函数的功能 ·· (199)
    7.2.5 实例分析 ··· (200)
7.3 数字调制系统 ·· (203)
    7.3.1 二进制数字振幅调制(2ASK) ·· (203)
    7.3.2 二进制数字频率调制(2FSK) ·· (204)
    7.3.3 二进制数字相位调制(2PSK/2DPSK) ······························ (205)
7.4 MATLAB 在数字调制系统中的应用 ·································· (207)
    7.4.1 数字映射 ··· (207)
    7.4.2 数字逆映射 ·· (208)
    7.4.3 数字调制 ··· (209)
    7.4.4 数字解调 ··· (211)
    7.4.5 基带数字调制 ··· (212)
    7.4.6 基带数字解调 ··· (213)
    7.4.7 眼图 ·· (214)
    7.4.8 实例分析 ··· (215)
习　题 ··· (218)

附　录 ··· (219)
参考文献 ·· (223)

第一章　MATLAB 软件入门

　　MATLAB 是一种专门用于科学和工程运算的高效软件，由美国 MathWorks 公司研发。它起始于矩阵运算，经过多年的研究发展，成为目前的专门用于科学运算和解决工程问题的软件系统。MATLAB 含有丰富的函数库和工具库，既能实现一般的数学运算和分析，又能实现系统仿真、信号处理、图像处理等功能。

　　本章介绍了 MATLAB 软件的特点与安装，以及 MATLAB 的主要操作界面和帮助系统等内容。通过本章的学习，可以初步掌握 MATLAB 的基本操作，为系统仿真及信号处理等功能的实现奠定基础。

　　本章内容设置如下：
◇ MATLAB 软件的特点
◇ MATLAB 软件的安装和启动
◇ MATLAB 软件桌面
◇ Help 帮助系统

1.1　MATLAB 软件的特点

■ 1.1.1　MATLAB 软件的特点

　　MATLAB 作为一种高效率的科学工程运算软件，与其他软件相比，有着自身的显著特点：

　　(1) 可视化的友好界面，操作简单易学。
　　(2) 结构化的程序控制语言，支持面向对象的程序设计。
　　(3) 丰富的运算符、庞大的函数库及相应的扩展工具包，使 MATLAB 在工程运算、系统仿真、信号处理等方面高效、迅速。
　　(4) 内嵌的 SIMULINK 是 MATLAB 的重要组件，简单易用，无需编写大量的程序代码，即可实现对复杂系统的交互式动态建模、仿真以及综合分析。
　　(5) 图形功能强大，支持多种形式的二维/三维的图形表达。
　　(6) 支持 DDE 和 ActiveX，扩展性能好。

■ 1.1.2　MATLAB 7.0 软件的新特点

　　在 MATLAB 6.5 的基础上，MATLAB 7.0 做了新的改善，具体如下。

1. 桌面工具和开发环境

重新设计的桌面环境,提供了多文档管理、锚定图像、保存定制输出和常用命令快捷键的设置功能;增强了数组编辑器和工作空间浏览器功能,便于浏览、编辑和变量的图表绘制;当前路径浏览器可浏览代码的执行效率、相互之间的依赖性以及代码执行的进度,使程序的执行更加透明化;M-lint 代码分析器可修改代码,使其具有最高的性能和可维护性;增强了编辑器功能,可执行独立的 M 代码片段,可将 M 代码发布为多格式文件,尤其是 HTML、C/C++以及 Java 的代码格式文件,使得代码在其他编辑器中具有同样的可执行性。

2. 编程

支持创建嵌套函数和匿名函数;支持有条件的断点设置功能;支持模块化的注释功能。

3. 数学运算

支持整数运算,可处理大规模的整型数据集;支持单精度运算、线性代数运算、FFT 和滤波,可处理大规模的单精度数据集;支持强大的数据几何例程,应用 Qhull 2003.1,可提供更好的控制算法;支持 linsolve 函数,可通过确定系数矩阵来更快地求解线性系统方程;支持 ODE 求解器,用于处理隐式差分方程和多点边界值问题。

4. 图形和 3D 视图

新的图形绘制界面,可不必输入 M 代码就可实现交互式创建图形和编辑图形;专业化的图形修正,使得图形的编辑更为简单;可实现图形的 M 代码的自动生成;增强了图形注释功能,包括图形绘制、对象对齐和数据点注释标定;数据探测工具包括绘图平移、数据提示,便于浏览图形时侦测数据值;支持群组图形的转换功能;增强了 Handle Graphics 功能。

5. GUI(图形用户界面)构建

可从 GUIDE 获取分组的用户界面控制面板、按钮组和 ActiveX 控件。

6. 文件 I/O 和外部接口

支持新的文件 I/O 函数,用于读取大型的任意格式的文本文件,并将其写入 Excel 和 HDF5 文件;支持压缩的 M 文件选项,用于快速存储大量的数据集且占用较小的磁盘空间;支持 javaaddpath 函数,可在不必重启 MATLAB 的情况下实现 Java 类的动态添加、删除和重新载入;支持 COM 组件、服务器事件和 VB Script;支持基于 SAOP 的 Web 服务和基于 FTP 的远程服务链接;支持基于 Unicode 的编码格式,使 M 文件的字符数据实现多语言共享。

7. 性能和平台支持

JIT 加速器涵盖所有的数字类型和函数调用,并可生成 MMX 功能函数的整数算术;在 Windows XP 环境下,3 GB 开关可为 MATLAB 语言提供额外的 1 GB 的数据存储器。

1.2 MATLAB 软件的安装和启动

■ 1.2.1 MATLAB 的安装

MATLAB 支持在 Windows/Unix/MacOSX 等操作系统下的安装与运行。

以 Windows 环境下的安装为例，简述其安装步骤。

（1）将 MATLAB 安装盘 CD 1 插入计算机的 DVD/CD-ROM 驱动器读取 MATLAB 安装盘的内容。

（2）打开安装盘，找到 MATLAB 安装文件包，双击安装文件 SETUP.EXE，显示"Welcome to the MathWorks Installer"对话框，如图 1.1 所示。

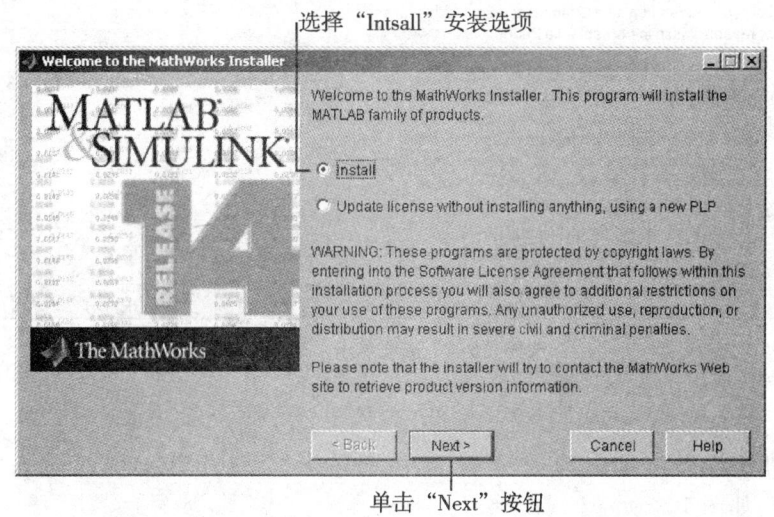

图 1.1　"Welcome to the MathWorks Installer"对话框

（3）在图 1.1 所示的对话框中选择"Install"安装选项并单击"Next"按钮，系统进入"License Information"对话框，如图 1.2 所示。

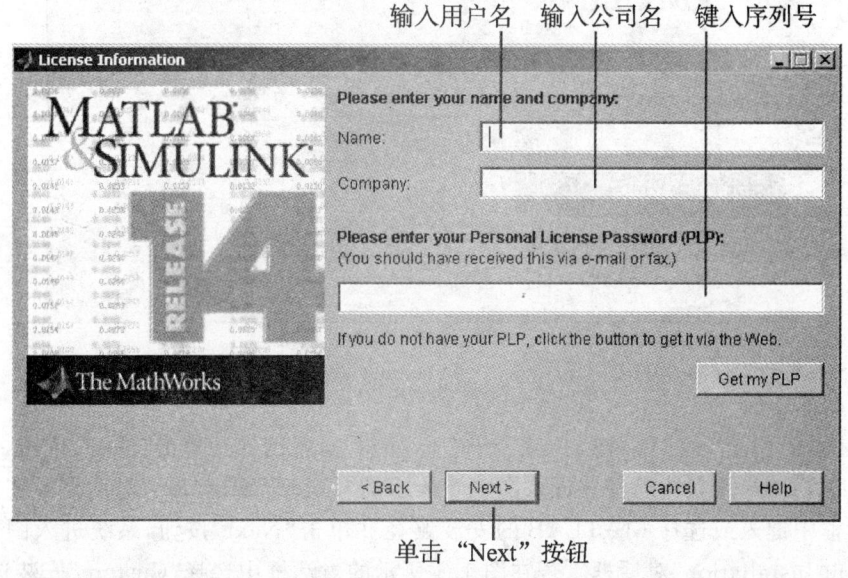

图 1.2　"License Information"对话框

（4）在图 1.2 所示的对话框中输入用户名和公司名，并键入产品序列号，如果输入的序列号正确，则出现"Next"按钮。单击"Next"按钮，系统进入"License Agreement"对话框，如

图1.3所示。

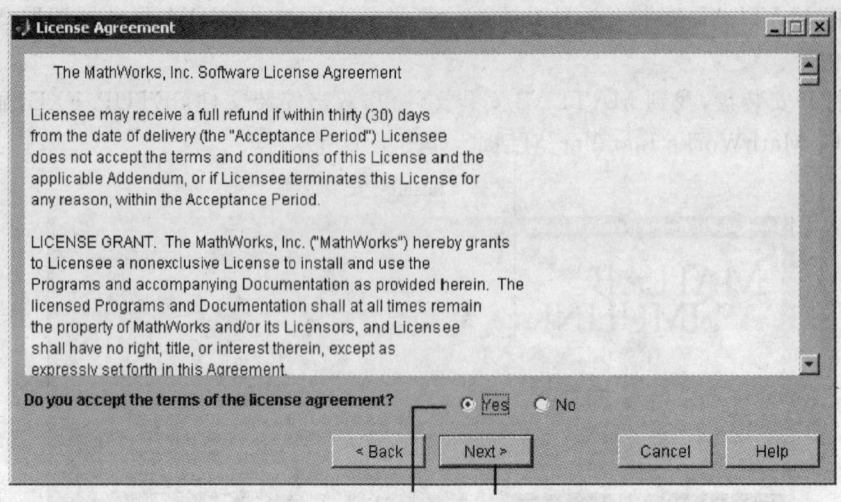

图1.3 "License Agreement"对话框

（5）在协议许可窗口中选择"Yes"选项并单击"Next"按钮，系统进入"Installation Type"对话框，如图1.4所示。

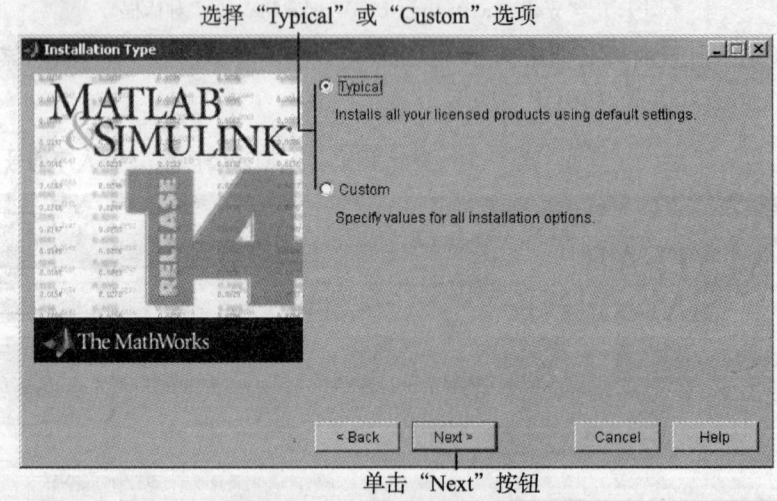

图1.4 "Installation Type"对话框

（6）在图1.4所示的对话框中，若选择"Typical"安装选项并单击"Next"按钮，系统会自动安装 MATLAB 的默认组件并进入图1.5所示的"Folder Selection"对话框。在图1.5所示的对话框中键入或选择 MATLAB 的安装路径并单击"Next"按钮，系统进入图1.6所示的"Custom Installation"对话框。若在图1.4所示的对话框中选择"Custom"安装选项，系统则首先进入图1.7所示的"Product and Folder Selection"对话框，由用户键入或选择安装路径及所需组件进行安装，单击"Next"按钮后系统进入图1.6所示的"Custom Installation"对话框。

第一章　MATLAB软件入门

键入或选择 MATLAB 的安装路径

单击"Next"按钮

图 1.5　"Folder Selection"对话框

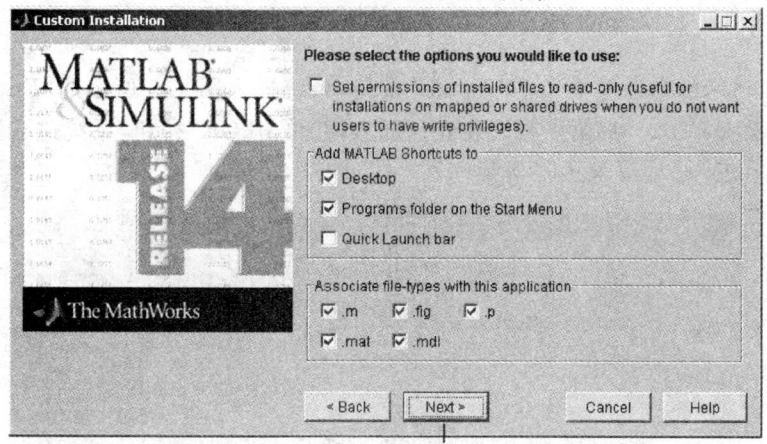

单击"Next"按钮

图 1.6　"Custom Installation"对话框

键入或选择 MATLAB 的安装路径

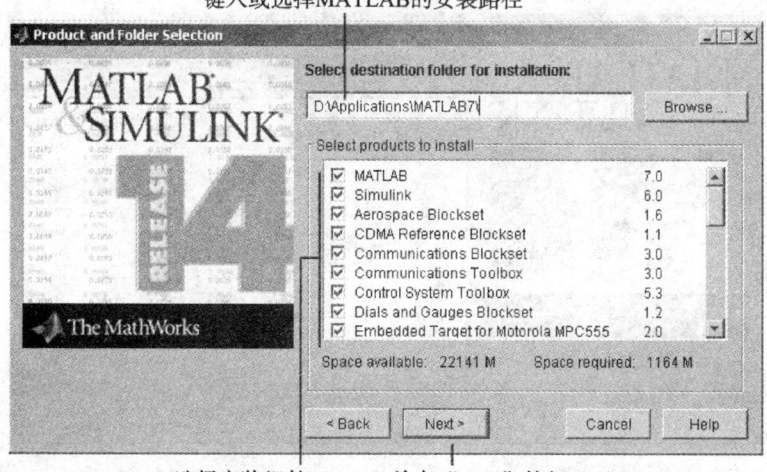

选择安装组件　　单击"Next"按钮

图 1.7　"Product and Folder Selection"对话框

在图1.6所示的对话框中设置快捷键和文件格式并单击"Next"按钮,系统进入图1.8所示的"Confirmation"对话框。

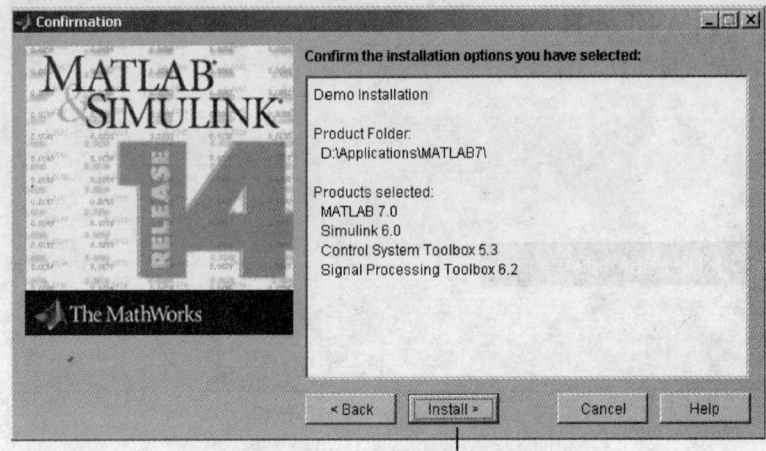

单击"Install"按钮

图1.8 "Confirmation"对话框

在图1.8所示的对话框中单击"Install"按钮,系统进入图1.9所示的"Enter next CD"对话框,要求插入CD 2。将第二张安装光盘插入,并单击"OK"按钮,系统进入图1.10所示的"Product Configuration Notes"对话框。

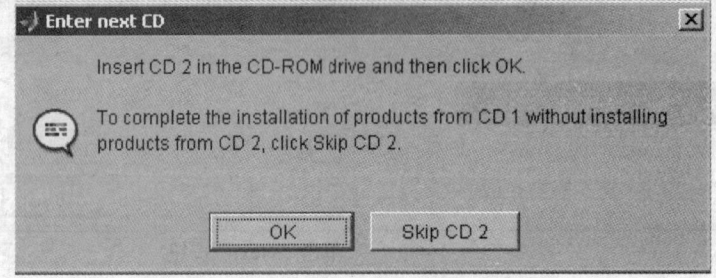

图1.9 "Enter next CD"对话框

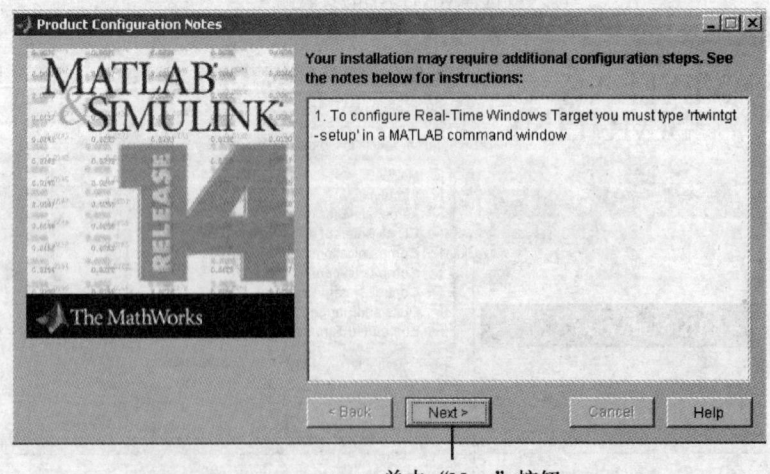

单击"Next"按钮

图1.10 "Product Configuration Notes"对话框

在图 1.10 所示的对话框上单击"Next"按钮,系统开始自动安装 MATLAB 软件。安装完毕后,进入图 1.11 所示的"Setup Complete"对话框,单击"Finish"按钮,完成系统安装并启动 MATLAB。

单击"Finish"按钮

图 1.11 "Setup Complete"对话框

1.2.2 MATLAB 的启动

常用以下两种方式启动 MATLAB:

(1) 双击桌面上的启动快捷图标" ",启动 MATLAB 7.0。

(2) 单击 Windows 桌面上的"开始"按钮,选择下拉菜单列表中的"程序"菜单项,在弹出的下拉程序菜单中选择"MATLAB 7.0",即可启动 MATLAB 7.0。

1.2.3 MATLAB 的开发环境配置

1. 初始化工作路径设置

在默认情况下启动 MATLAB 时,系统会自动打开 MATLAB 的初始工作路径 $MATLAB\work 文件夹。该文件夹用于存储用户编辑的 M 文件。为便于用户对 M 文件的管理,用户可以根据自己的需要对 MATLAB 的初始工作路径进行重新设置。用户可以右键单击 MATLAB 的快捷图标,选择"属性"项,在弹出的图 1.12 所示的"MATLAB 7.0 属性"对话框中,修改其中的"起始位置"项为自定义的路径,并单击"确定"按钮即可。

2. MATLAB 环境选项设置

若一些信息、默认定义或程序代码需每次启动 MATLAB 时都被激发执行,则用户可以在 $MAT-LAB\toolbox\local 文件夹内创建一个名为 startup.m 的

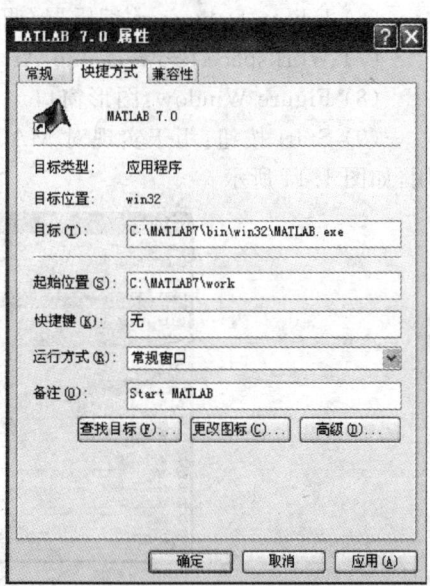

图 1.12 "MATLAB 7.0 属性"对话框

文件来存储这些信息、默认定义或程序代码。这样每次启动 MATLAB,系统就会自动执行 startup.m 文件所涵盖的命令而无需用户键入。

1.3　MATLAB 软件桌面

　　MATLAB 软件的桌面如图 1.13 所示,在此桌面中实现用户对 MATLAB 相关应用工具的管理和应用。

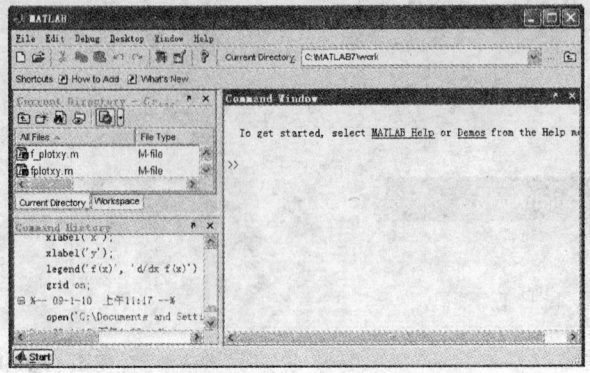

图 1.13　MATLAB 软件桌面

　　MATLAB 的管理应用工作主要由如下几个部分组成。
（1）Main Menu：系统主菜单,对 MATLAB 的应用管理。
（2）Command Window：命令窗体,运行函数和变量。
（3）Command History：命令历史记录显示窗体,显示或执行已执行过的命令。
（4）Help Browser：帮助浏览器,提供 MATLAB 应用帮助。
（5）Current Directory Browser：当前工作路径浏览器,显示当前的工作路径。
（6）Editor/Debugger：编辑器/调试器,编辑/调试 MATLAB 程序。
（7）Workspace Browser and Array Editor：工作空间浏览器和数组编辑器。
（8）Figure Window：图形窗口。
（9）Start 按钮：用于实现对 MATLAB 相关工具、实例、快捷方式及文献资料的快速调用,如图 1.14 所示。

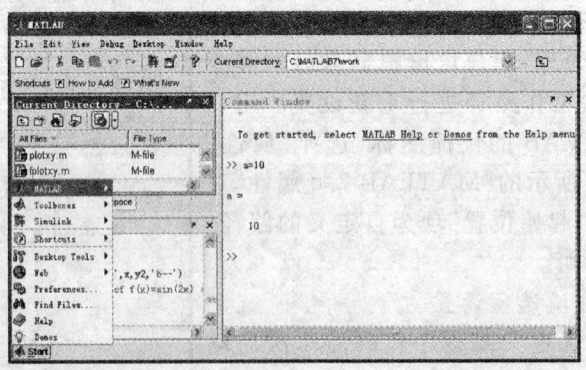

图 1.14　MATLAB 软件桌面的"Start"按钮

　　下面主要介绍系统的主菜单、命令窗口、工作空间及文件管理等内容。

1.3.1 MATLAB 主菜单及功能

主菜单实现对 MATLAB 的应用管理。

(1) 菜单项 File：实现文件的管理功能，各子菜单项的功能如下。

◇ New：->M-File，新建 M 文件，打开一个 M 文件编辑器，用于编辑和调试 M 文件，功能同工具栏上的新建 M 文件按钮"▯"。

->Figure，新建图形，打开一个图形窗口，用于编辑图形文件。

->Variable，在当前工作空间中新建一个变量，实现对变量的编辑。

->Module，新建仿真模型，打开一个 Module 编辑器，用于构建仿真模型。

->GUI，新建或打开一个 GUI 窗口，功能同工具栏上的 GUI 按钮"▯"。

◇ Open：打开一个 MATLAB 的可执行文件，功能同工具栏上的打开文件按钮"▯"。

◇ Close Command Window：关闭命令窗口。

◇ Import Data：导入文件数据。

◇ Save Workspace As：保存当前工作空间的所有变量，并指定变量名和保存的路径。

◇ Set Path：系统设置相关路径。

◇ Preferences：系统相关属性设置。

◇ Page Setup：系统命令窗口页面相关属性设置。

◇ Print：打印设置。

◇ Print Selection：对所选择内容的打印设置。

(2) 菜单项 Edit：实现对 MATLAB 文件及命令窗体的编辑功能。部分相关子菜单项的功能如下。

◇ Paste Special：将文件或剪贴板数据导入到当前工作空间。

◇ Clear Command Window：清空命令窗口。

◇ Clear Command History：清空命令历史浏览窗口。

◇ Clear Workspace：清空当前工作空间。

(3) 菜单项 Debug：实现对 MATLAB 程序的调试功能。

◇ Open M-File When Debugging：默认选项，调试时打开 M 文件编辑器，然后对 M 文件进行调试。

(4) 菜单项 Desktop：实现对 MATLAB 软件桌面的定制管理功能。

(5) 菜单项 Window：实现对 MATLAB 软件桌面的窗体管理功能。

(6) 菜单项 Help：MATLAB 的帮助系统。相关子菜单项的功能如下。

◇ MATLAB Help：获取 MATLAB 应用的相关帮助。

◇ Web Resources：获取网络资源。

◇ Demos：获取演示程序。

1.3.2 MATLAB 命令窗口

MATLAB 的命令窗口可运行变量、函数以及 M 文件的脚本程序，并显示结果数据。

1. 命令窗口的打开

(1) 默认情况下启动 MATLAB 时，命令窗口打开，如图 1.15 所示。其命令行由命令输入提示符">>"引起，用户可在该提示符后输入相应的变量、函数、命令，其程序的运行结果显示其后。

(2) 若命令窗口未打开,可单击 MATLAB 主菜单的"Desktop"菜单项,选择其"Command Window"子菜单选项,即可打开 MATLAB 的命令窗口。

(3) 若命令窗口未打开,且用户只需简单的命令行输入界面而不需要其他的桌面工具,则可点击主菜单"Desktop"菜单项,选择其下的"Desktop Layout/Command Window Only"子菜单项即可。

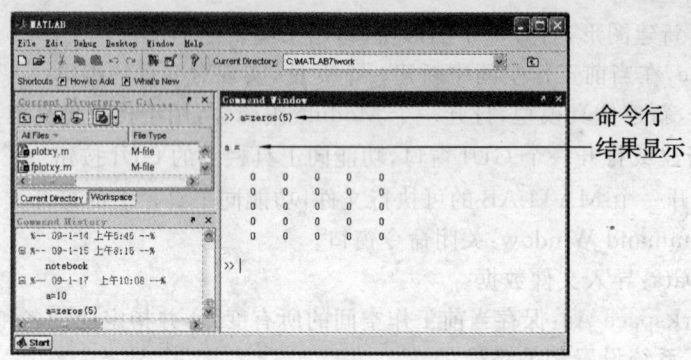

图 1.15　MATLAB 的命令窗口

2. 命令窗口的属性设置

单击 MATLAB 主菜单中的"File/Preferences"菜单项,在弹出的"Preferences"对话框中选择"Command Window",可以对命令窗口的数字输出格式和显示形式进行设置,如图 1.16 所示。

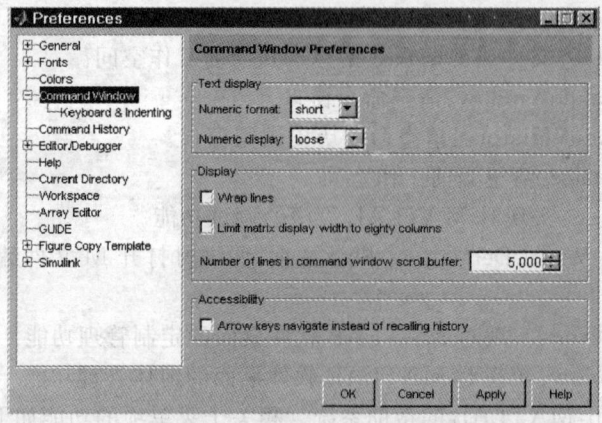

图 1.16　"Preferences"对话框

3. 命令窗口的输入输出控制

(1) 数字输出格式和显示形式的控制:可通过运行"format"函数或设置图 1.16 所示的对话框中的"Text display"属性实现。

(2) 抑制输出:若在命令窗口的命令行键入声明后直接按"Enter"键,则会在命令窗口中直接显示结果数据。但当编制一个大程序时,中间结果往往不需要步步显示,此时可以在每一个命令或函数结束时用分号";"操作实现程序的运行,则不会在换行后直接显示中间结果。例如:

>>a=zeros(5);

(3) 若语句较长,一行写不完,需要两行或更多行时,则可以用"…"做连接符,例如:
$$b = 1 - 1/2 + 1/3 - 1/4 + 1/5 - 1/6 + 1/7\cdots$$
$$- 1/8 + 1/9 - 1/10 + 1/11 - 1/12$$

4. 命令窗口的清空

若要清空命令窗口的所有操作,可采用以下方式实现:

(1) 在 MATLAB 系统软件桌面的主菜单上选择"Edit/Clear Command Window"菜单项。

(2) 在命令窗口中运行"clc"命令。

■ 1.3.3 MATLAB 工作空间及文件管理

1. 工作空间

假设有一个声明,其代码为"c=20;",则会产生一个名为 c 的变量,其值为 20,并存储在计算机内存中,即工作空间。因此,可以把工作空间看作是当一组命令、函数或 M 文件执行时所产生的所有变量和数组的集合。在命令窗口执行的所有命令共享一个工作空间,所以可共享变量。需要注意的是,MATLAB 的函数都有自己的工作空间,这与 MATLAB 的脚本文件不同。

Workspace 浏览器窗口一般位于 MATLAB 软件桌面的左上角,用于修改工作空间中的各变量的相关信息,如图 1.17 所示。若在 Workspace 浏览器窗口中双击数组 a,就会弹出数组 a 的编辑器"Array Editor",用于实现对数组 a 的修改。

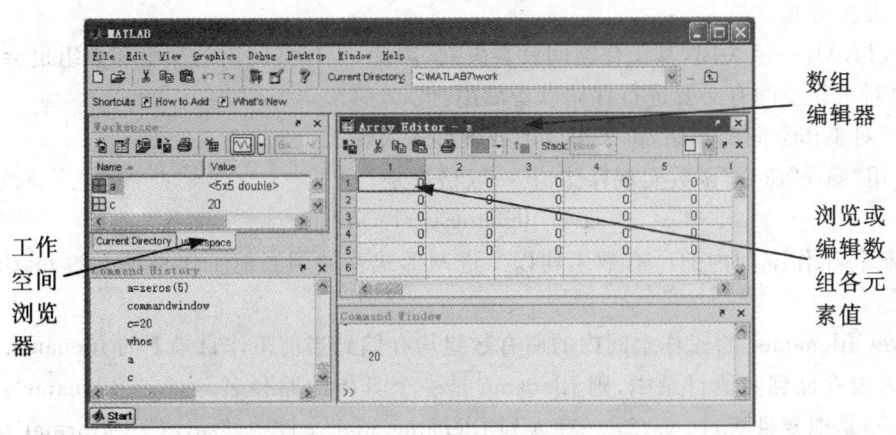

图 1.17 工作空间浏览器和数组编辑器

对于当前工作空间的变量和数组,也可以用"whos"命令来触发,实现相应的浏览。例如:

```
>> whos
  Name      Size       Bytes    Class
   a        5×5         200     double array
   c        1×1           8     double array
Grand total is 26 elements using 208 bytes
```

若要获得变量或数组的详细信息,则可以在命令窗口键入变量或数组名,例如:

```
>> a
a=
    0    0    0    0    0
    0    0    0    0    0
    0    0    0    0    0
    0    0    0    0    0
    0    0    0    0    0
>> c
c=
    20
```

若要从工作空间删除一个变量,可通过以下方式实现:

(1) 在工作空间浏览器内选择待删除的变量或数组,然后单击右键且在弹出的快捷菜单内选择"Delete"菜单项即可实现。

(2) 在工作空间浏览器内选择待删除的变量或数组,然后选择 MATLAB 主菜单上的"Edit/Delete"菜单项即可实现。

(3) 用"clear"命令来实现,其一般的应用格式为

$$\text{clear var1 var2 }\cdots$$

其中,var1 和 var2 是要被删除的变量名。

(4) 命令"clear variables"或"clear"用于删除所有的变量。

2. 文件管理

MATLAB 一经关闭,其工作空间就会失效,因此,工作空间内的变量和数组也会随之失效,所以对工作空间有必要进行存储以备后用。

(1) 对工作空间的存储,可采用以下几种形式实现。

◇ 用"save"命令/函数实现存储,其一般格式是

$$\text{save filename var1 var2 }\cdots$$

save 将工作空间内的所有数组均以二进制形式存储到当前工作目录下的 matlab.mat 文件中。

save('filename')将工作空间内的所有数组均存储到当前工作目录下的 filename.mat 文件中。若要存储到其他目录中,则 filename 是一个具体的路径名。save('filename','var1','var2',…)是把变量 var1,var2,…存入到 filename.mat 文件中。save('…',format')是以某种格式存储数据,如表 1.1 所示。

表 1.1 数据存储格式

存储格式	解释
-append	数据添加
-ascii	以 8 位 ASCII 码格式存储
-ascii -double	以 16 位 ASCII 码格式存储
-ascii -tabs	以制表符定制 8 位 ASCII 码格式存储
-ascii -double -tabs	以制表符定制 16 位 ASCII 码格式存储
-mat	以二进制 mat 形式存储

例 1.3.1 将数组以 ASCII 码格式存入文件 test.dat。
```
>>clear;                              %清空工作空间
>>a=zeros(2);c=[20 7; 3 10];          %定义数组
>>save -ascii e:\testMat\test.dat     %将数组 a 和 c 保存到 e 盘 testMat 文件夹下的
                                      %test.dat 文件中
```
执行完成后，将 a 和 c 看作一个矩阵数据保存在 test.dat 中，即

```
0.0000000e+000   0.0000000e+000
0.0000000e+000   0.0000000e+000
2.0000000e+001   7.0000000e+000
3.0000000e+000   1.0000000e+001
```

若将数组以 M 文件存储，则执行如下代码：
```
>>clear;
>>a=zeros(2);c=[20 7; 3 10];
>>save e:\testMat\test.mat
```

◇ 单击系统主菜单的菜单项"File/Save"或 Workspace 浏览器窗口工具栏上的保存按钮"■"，实现对工作空间所有数组的存储。

◇ 在 Workspace 浏览器窗口中选择待存储的数组，单击右键，在弹出的快捷菜单中选择"Save As"功能菜单，实现对选择数组的存储，如图 1.18 所示。

（2）对工作空间数组的载入，可用如下形式实现。

◇ 采用"load"命令/函数实现，一般形式为

　　load filename-regexp expr1 expr2 …

load 从 matlab.mat 载入所有数组，若文件不存在，则显示出错信息。load('filename')从给定路径下的 filename 文件载入所有数组。若文件不存在，则搜索 filename 文件并把它看作是二进制的 M 文件；若文件的扩展名不是.mat，则把它看作是 ASCII 码数据文件。

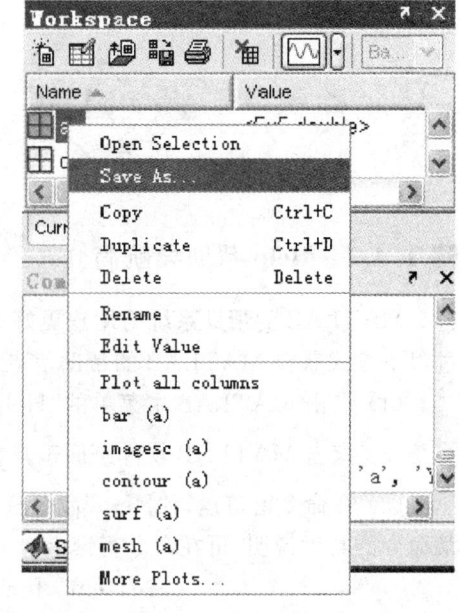

图 1.18 选择变量或数组的存储

load('filename','X','Y','Z') 从 filename 文件载入 X、Y、Z 变量；load('-mat', 'filename')将 filename 文件以 mat 文件格式载入内存；load('-ascii','filename')将 filename 文件以 ASCII 码格式载入内存。

例 1.3.2 将 e:\testMat\test.dat 中的数据载入工作空间，变量名默认为文件名。
```
>> load  e:\testMat\test.dat
>> test
test=
       0    0
       0    0
```

　　　　　20　7
　　　　　3　10

例 1.3.3　将 e:\testMat\test.mat 中的变量 c 载入工作空间。
>> load e:\testMat\test.mat c
>> c
c=
　　　　　20　7
　　　　　3　10

◇ 单击 Workspace 浏览器窗口工具栏上的文件导入按钮"📂",选择并打开待导入的数组所在的文件,在弹出的数据导入"Import Wizard"对话框中选择全部或部分待导入的数组,实现将数据文件的全部或局部数组导入到内存。

1.4　Help 帮助系统

1.4.1　Help 帮助导航简介

　　MATLAB 的帮助系统为用户更好地应用 MATLAB 提供了交互的帮助导航,用户可通过以下方式获得 MATLAB 的帮助信息。
　　(1) 点击 MATLAB 主菜单的"Help"菜单项获得 MATLAB 的帮助系统。
　　(2) 点击 MATLAB 软件桌面工具栏上的" ❓ "按钮获得 MATLAB 的帮助系统。
　　(3) 在命令窗口运行"Help"命令获得 MATLAB 的帮助系统。若要具体获得某函数或某命令的帮助说明,可在命令行键入
　　　　　　　>>Help　function 或 >>Help　filename
　　(4) 在命令窗口运行"lookfor"命令获得更为详尽的 MATLAB 帮助信息。如要获取有关"save"命令的相关信息,可在命令行输入如下代码
　　　　　　　>> lookfor save

1.4.2　Demo 演示

　　Demo 是 MATLAB 相关程序实例的演示程序,采用交互式界面,操作简便。
　　获得 Demos 演示程序的方式如下:
　　(1) 在 MATLAB 软件桌面的主菜单上选择"Help/Demos"菜单项获取 Demos 演示程序。
　　(2) 在 MATLAB 的帮助系统中选择"Demos"活页获取 Demos 演示程序。
　　(3) 在 MATLAB 的命令窗口中运行"Demo"命令获取 Demos 演示程序。

习 题

1.1 练习并掌握 MATLAB 7.0 的安装。

1.2 学习并掌握如何使用 MATLAB 的帮助浏览器或"Help"命令获取相关函数或命令。

1.3 改变 MATLAB 的当前工作路径至"mytest",然后在"Command Window"输入并运行以下代码：

%Create an input array from $-4*pi$ to $4*pi$

t=$-4*pi$:pi/100:$4*pi$;

%calculate|cos(t)|

x=cos(t);

%plot the result

plot(t,x);

1.4 自定义 a、b、c 三个变量并运用"save"命令将其存入文件"arrTest",运行"load"命令对其加载。

第二章 MATLAB 的程序设计

程序设计是仿真实现的基础。在程序设计过程中,往往采用顺序结构设计,即把比较复杂的较大任务分解成若干个小任务,并对其独立编程、编译和调试,再集成为一个总程序,实现系统的仿真过程。一般情况下,MATLAB 的程序设计包括变量与数组的定义、数组的运算、程序的分支结构和控制流程设计、程序的调试等过程。本章主要对 MATLAB 程序设计中的几个重要环节做详细分析。

本章内容设置如下:
◇ MATLAB 的变量与数组
◇ MATLAB 的运算符
◇ MATLAB 的流程控制
◇ M 文件
◇ 文件 I/O 函数

2.1 MATLAB 的变量与数组

数组作为 MATLAB 的基本运算单位,以变量的形式存储在工作空间。数组又分为空数组、一维向量(行向量/列向量)数组、二维矩阵数组以及多维数组。

2.1.1 MATLAB 的数据类型

MATLAB 支持 15 种数据类型,常用于构建数组的数据类型有:数值型、字符型、逻辑型、单元格数组、结构型数组以及函数句柄。

(1) Numeric:数值型,又细分为 Integer 整型数和 Floating-Point 浮点数。

Integer 整型数分为 int8、int16、int32、int64、uint8、uint16、uint32、uint64。注意:除了 int64 和 uint64 之外,其他都可用于数学运算。

Floating-Point 浮点数分为 single 单精度浮点数和 double 双精度浮点数。双精度浮点数是 MATLAB 的默认数据类型。

(2) Char:字符型,用字符串构成数组,且字符串要用单引号引起,如 'Hello'。

(3) Logical:逻辑型,逻辑"1"为真,逻辑"0"为假,如
```
>>c=[1 2 3 0;0 0 5 4;3 9 0 8;0 0 6 7]
c=
    1   2   3   0
```

```
        0    0    5    4
        3    9    0    8
        0    0    6    7
>>logical(c)
ans=
        1    1    1    0
        0    0    1    1
        1    1    0    1
        0    0    1    1
```

(4) Cell array：单元格数组，用于存储不同数据类型不同维数的数组。
若要创建单元格数组，可用 cell/cellstr 函数或下列赋值形式。例如创建单元格数组 A：
>> A(1,1)={[1 4 3;0 5 8;7 2 9]};%等号左侧用标准数组格式，等号右侧用花括
%号封装各元素值（"%"引起程序代码的解释，不做执行）
A(1,2)={'Anne Smith'};
A(2,1)={3+7i};
A(2,2)={-pi:pi/10:pi}
A=
   [3x3 double]   'Anne Smith'
   [3.0000+ 7.0000i]   [1x21 double]

或用下列形式创建单元格数组 A：
>> A{1,1}=[1 4 3;0 5 8;7 2 9];%等号左侧用花括号
A{1,2}='Anne Smith';
A{2,1}=3+7i;
A{2,2}=-pi:pi/10:pi
A=
   [3x3 double]   'Anne Smith'
   [3.0000+ 7.0000i]   [1x21 double]

若要访问单元格数组元素，可用标准数组格式或用花括号形式通过索引实现，如
>> A(1,2)
ans=
    'Anne Smith'
>> A{1,2}
ans=
    Anne Smith
>> A{1,1}(2,2)
ans=
    5

需要注意，"{ }"表示空数组，同"[ ]"。
(5) Structure：结构型数组，即含有已命名"数据容器"或字段的数组，字段可以包含任

意数据,如

>> a.day=12;
a.color='Red';
a.mat=magic(3);
>> a
a=
　　day: 12
　　color: 'Red'
　　mat: [3x3 double]

(6) Function handle:函数句柄,可用于间接调用一个函数或数据类型,如 sqr=@(x) x.^2。

■ 2.1.2　变量

1. 变量的命名

变量的命名必须由字母开头,其后可跟字母、数字以及下划线(_),且只有前 31 个字符有意义。MATLAB 区分大小写,如 A 和 a 在 MATLAB 中是两个不同的变量。

2. 变量的类型

变量分为局部变量、全局变量和持久变量。

如果一个函数内的变量没有特别声明,那么这个变量就不在内存中占有存储空间,且只能在该函数内部使用而不能被其他函数调用,即为局部变量。

如编写名为 local_xy 的 M 文件:

function [a1,b1,c1]=local_xy(x1,y1)
x1=2;　　%定义局部变量 x1 且赋值为 2
y1=1;　　%定义局部变量 y1 且赋值为 1
a1=sin(x1)
b1=cos(y1)
c1=a1+b1

再在 MATLAB 的命令窗口中执行如下代码:

>> local_xy(x1,y1)

则得结果:

x1=
　　2
y1=
　　1
a1=
　　0.9093
b1=
　　0.5403
c1=
　　1.4496

若两个或多个命令、函数及 M 文件共用一个或多个变量,或是在子程序中也要用到主程序中的某些变量,而不是参数,则可以用 global 将其声明为全局变量。其一般定义格式为

$$\text{global x y z}$$

其中,x、y、z 是全局变量名。

例如,首先创建名为 global_xy 的 M 文件:

function [a,b,c]=global_xy(x,y)

a=sin(x)

b=cos(y)

c=a+b

再创建名为 xy 的 M 文件:

global x y   %定义全局变量 x,y

x=2;

y=1;

global_xy(x,y)

再在 MATLAB 的命令窗口中执行如下代码:

\>\>xy

得结果:

a=

0.9093

b=

0.5403

c=

1.4496

可见,定义的全局变量可以在函数调用中共享,从而减少参数传递,提高程序的执行效率。注意,在多个函数间定义全局变量时,一定要使用不同的变量名。若变量名相同,则函数的运行会修改其他函数中的该全局变量的值,使得函数的运行结果出错且不易发现错误所在。

若要查看全局变量的相关信息,可用 who 或 whos 命令实现,如

\>\> whos global

Name	Size	Bytes	Class
x	1x1	8	double array (global)
y	1x1	8	double array (global)

Grand total is 2 elements using 16 bytes

持久变量只能在 M 文件函数中定义和应用,且一旦定义,就会在内存中存储,只要定义持久变量的函数存在,持久变量就不能清除。所以,持久变量只可随着 M 文件函数的删除或修改而被清除。常用的定义格式为

$$\text{persistent x, y, z}$$

例如,function findSum(inputvalue)

```
persistent SUM_X
if isempty(SUM_X)
    SUM_X=0;
end
SUM_X=SUM_X + inputvalue
```

2.1.3 数组的表示

数组是 MATLAB 的基本运算单位,分为一维向量数组、二维矩阵数组以及多维数组。数组的大小由数组的行数和列数决定。

数组的表示,是由变量名、方括号[]、空格、圆括号及下标组成的。

例如,a=[1 2 3;4 5 6;7 8 9],表示 3 行 3 列的数组。

其中,"a"为数组的变量名;"="用于赋值操作;空格符"   "用于区分列;分号";"用于区分行。另外,","也可以用于区分列。

数组 a 的每个元素值可由变量名、圆括号及下标确定,如 a(2,3)=6 表示数组 a 的第 2 行第 3 列的元素为 6。

由于数组在内存中是以列的形式进行存储的,所以 a(2,3)=6 也可表示为 a(8)=6。

2.1.4 数组的创建

数组的表示有许多形式,可以是一个标量、一维行向量、一维列向量、二维矩阵或多维矩阵,也可以是空数组。

1. 赋值

若创建一个空数组,则可输入如下代码实现:

```
>> b=[ ]
b=
    [ ]
```

若创建一个一维数组,则可输入如下代码实现:

```
>> c1=[1 2 3]    %行向量
c1=
    1   2   3
>> d=[1;2;3]    %列向量
d=
    1
    2
    3
```

若创建一个二维矩阵,则可输入如下代码实现:

```
>> d1=[1 2 3;4 5 6;7 8 9]    %3 行 3 列的矩阵
d1=
    1   2   3
    4   5   6
```

    7 8 9

若在给定数组的基础上通过代数运算来创建新的数组,则细分如下。

例如,先定义数组 a1,再通过代数运算来构建数组 b1：

>> a1=[0 8];

>> b1=[a1(2)+1 a1]

b1=

    9 0 8

若没有给定数组的全部元素,而是给出其中的某个或某几个元素,则数组的其他元素用 0 补齐,如

>> c2(2,3)=7;

>> c2

c2=

    0 0 0

    0 0 7

若要对数组进行扩展,则可以通过定义超出该数组大小的坐标元素来实现,如

>> c3=[1 3 5; 2 4 6]; %c3 为 2 行 3 列的数组

>> c3(3,2)=9;   %新定义一个 c3 的第 3 行第 2 列元素为 9,显然超出 2 行
          %3 列的范围

>> c3

c3=

    1 3 5

    2 4 6

    0 9 0

若要修改给定数组的元素值,也可采用赋值实现,如

>> c3([1 2],[1 3])=[11 13;21 23];

>> c3

c3=

    11 3 13

    21 4 23

    0 9 0

2. 冒号操作":"

数组的创建,也可以用":"冒号操作的快捷形式实现,其一般形式为

$$firstVal:incrVal:lastVal$$

其中,firstVal 是冒号操作的起始值,incrVal 是冒号操作的取值步长,lastVal 是冒号操作中最接近冒号操作最后取值的值。若取值步长为 1,则可省略取值步长,写为 firstVal: lastVal。如

>> c4=1:2:10 %创建一维行向量,步长为 2

c4=

    1 3 5 7 9

```
>> c5=1:10        %创建一维行向量,步长为1
c5=
    1  2  3  4  5  6  7  8  9  10
>> c6=(1:3:10)*pi    %创建一维向量,步长为3*pi
c6=
    3.1416  12.5664  21.9911  31.4159
>> c7=[1:3;2:4;3:2:8]    %创建二维数组
c7=
    1  2  3
    2  3  4
    3  5  7
```

也可用":"冒号操作从给定的数组中抽取部分元素创建一个新的数组,如

```
>> c8=c7(1,:)   %抽取c7的第1行所有列的元素创建新数组c8
                %圆括号内的逗号","之前为行数,逗号","之后为列数
c8=
    1  2  3
>> c9=c7(1:2,1:2:3)   %抽取c7的第1行和第2行的第1列与第3列元素创
                      %建新数组c9
c9=
    1  3
    2  4
```

3. end 函数

end 函数用于返回数组从行或列下标到最后行或列的所有元素,如

```
>> c10=c7(2:end,1:2:end)   %抽取c7的第2行和第3行的第1列与第3列元
                            %素来创建新数组c10
c10=
    2  4
    3  7
```

4. 数组创建常用函数

常用的创建二维矩阵数组的函数如表2.1所示。

表2.1 常用创建二维矩阵数组的函数

函数	作用
zeros(n)	创建 n×n 的 0 矩阵
zeros(m,n)	创建 m×n 的 0 矩阵
zeros([m n])	创建 m×n 的 0 矩阵
zeros(size(A))	创建与数组 A 相同大小的 0 矩阵
ones(n)	创建 n×n 的元素值为 1 的矩阵

续表

函数	作用
ones(m,n)	创建 m×n 的元素值为 1 的矩阵
ones([m n])	创建 m×n 的元素值为 1 的矩阵
ones(size(A))	创建与数组 A 相同大小的元素值为 1 的矩阵
eye(n)	创建 n×n 的单位矩阵
eye(m,n)	创建 m×n 的单位矩阵
eye(size(A))	创建与数组 A 相同大小的单位矩阵
magic(n)	创建 n×n 的魔方矩阵
pascal(n)	创建 n×n 的 pascal 矩阵
rand(n)	创建 n×n 的随机矩阵
rand(m,n)	创建 m×n 的随机矩阵
rand([m n])	创建 m×n 的随机矩阵
rand(size(A))	创建与数组 A 相同大小的随机矩阵

例 2.1.1

```
>> c11=zeros(size(c7))      %创建与 c7 相同大小的零矩阵
c11=
     0    0    0
     0    0    0
     0    0    0
>> c12=ones(size(c7))       %创建与 c7 相同大小的元素为 1 的矩阵
c12=
     1    1    1
     1    1    1
     1    1    1
>> c13=eye(size(c7))        %创建与 c7 相同大小的单位矩阵
c13=
     1    0    0
     0    1    0
     0    0    1
>> c14=pascal(4)            %创建 4×4 的 pascal 矩阵
c14=
     1    1    1    1
     1    2    3    4
     1    3    6   10
     1    4   10   20
>> c15=magic(4)             %创建 4×4 的魔方矩阵
```

c15=

  16 2 3 13
  5 11 10 8
  9 7 6 12
  4 14 15 1

>> c16=rand(size(c15)) %创建与c15相同大小的随机矩阵

c16=

  0.9501 0.8913 0.8214 0.9218
  0.2311 0.7621 0.4447 0.7382
  0.6068 0.4565 0.6154 0.1763
  0.4860 0.0185 0.7919 0.4057

■ 2.1.5 常用的矩阵运算函数

MATLAB支持数组运算和矩阵运算,除了相应的运算符外,特殊的运算函数在系统建模与仿真中也十分重要。

(1) sum(A):求和,如

>> sum(c15)

ans=

  34 34 34 34

>> sum(diag(c15))

ans=

  34

(2) A':求转置,如

>> c15'

ans=

  16 5 9 4
  2 11 7 14
  3 10 6 15
  13 8 12 1

(3) diag(A):求对角线,如

>> diag(c15)

ans=

  16
  11
  6
  1

(4) diag(diag(A)):求对角线矩阵,如

>> diag(diag(c15))

ans=

```
        16    0    0    0
         0   11    0    0
         0    0    6    0
         0    0    0    1
```

(5) n＝norm(A)：求向量/矩阵范数，返回最大的奇异值；n＝norm(A,p)：根据 p 的取值求范数，如表 2.2 所示。

表 2.2 p 值对应的范数

p 值	范数
1	1－范数，返回矩阵 A 各列和的最大值，同 max(sum(abs(A)))
2	2－范数，返回矩阵 A 的最大奇异值，同 norm(A)
inf	无穷大范数，返回矩阵 A 各行和的最大值，同 max(sum(abs(A')))
'fro'	返回矩阵 A 的 Frobenius－范数，同 sqrt(sum(diag(A'*A)))

例 2.1.2

```
>> norm(c16)
ans=
      2.4479
>> norm(c16,1)
ans=
      2.6735
>> norm(c16,inf)
ans=
      3.5846
>> norm(c16,'fro')
ans=
      2.5716
```

(6) rank(A)：求秩，如

```
>> rank(c16)
ans=
      4
```

(7) det(X)：求行列式，如

```
>> det(c15)
ans=
      0
```

(8) trace(A)：对角元素求和，同 sum(diag(A))，如

```
>> trace(c15)
ans=
      34
```

(9) null(A):零空间,如

\>\> null(c15)

ans=

  0.2236
  0.6708
  -0.6708
  -0.2236

(10) orth(A):求正交矩阵,如

\>\> orth(c16)

ans=

-0.7301	-0.1242	-0.1899	-0.6445
-0.4413	-0.6334	0.3788	0.5104
-0.3809	0.3254	-0.6577	0.5626
-0.3564	0.6910	0.6229	0.0871

(11) rref(A):求行最简形,如

\>\> rref(c15)

ans=

1	0	0	1
0	1	0	3
0	0	1	-3
0	0	0	0

(12) theta=subspace(A,B):求两子空间之间的夹角,如

\>\> subspace(c15,c16)

ans=

  1.5708

(13) expm(X):求矩阵指数。

(14) logm(X):求矩阵对数。

(15) sqrtm(A):求矩阵平方根。

(16) funm(A,fun):计算一般矩阵函数,A 为矩阵,fun 为用户自定义函数或 MATLAB 的内置函数,如

\>\> funm(c15,@cos) %fun 为@cos

ans=

-0.7829	0.2926	-0.2735	-0.0848
0.2926	-0.0282	-0.8395	-0.2735
-0.2735	-0.8395	-0.0282	0.2926
-0.0848	-0.2735	0.2926	-0.7829

function f=fun_expcos(x,k) %fun 为用户自定义函数 fun_expcos,即 exp+cos

g=mod(ceil(k/2),2);

if mod(k,2)

```
f=exp(x)+sin(x)*(-1)^g;
else
f=exp(x)+cos(x)*(-1)^g;
end
>> funm(c15,@fun_expcos)
ans=
    1.0e+014 *
    1.4587    1.4587    1.4587    1.4587
    1.4587    1.4587    1.4587    1.4587
    1.4587    1.4587    1.4587    1.4587
    1.4587    1.4587    1.4587    1.4587
```

2.1.6 数值型数据的输出形式

在 MATLAB 的命令窗口中,若输入的是整型数据,则数据的输出显示仍为整数形式;若输入的是小数点数据,数据以默认小数点后 4 位小数的形式输出。

当然,也可以根据需要用 format 命令来控制 MATLAB 数值型数据的输出格式,具体如表 2.3 所示。

表 2.3 format 命令

format 命令	说明
format +	用+、-和空格来表示数据的正数、负数以及零
format bank	固定的银行输出格式,以元、角、分计,即小数点后保留两位小数
format compact	紧凑格式,数字间没有空格
format loose	松弛格式,数字间有空格或空行
format hex	十六进制输出格式
format long	双精度 15 位定点长输出格式,单精度 8 位定点长输出格式
format long e	双精度 15 位浮点长输出格式,单精度 8 位浮点长输出格式
format long g	从 format long 和 format long e 中自动选择最佳计数方式
format rat	分数输出格式,如 2/3
format short	5 位定点短输出格式
format short e	5 位浮点短输出格式
format short g	从 format short 和 format short e 中自动选择最佳计数方式

2.2 MATLAB 的运算符

2.2.1 数学运算符

MATLAB 支持数组运算和矩阵运算。数组运算是两数组按元素位置进行的逐元运算形式,要求被操作的两个数组必须具有相同的行数和列数。矩阵运算是按照线性代数的规则进行相应的数学运算,如

$$c(i,j) = \sum_{k=1}^{n} a(i,k)b(k,j)$$

可见,矩阵运算只要求矩阵 a 的列数和矩阵 b 的行数相同即可。

需要注意的是,在 MATLAB 中,数组运算和矩阵运算用一个"."来区分,如表 2.4 所示。

表 2.4 数组运算与矩阵运算

MATLAB 表达式	说明
A+B	数组运算和矩阵运算相同
A−B	数组运算和矩阵运算相同
A.*B	数组运算
A*B	矩阵运算
A./B	数组运算
A.\B	数组运算
A/B	矩阵运算
A\B	矩阵运算
A.^B	数组运算

例 2.2.1
```
>> A=[1 3 5; 2 4 6];  B=4;  C=[2;7;9];
>> A+B
ans=
     5    7    9
     6    8   10
>> A.*B
ans=
     4   12   20
```

```
            8    16    24
>> A*C
ans=
      68
      86
>> A.^B
ans=
      1     81    625
      16    256   1296
```

2.2.2 关系运算符

常用的关系运算符如表 2.5 所示。

表 2.5 常用的关系运算符

关系运算符	描述	关系运算符	描述
<	小于	>=	大于等于
<=	小于等于	==	恒等
>	大于	~=	非恒等

对两个数值型或字符型的操作数进行关系运算的一般操作格式为

$$R1\ op\ R2$$

其中，R1 和 R2 可以是数学表达式、变量或字符串；op 是表 2.5 中的某种关系运算符。

若 R1 和 R2 经过关系运算 op 后得到的值为真值，则返回 1；若 R1 和 R2 经过关系运算 op 后得到的值为非真值，则返回 0。

例如：若 1<2，则返回值为 1；若 1>2，则返回值为 0。若 1<=2，则返回值为 1；若 1>=2，则返回值为 0。若 1==1，则返回值为 1；若 1==2，则返回值为 0。若 1~=1，则返回值为 0；若 1~=2，则返回值为 1。

若 A、B、C 为数组，如

```
>> A=[-1 2 -3;4 -5 6];B=0;C=2;
>> A>B
ans=
      0    1    0
      1    0    1
>> A<=C
ans=
      1    1    1
      0    1    0
```

2.2.3 逻辑运算符

常用的逻辑运算符如表 2.6 所示。

表 2.6 常用的逻辑运算符

逻辑运算符	描述
&	逻辑与
|	逻辑或
xor	逻辑异或
~	逻辑否

逻辑运算可以是对一个操作数的运算,也可以是对两个操作数的运算。

若是对一个操作数的运算,则一般的运算格式为

$$op\ L1$$

若是对两个操作数的运算,则一般的运算格式为

$$L1\ op\ L2$$

操作数 L1 和 L2 可以是数学表达式,也可以是变量;op 是某种逻辑运算符。

如果逻辑运算关系为真,则返回值为 1;否则,返回值为 0。

常用的逻辑运算真值表如表 2.7 所示。

表 2.7 常用逻辑运算真值表

输入值		逻辑与	逻辑或	逻辑异或	逻辑否
L1	L2	L1&L2	L1|L2	xor(L1,L2)	~L1
0	0	0	0	0	1
0	1	0	1	1	1
1	0	0	1	1	0
1	1	1	1	0	0

例 2.2.2

```
>> A=[1 0;0 1]; B=0; C=[1 1;0 0];
>> A&B
ans=
    0   0
    0   0
>> A|B
ans=
    1   0
    0   1
>> xor(A,B)
ans=
    1   0
    0   1
>> ~A
```

ans＝

    0 1
    1 0

■ 2.2.4 位运算符

1. 位逻辑与

bitand(A,B),返回两个无符号的整型参数的位逻辑与。

例如:13 的 5 位二进制表示为 01101,27 的 5 位二进制表示为 11011,则两者的逻辑与为 01001,转换成十进制为 9,即 C＝bitand(uint8(13), uint8(27)),则 C＝9。

再如:A＝uint8([0 1;0 1]);B＝uint8([0 0;1 1]);TT＝bitand(A,B);

则   TT＝0 0
             0 1

2. 位逻辑或

bitor(A,B),返回两个无符号的整型参数的位逻辑或。

例如:13 的 5 位二进制表示为 01101,27 的 5 位二进制表示为 11011,则两者的逻辑或为 11111,转换成十进制为 31,即 C＝bitor(uint8(13), uint8(27)),则 C＝31。

再如:A＝uint8([0 1;0 1]);B＝uint8([0 0;1 1]);TT＝bitor(A,B);

则   TT＝0 1
             1 1

3. 位逻辑异或

bitxor(A,B),返回两个无符号的整型参数的位逻辑异或。

例如:13 的 5 位二进制表示为 01101,27 的 5 位二进制表示为 11011,则两者的逻辑异或为 10110,转换成十进制为 22,即 C＝bitxor(uint8(13), uint8(27)),则 C＝22。

再如:A＝uint8([0 1;0 1]);B＝uint8([0 0;1 1]);TT＝bitxor(A,B);

则   TT＝0 1
             1 0

4. 位逻辑移位

C＝bitshift(A,k),把 A 左移 k 位。输入参数 A 通常是无符号的整数,左移 k 位的过程相当于乘以 2^k。若 k 为负数,则表示 A 右移,或除以 $2^{abs(k)}$ 并截为整数。

例如:C＝bitshift(11,2),则 C＝44。

如果 C 溢出,溢出的位数将会丢掉。如果 A 为双精度,则 A 的值必须位于 0 和最大位数之间,且超过 53 位将发生溢出。

5. 获取位

C＝bitget(A,bit),返回 bit 在 A 中的位。操作数 A 必须是一个无符号的整数,bit 必须是从 1 到 A 整数级位数之间的数。

例如:C＝bitget(uint8(13),4:−1:1),则 C＝[1 1 0 1]。

■ 2.2.5 集合运算符

常用的集合运算符如表 2.8 所示。

表 2.8 常用的集合运算符

集合运算符	说明
并:union(A,B)	返回 A、B 合并后的集合,即 C=A∪B
交:intersect(A,B)	返回 A、B 中相同元素的集合,即 C=A∩B
差:setdiff(A,B)	返回属于 A 但不属于 B 的不同元素的集合,即 C=A−B
交集的非:setxor(A,B)	返回 A 中不在 A、B 交集中的集合
检测集合中的元素:ismember(A,B)	返回 A 中各元素是否为 B 中对应元素

例 2.2.3
```
>> a=[-1 0 2 4 6]; b=[-1 0 1 3];
>> union(a,b)
ans=
    -1    0    1    2    3    4    6
>> intersect(a,b)
ans=
    -1    0
>> setdiff(a,b)
ans=
     2    4    6
>> setxor(a,b)
ans=
     1    2    3    4    6
>> ismember(a,b)
ans=
     1    1    0    0    0
```

2.3 MATLAB 的流程控制

2.3.1 循环语句

1. for 循环语句

for 循环语句的一般形式为

for *index* = *expression*
　　statement1
　　statement2
　　…
end

其中，*index* 是循环变量，*expression* 是循环控制表达式或数组。通常循环变量的控制表达式为"："操作，如 i＝1：10，j＝1：2：10 等。

如 i＝1
for j＝1：2：10
　　a(i)＝j＋2
　　i＝i＋1
end

该循环执行 5 次，且执行后得到 a＝[3 5 7 9 11]。

如 j＝1
for i＝[1 3 5 7]
　　a(j)＝i＋2
end

该循环将按 i＝1,3,5,7 执行 4 次，执行后得到 a＝[3 5 7 9]。

如 for i＝[1 3 5；2 4 6]
　　　　statement1
　　　　statement2
　　　　…
end

该循环将按 i＝[1;2],i＝[3;4],i＝[5;6]执行 3 次。

如用 for 循环求阶乘：
n_fac＝1
for i＝1：n
n_fac＝n_fac＊i
end

如用 for 循环求平方、平方根、立方根：
for ii＝1：100
　　Square(ii)＝ii^2
　　Square_root(ii)＝ii^(1/2)
　　cute_root(ii)＝ii^(1/3)
end

2. while 循环语句

while 循环语句的一般形式为

　　　　　　　　　　while *expression*
　　　　　　　　　　　　statement1
　　　　　　　　　　　　statement2
　　　　　　　　　　　　…
　　　　　　　　　　end

其中，*expression* 可以是一般的数学表达式，也可以是关系运算表达式。当满足表达式 *expression* 时，执行 statement1，statement2，…；若不满足表达式 *expression*，则程序自动跳出 while 循环并执行 while 循环之后的操作。

如 i=1
while i<10
    a(i)=i
    i=i+1
end
    c=i

该循环执行 9 次,且执行后得到 a=[1 2 3 4 5 6 7 8 9],c=10。

2.3.2 条件语句

if 条件语句分支结构的形式一般为

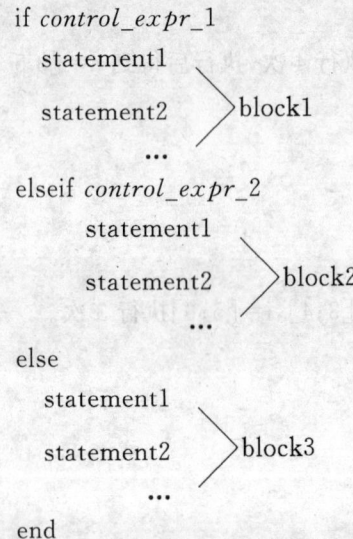

其中,control_expr_1,control_expr_2,…是控制 if 分支结构执行的表达式,它可以是一般的数学表达式,也可以是关系运算表达式。

例 2.3.1 求方程 $ax^2+bx+c=0$ 的二次方根。

已知 $x=\dfrac{-b\pm\sqrt{b^2-4ac}}{2a}$,则程序如下:

if (b^2-4*a*c)<0
    msg("此方程有两复数根")
elseif(b^2-4*a*c)==0
    msg("此方程有两恒等的实数根")
else
    msg("此方程有两不等的实数根")
end

2.3.3 switch 结构

switch 分支结构的一般形式为

```
switch (switch_expr)
    case case_expr_1
        statement1
        statement2      } block1
        ...
    case case_expr_2
        statement1
        statement2      } block2
        ...
    otherwise
        statement1
        statement2      } block3
        ...
end
```

其中，$case\_expr\_1$，$casel\_expr\_2$，…是控制 switch 分支结构执行的表达式，也可以写成如下形式

```
switch (switch_expr)
    case (case_expr_1, case_expr_2, case_expr_3,…)
        statement1
        statement2      } block1
        ...
    otherwise
        statement1
        statement2      } block2
        ...
end
```

如 switch (a)
case(1 3 5 7)
  disp('the value is odd')
case(2 4 6 8)
  disp ('the value is even')
otherwise
  disp ('the value is out of range')
end

■ 2.3.4 其他控制流

1. continue 语句

continue 语句用于终止当前的循环操作，并直接跳转到该循环的开始再次执行该循环。

如 for ii=1:2:9
    if ii==5
        jj=ii+10
        continue
    end
    fprint('jj=%d\n', jj)
end
disp('end of the loop!')
执行后的结果为　jj=11
　　　　　　　　jj=13
　　　　　　　　jj=17
　　　　　　　　jj=19
　　　　　　　　end of the loop!

2. break 语句

break 语句用于终止一个循环操作并直接跳出该循环以执行该循环体之后的程序。

如 for ii=1:2:9
    if ii==5
        jj=ii+10
        break
    end
    fprint('jj=%d\n', jj)
end
disp('end of the loop!')
执行后的结果为　jj=11
　　　　　　　　jj=13
　　　　　　　　end of the loop!

3. try/catch 语句

在进行程序的流程设计时,有时会出现一些不可预见的错误,这时可以用 try/catch 语句来捕获并处理有关的错误信息,其一般的应用格式为

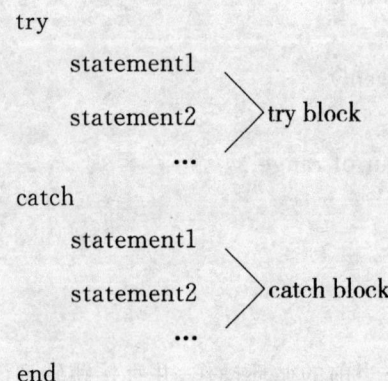

```
            try
                statement1
                statement2         try block
                ...
            catch
                statement1
                statement2         catch block
                ...
            end
```

2.4 M 文件

2.4.1 M 文件简介

在进行计算机仿真的过程中,往往需要编写大量的 MATLAB 程序代码来执行一项独立功能,其结构相对较为复杂,每次调用也比较繁琐。用户可以通过设置 MATLAB 的 M 文件来简化程序的调用。

MATLAB 的 M 文件分为脚本 M 文件和函数 M 文件两种。

脚本 M 文件是按用户意图编写的有一定代码顺序的多条 MATLAB 命令的集合,包含变量名称、类型、数组,以及对数据集进行分析、运算、绘图等的命令。一般与 MATLAB 工作空间共享变量空间,功能独立,不使用函数声明,也不接受参数的输入与输出。用户可以把实现一个独立操作的所有程序代码都写在一个 M 文件中,需要运行这些程序时,只要每次在命令窗口直接键入该 M 文件名即可。

函数 M 文件是包含有函数功能的 M 文件,也是一个具有独立功能的程序块,但不同于脚本 M 文件的是,它的开头需要有一个函数声明,且运行于自己的独立工作空间,接受并处理输入参数列表,并将处理后的结果传递到输出参数列表。用户可以把一个抽象功能的 MATLAB 代码封装成一个输入/输出函数接口,在以后的应用中直接调用它。

MATLAB 的脚本 M 文件和函数 M 文件都有一个扩展名为 *.m 的文本文件。

2.4.2 M 文件的调试

MATLAB 的 M 文件在运行过程中经常出现一些错误,其中,常见的错误类型有语法错误、运行错误以及逻辑错误。

所谓的语法错误,是指程序中出现的拼写错误或标点符号错误以及调用的函数结构错误。该类错误在 M 文件进行编译时可以被检测到并被着色显示。例如:"X=(a+b)*(c)/d);"在编译时被检测到最外面的括号不对称。

所谓的运行错误,是指程序在运行过程中出现的非法运算错误,如被零除。

所谓的逻辑错误,是指程序编译或运行过程流畅,没有检测到任何语法错误和运行错误,但最终的运算结果却与期望值不符的错误。

M 文件的调试,可以在 MATLAB 环境下的"Editor/Debugger"窗体内进行。

选择"File/Open"菜单项,打开要调试的 M 文件编辑器("Editor/Debugger")。可以在"Editor/Debugger"窗体内用鼠标右击某行代码或选择"Set/Clear Breakpoint"来逐步设置断点并着色显示,以实现程序的逐步调试。若 M 文件调试通过,却需要清除断点,则可选择"Set/Clear Breakpoint"来清除断点。

2.4.3 M 文件的创建

MATLAB 中 M 文件的创建,必须依赖于它的 M 文件编辑器。创建 M 文件时,首先启动 M 文件编辑器。

M 文件的创建可通过以下途径实现:

（1）在 MATLAB 环境下选择"File/New/M-File"菜单项，或点击工具栏上的新建 M 文件按钮"📄"，可打开一个空的 M 文件编辑器，用于创建一个新的 M 文件。

（2）在 MATLAB 环境下选择"File/Open"菜单项，或点击工具栏上的打开 M 文件按钮"📂"，在弹出的"Open File"对话框中选择一个要编辑的 M 文件。可打开相应的 M 文件编辑器用于编辑已有的 M 文件。

（3）直接用鼠标左键双击目录窗口中的 M 文件，可直接打开相应的 M 文件编辑器用于对该 M 文件进行编辑。

需要注意的是：M 文件的命名必须以字母开头，且函数 M 文件的命名要和文件内部的函数的名称相一致。另外，M 文件也可以用其他的文本编辑，但扩展名需为".m"。

例 2.4.1 创建一个新的 M 文件。

（1）创建一个新的脚本 M 文件。

首先在 MATLAB 环境下选择"File/New/M-File"菜单项，打开一个空的 M 文件编辑器，然后在 M 文件编辑器窗体中编写如下代码：

```
x=0:pi/100:2*pi；   %定义 x 且赋值
y1=sin(2*x);
y2=2*cos(2*x)
plot(x,y1,'-k',x,y2,'b--')
title ('Plot of f(x)=sin(2x) and its derivative');
xlabel('x');
xlabel('y');
legend('f(x)', 'd/dx f(x)')
grid on;
```

然后单击 M 文件编辑器上的保存按钮，将以上代码存入 MATLAB 安装目录下的 work 目录下，名为 plotxy.m。

在 MATLAB 环境下的命令窗体中键入 plotxy，生成图 2.1 所示的仿真波形。

（2）创建一个新的函数 M 文件。

MATLAB 函数的一般格式为

function ［outarg1，outarg2，…］= fname (inarg1，inarg2，…)

%H1 comment line

%Other comment lines

…

(executable code)

…

(return)

function 声明是该函数的开始，它确定了函数的名称以及所涉及的输入输出变量。fname 声明了该函数的名称，位于"="右侧的 inarg1，inarg2，…声明了函数

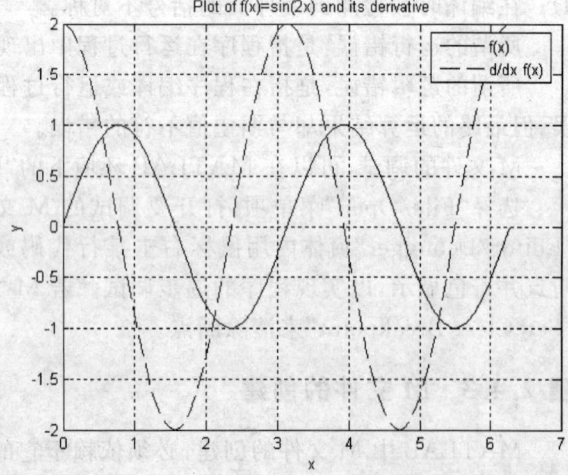

图 2.1 plotxy.m 文件的执行结果

的输入变量,位于"="左侧的 outarg1,outarg2,…声明了函数的输出变量。若只有一个输出变量,则"="左侧的"[ ]"可以省略。

MATLAB 函数开始于 function,结束于 return 或函数的最后一行程序。由于任何 MATLAB 函数最终都要在程序的最后结束,在很多情况下 return 就显得无关紧要。

函数内部的 comment lines 有特殊的用途。"H1 comment line"用于表征函数的用途,而"Other comment lines"往往用于表征一些程序的用法,类似于 Help 文件。

在 MATLAB 的 M 文件编辑器中编写如下程序:

```
function [y1,y2]=f_plotxy(x)
%plot y1,y2
%plot two points (x,y1) and (x,y2) in a cartesian coordinate system
x=0:pi/100:2*pi;
y1=sin(2*x);
y2=2*cos(2*x)
plot(x,y1,'-k',x,y2,'b--')
title ('Plot of f(x)=sin(2x) and its derivative');
xlabel('x');
xlabel('y');
legend('f(x)', 'd/dx f(x)')
grid on;
```

然后单击 M 文件编辑器上的保存按钮,将以上代码存入 MATLAB 安装目录下的 work 目录下,名为 f_plotxy.m。

在 MATLAB 环境下的命令窗口中键入 f_plotxy(x),生成图 2.2 所示的仿真波形。

可见,两图完全一致,只是所在的 M 文件不同。脚本 M 文件中不存在函数声明和变量的输入输出,只是一些相对比较简单的多行命令的集合;而函数 M 文件不仅有命令集合,更重要的是在 M 文件开始定义了一个与 M 文件名相同的函数名以及相应的输入输出变量。函数 M 文件通过输入输出变量传递数据,更易于与其他函数或文件进行联合调用。

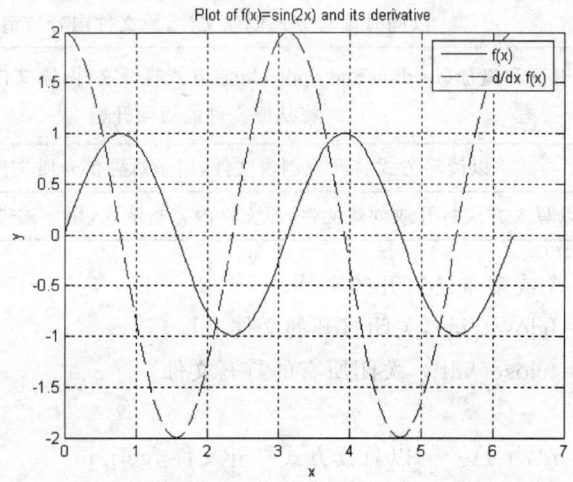

图 2.2 自定义函数 f_plotxy.m 的执行结果

2.5 文件 I/O 函数

MATLAB 提供了不同格式数据之间的混合编程。将数据从磁盘读入文件或将数据直接输入到工作空间,即导入数据;将工作空间的变量存储到磁盘文件中称为存写数据,又叫导出数据。

数据格式一般有文本格式、二进制格式以及 HDF 之类的标准格式。MATLAB 提供了专门的数据模板(Import Wizard)和相应的文件 I/O 函数来实现数据的导入与导出。

■ 2.5.1 低级文件 I/O 函数

1. 文件的打开与关闭

(1) fopen:打开一个文件或获取已打开文件的信息。

其用法是:fid=fopen(filename)
  fid=fopen(filename, mode)
  fids=fopen('all')

其中,mode 是文件打开模式,具体如表 2.9 所示。

表 2.9 文件打开模式

文件打开模式	解释
r	以只读方式(reading)打开文件
w	以只写方式(writing)打开文件
a	以追加方式(appending)打开文件,新内容将从原文件后面续写
r+	以同时读写方式打开文件
w+	以同时读写方式创建文件,原文件内容被清除
a+	以同时读和追加(reading and appending)方式打开文件,原文件内容被保留,新内容将从原文件的后面开始
A	以读写方式打开或创建文件,用于对磁带介质文件的操作
W	以写入方式打开或创建文件,原文件内容被清除,用于磁带介质文件的操作

(2) fclose:关闭一个或多个已打开的文件。

其用法是:status=fclose(fid),关闭打开的文件 fid。
  status=fclose('all'),关闭所有的打开文件。

例如:

fid=fopen('fgetl.m','r');   %以只读方式打开文件 fgetl.m
fclose(fid);   %关闭文件 fgetl.m

2. 文件的读取与写入

(1) fread：以二进制格式读取文件数据。

其用法是：A＝fread(fid)，把文件 fid 以二进制的格式读入矩阵 A。

A＝fread(fid,count)，由 count 限定读入的元素个数。

A＝fread(fid,count,precision)，由 precision 限定读入的精度。

[A,count]＝fread(…)，返回从文件读入 A 中的数据以及个数。

例 2.5.1 首先创建一个包含 26 个大写英文字母的 alphabet.txt 文件，用 fread 函数读取前 5 个字母。

```
>> fid=fopen('alphabet.txt','r');      %以只读方式打开文件
>> c=fread(fid,5)                      %读取文件的前5个字母
c=
    65
    32
    66
    32
    67
fclose(fid);
```

因未定义数据的输出格式，MATLAB 按其默认的数值型数据输出。若将程序修改为：

```
>> fid=fopen('alphabet.txt','r');      %以只读方式打开文件
>> c=fread(fid,5,'uint8=>char')        %读取前5个字母,且以字符形式显示
c=
    A
    B
    C
    D
    E
fclose(fid);
```

(2) fgetl：按行从文件中读取数据，并发送换行符。

其用法是：tline＝fgetl(fid)。根据文件标识符 fid 返回文件的下一行。若 fgetl 遇到文件尾，则返回 -1。

(3) fgets：按行从文件中读取数据，保留换行符。

其用法是：tline＝fgets(fid)。若 fgets 遇到文件尾标识符，则返回 -1。

tline＝fgets(fid,nchar)，至多从文件的下一行返回 n 位字符。在该行结束或结尾不再读入额外的字符。

(4) fwrite：以二进制格式将数据写入文件。

其用法是：count＝fwrite(fid,A,precision)。将矩阵 A 的各元素转化成特定的精度，并以列为序写入文件。count 标记成功写入的元素个数。

例 2.5.2 用 fwrite 函数将二进制数据写入文件。

```
>> fid=fopen('magic5.bin','wb');
```

```
>>fwrite(fid,magic(5),'integer*4')
```
用 fwrite 创建一个文件 magic5.bin,内含一个 5×5 的魔方矩阵,每个元素占 4 个字节。

(5) fprintf:把格式化的数据写入文件。

其用法是:count=fprintf(fid,format,A,…)。格式化 A 的实部,并将其写入文件,且返回被写入的位数。

常用格式化数据的特殊字符如表 2.10 所示。

表 2.10 常用格式化数据的特殊字符

格式化字符	作用	格式化字符	作用
%c	单个字符格式	%x	小写十六进制格式
%d	十进制格式	%X	大写十六进制格式
%e	指数 e 格式	\n	换行
%E	指数 E 格式	\r	回车
%f	浮点格式	\t	制表符
%o	八进制格式	\\	反斜杠
%s	字符串格式	%%	百分号

例 2.5.3 用 fprintf 将格式化数据写入文件。

```
x=0:.1:1;
y=[x;exp(x)];
fid=fopen('exp.txt','w');
fprintf(fid,'%6.2f %12.8f\n',y);   %将格式化数据 y 写入文件,其 x 以六个字符宽
                                   %度 2 位小数格式写入,其 exp(x)以 12 位字符宽度 8 位小数格式写入
fclose(fid)
```

(6) fscanf:从文件中读取格式化数据。

其用法是:A=fscanf(fid,format)

[A,count]=fscanf(fid,format,size),由 size 限定读入的数据量。

常用的数据格式化字符如表 2.11 所示。

表 2.11 常用的数据格式化字符

格式化字符	作用
%c	字符序列或给定宽度的数值型格式
%d	十进制格式
%e, %f, %g	浮点格式
%i	有符号整数格式
%s	非空格字符串格式
%u	有符号十进制整数格式
%x	有符号十六进制整数格式

例 2.5.4 ASCII 码数据文件 exp.txt 的数据为

    0.00 1.00000000
    0.10 1.10517092
    …
    1.00 2.71828183

用 fscanf 读取 ASCII 码数据文件 exp.txt 的程序为

\>\>fid=fopen('exp.txt');
\>\>a=fscanf(fid,'%g %g',[2 inf]) %将 ASCII 码数据格式化为两行
a=
  0   0.1000 … 1.0000
  1.0000 1.1052 … 2.7183
fclose(fid)

3. 控制文件的位置指针

(1) fseek：设置文件指针的位置。

 其用法是：   status=fseek(fid,offset,origin)

(2) ftell：获得文件指针的位置。

 其用法是：   position=ftell(fid)

(3) frewind：把指针位置移到文件头。

 其用法是：   frewind(fid)

(4) feof：测试指针是否在文件尾。

 其用法是：   eofstat=feof(fid)

若标识为文件尾，则返回值 1，否则返回 0。

4. 文件的输入输出错误

ferror：测试文件的输入输出错误。

 其用法是：message=ferror(fid)，返回错误信息。
    message=ferror(fid,'clear')，清除错误指示器。

■ 2.5.2   I/O 函数创建实例

1. 文件的打开、存储与加载

(1) 函数 open：打开数组或文件。

open(name)，在数组编辑器中打开一个数值型数组，或打开不同类型的文件。

若文件在 MATLAB 的当前工作目录下，则 name 为文件名，例如，"open exp.m"。

若要打开的文件不在 MATLAB 的当前工作目录下，则 name 应为带有文件路径的字符串，例如，open e:\matlabfile\test.m。

(2) 函数 save：存储数据到 M 或 ASCII 码文件。

save ('filename')，存储当前工作区中的所有变量到文件。

save ('filename','var1','var2',…)m\，存储变量 var1, var2,…到文件。如以 ASCII 码格式存储变量的代码如下：

```
>> a=magic(4); b=a+4;
>> save-ascii varSave.dat
```

(3) 函数 load：从 M 文件或 ASCII 码文件加载数据。

load('filename')，加载文件的所有变量到当前工作空间。

load('filename','X','Y','Z')，加载文件的指定变量 X、Y、Z 到当前工作空间。如加载 varSave.dat 的所有变量到当前工作空间的代码如下：

```
>> clear
>> load varSave.dat
>> varSave
varSave =
    16     2     3    13
     5    11    10     8
     9     7     6    12
     4    14    15     1
    20     6     7    17
     9    15    14    12
    13    11    10    16
     8    18    19     5
```

(4) 函数 importdata：加载不同格式的数据。

importdata('filename')，将文件数据加载到当前工作空间。

A=importdata('filename')，将文件数据赋给变量 A。如

```
>> A=importdata('vavTest.wav')
A =
    data: [11554x1 double]
      fs: 22050
```

2. 文本文件的操作

(1) 函数 csvread：读取以逗号分隔的数值型数据。

M=csvread('filename')，将文件数据读取为数组 M，M 的行为文件的行数，M 的列为文件的最大列数。

M=csvread('filename', row, col)，读取文件数据，起始行为 row，起始列为 col，且行与列均从 0 开始。

M=csvread('filename', row, col, range)，读取文件数据，起始行为 row，起始列为 col，range 限定数据块，其格式为[R1,C1,R2,C2]。[R1,C1]限定数据块左上角的行与列，[R2,C2]限定数据块右下角的行与列。

如创建一个 txtTest.dat 文件，包含如下数据：

02, 04, 06, 08, 10, 12
04, 06, 08, 10, 12, 14
06, 08, 10, 12, 14, 16

```
08, 10, 12, 14, 16, 18
10, 12, 14, 16, 18, 20
>>csvread('txtTest.dat')
ans=
     2    4    6    8   10   12
     4    6    8   10   12   14
     6    8   10   12   14   16
     8   10   12   14   16   18
    10   12   14   16   18   20
>>m=csvread('txtTest.dat', 2, 0, [2,0,3,3])
m=
     6    8   10   12
     8   10   12   14
```

(2) 函数 csvwrite：以逗号分隔形式写入数据，以换行符结束每一行。

csvwrite('filename',M)，将数组 M 写入文本文件，数据间以逗号分隔。

csvwrite('filename',M,row,col)，将数组 M 的 row 和 col 右下角的数据写入文本文件，数据间以逗号分隔。

(3) 函数 dlmread：以指定的分隔形式读取数据。

M=dlmread('filename')，将文件 filename 中的数据以分隔形式读入，并且保存为 M 文件。filename 中只能包含数字，并且数字之间以逗号分隔。M 是一个数组，行数与 filename 的行数相同，列数为 filename 列的最大值，对于元素不足的行，以 0 补充。

M=dlmread('filename', delimiter)，delimiter 为指定的分隔符。

M=dlmread('filename', delimiter, R, C)，R 和 C 为起始位置。

M=dlmread('filename', delimiter, range)，range 指定数据库区域。

(4) 函数 dlmwrite：以指定的分隔形式写入数据。

dlmwrite('filename', M)，将 M 数组写入文件，数据间用逗号分隔。

dlmwrite('filename', M, 'D')，用指定的分隔形式写入数据。

dlmwrite('filename', M, 'D', R, C)，R 和 C 限定起始位置。

dlmwrite('filename', M, attribute1, value1, attribute2, value2, …)，指定写入的参数。

dlmwrite('filename', M, '-append')，在文件末尾添加数据。

dlmwrite('filename', M, '-append', attribute-value list)，在文件末尾添加数据，并指定参数。

3. Excel 电子表格的操作

(1) 函数 xlsfinfo：检测是否含有 Excel 电子表格。

type=xlsfinfo('filename')，返回文件类型。

[type, sheets]=xlsfinfo('filename')，返回文件类型和工作表信息，如

>>[type, sheets]=xlsfinfo('excelTest.xls')

type=

  Microsoft Excel Spreadsheet

sheets=

  'Sheet1' 'Income' 'Expenses'

（2）函数 xlsread：读取 Excel 文件。

N=xlsread('filename')，读取 Excel 文件的数值型数据到双精度数组 N。

N=xlsread('filename'，−1)，在 Excel 窗口打开 Excel 文件并选择相应工作表进行操作。

N=xlsread('filename'，sheet)，读取特定 Excel 文件工作表数据。

N=xlsread('filename'，'range')，range 限定读取 Excel 单元格数据的对角范围，语法是 A1:C2。

N=xlsread('filename'，sheet，'range')，读取 Excel 文件指定工作表的特定范围内的数据。

N=xlsread('filename'，sheet，'range'，'basic')，按基本模式读取特定范围内的数据。

[N，T]=xlsread('filename'，…)，读取数值型数据到数组 N，读取文本型数据到元数组 T。

如，excelTest.xls 文件含有如下数据：

1	2	3
4	5	6
7	8	9
10	11	12
13	14	15
16	17	18

excelTestT.xls 含有如下数据：

1	2	3
4	5	6
7	8	9
10	11	12
13	14	15
A	B	C

读取 excelTest.xls 文件的所有数据，则

>> xlsread('excelTest.xls')

ans=

1	2	3
4	5	6
7	8	9
10	11	12
13	14	15
16	17	18

读取含有文本数据的 excelTestT.xls 文件的所有数据,则
>> [A,T]=xlsread('excelTestT.xls')
A=

    1   2   3
    4   5   6
    7   8   9
   10   11   12
   13   14   15

T=

   'A'   'B'   'C'

读取 excelTestT.xls 文件的选定范围内的数据,则
>> [A,T]=xlsread('excelTestT.xls',1,'A2:C6')
A=

    4   5   6
    7   8   9
   10   11   12
   13   14   15

T=

   'A'   'B'   'C'

(3) 函数 xlswrite:写入 Excel 文件。

xlswrite('filename',M),将数组 M 写入 Excel 文件,M 数组可以是 m×n 的数值型、字符型或单元格数组。m 要小于 65 536,n 要小于 256。

xlswrite('filename',M,sheet),sheet 限定数据写入的工作表。

xlswrite('filename',M,'range'),range 限定数据写入的地址,如 A3:D5。

xlswrite('filename',M,sheet,'range'),将数组 M 写入到指定的工作表空间。

status=xlswrite('filename',…),返回写入操作的状态。若写入成功,则返回 1;否则,返回 0。

[status,message]=xlswrite('filename',…),返回写入操作的状态和错误信息。

例如,将 M 数组写入文件 excelTest.xls:
>> xlswrite('excelTest.xls',[10 100 1000;20 200 2000])

则 excelTest.xls 文件数据变为

   10   100   1000
   20   200   2000
    7   8   9
   10   11   12
   13   14   15
   16   17   18

如将 M 数组写入文件限定区域:

```
>> xlswrite('excelTest.xls',[10 100 1000;20 200 2000],'A5:C6')
```
则 excelTest.xls 文件数据又变为

10	100	1000
20	200	2000
7	8	9
10	11	12
10	100	1000
20	200	2000

习 题

2.1 已知 a=1:3:9,试计算:

B=[a' a' a']   C=B(1:2:3,1:2:3)   D=A+B(1,:)
E=[zeros(1,3) ones(3,1)']   F=B([3 1],2)

2.2 已知 Array1=[1 2 3 4;5 6 7 8;9 10 11 12;13 14 15 16],试计算:

(1) Array(3,:)   (2) Array1(:,2)
(3) Array(1:2:3,[3 3 4])   (4) Array1([1 1],:)

2.3 已知 a=[2 -2;-1 2],b=[1 -1;0 2],c=[1 -2]',d=eye(2),试求:

(1) A+b   (2) A*b   (3) a.*b   (4) a*c
(5) a.*c   (6) a\b   (7) a.\b   (8) a.^b

2.4 试求下列关系运算:

(1) 3<5 (2) 1<=5 (3) 2==4 (4) 2>7 (5) 7<=7 (6) 'A'<'C'

2.5 已知 a=2,b=[1 -2;0 10],c=[0 1;2 0],d=[-2 1 2;0 1 0],试求下列逻辑运算:

(1) 1~(a>b) (2) a>c&b>c (3) c<=d

2.6 试用分支结构编程实现:

$$f(x,y)=\begin{cases} x+y & x\geqslant 0 \text{ and } y\geqslant 0 \\ x+y^2 & x\geqslant 0 \text{ and } y<0 \\ x^2+y & x<0 \text{ and } y\geqslant 0 \\ x^2+y^2 & x<0 \text{ and } y<0 \end{cases}$$

2.7 试用循环结构编程实现:

$$\bar{x}=\frac{1}{N}\sum_{i=1}^{N}x_i$$

$$S=\sqrt{\frac{N\sum_{i=1}^{N}x_i^2-(\sum_{i=1}^{N}x_i^2)^2}{N(N-1)}}$$

第三章　MATLAB 图形图像处理

MATLAB 不仅具有强大的矩阵计算能力,也具有强大的图形图像处理能力,它能将杂乱无章的数据通过图形图像的形式表现出来,使我们更直观地了解这些数据的变化趋势、变化规律以及它们的内在联系。数字图像处理就是通过计算机对图像进行去除噪声、增强、复原、分割和特征提取等处理的理论、方法和技术。目前的图形图像处理技术在航天、遥测、电视广播、网络媒体、现代医学及军事等众多领域都得到了广泛应用,并且取得了巨大成就。

本章对图形图像处理的基本概念、基本内容、命令格式和函数进行介绍,主要从二维图形的绘制、三维图形的绘制、图像的获取及处理等三个方面进行阐述,为图形图像处理在 MATLAB 中的应用打下良好的基础。

本章内容设置如下:
◇ 二维图形的绘制
◇ 三维图形的绘制
◇ 图形用户界面
◇ MATLAB 数字图像处理

3.1　二维图形的绘制

MATLAB 的画图功能是极其强大的,也是十分容易实现的。MATLAB 可以通过图形对科学计算的数据结果进行描述,用绘图命令在图形窗口内画出各种图形曲线,并使用不同的线型、颜色、点型和标注来修饰这些图形曲线。

3.1.1　直角坐标系中的绘图

plot 命令可用来绘制直角坐标系中的各种曲线。它的主要格式为:plot(y)、plot(x,y)、plot(x,y,'s')。

第一种格式:如果 y 是一个数组,则 plot(y)在直角坐标系中绘制出一个二维图形。此二维图形中以 y 中元素的个数作为横坐标,以 y 中元素的值作为纵坐标,对应画在直角坐标系中,而且各点以直线连接。例如运行下面的程序,则画出图 3.1 所示的图形。

y=[1 3 2 4 6 2 3 4 5 3];
plot(y);

第二种格式:如果数组 x 和 y 具有相同的长度,命令 plot(x,y)将绘出以 x 元素为横坐标,以 y 元素为纵坐标的曲线。例如,设 x 为一个时间数组,运行下面的程序,则画出以 x 为横坐标、以 y 为纵坐标的曲线,如图 3.2 所示。

```
x=0:0.2:2*pi;
y=sin(x);
plot(x,y);
```

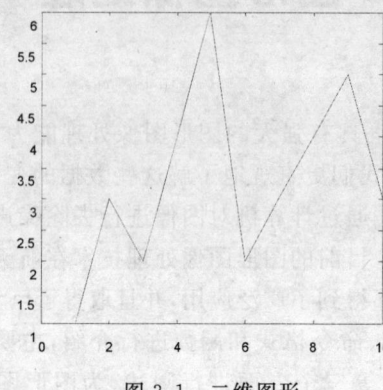
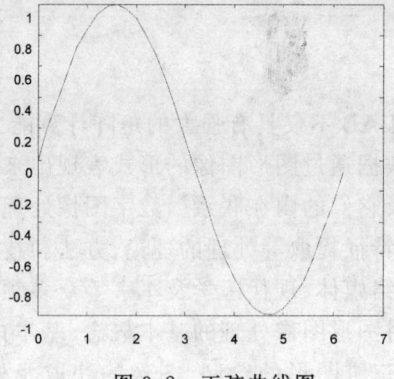

图 3.1　二维图形　　　　　　图 3.2　正弦曲线图

第三种格式:数组 x 和 y 的情况与第二种格式的一样,s 是图形的属性字符串。属性字符串的功能包括三个方面:第一方面指定图形曲线的颜色;第二方面指定数据点的标记类型;第三方面指定线的类型(将在 3.1.3 节中介绍)。

为了读图方便,并了解图中所表达的内容,还需要增加标题、坐标轴标签和网格线。

用 title(标题)、xlabel(x 轴标签)、ylable(y 轴标签)函数给图形添加标题和坐标轴标签。调用每个函数时将会有一个字符串,这个字符串用一对单引号括起来,它包含了图形标题和坐标轴标签的信息。用 grid 命令可使网格线出现或消失在图形中。grid on 命令是在图形中出现网格线,grid off 命令是去除网格线。例如,下面的语句将会产生带有标题、坐标轴和网格线的函数图形,如图 3.3 所示。

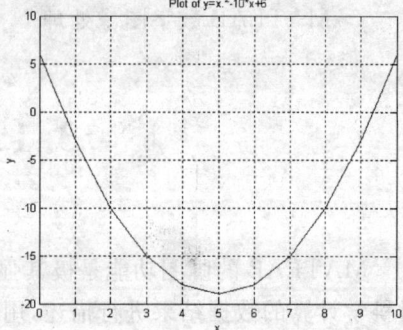

```
x=0:1:10;
y=x.^2-10*x+6;
plot(x,y);
title ('Plot of y=x.^2-10*x+6');
xlabel ('x');
ylabel ('y');
grid on;
```

图 3.3　带有标题、坐标轴和网格线的图形

■ 3.1.2　图形的打印和输出

1. 图形的打印

上节中我们在 MATLAB 中画出了所需要的图形曲线,但有时也需要把图形打印出来。打印的方法是在图形 Figure 窗口内选择"File"菜单中的"Print..."打印项。另外,通过"Print Setup..."打印设置窗口可以设置打印到纸还是文件,也可以进行"Page Setup..."页

面设置、"Print Preview…"打印预览等。

2．图形的输出

在 MATLAB 中导出图形文件时需使用菜单"File/Export Setup…"。图形文件的保存格式有 fig、bmp、jpg 等常用图形文件格式。

另外为了在文字中插入图形，在图形 Figure 窗口内选择"Edit"菜单中的"Copy Figure"项就可以将图形窗口中显示的曲线粘贴到 Word 文档中。

■ 3.1.3 线型、点型、颜色

MATLAB 会自动根据默认设置的颜色（蓝色）和线型（实线）画出曲线。如果用户对线型的默认值不满意，可以用命令/函数控制线型，也可以根据需要选取不同的数据点的形状，如表 3.1 所示。

表 3.1　图形的颜色、点型、线型

线的颜色		数据点的类型		线型	
y	黄色	.	点	—	实线
m	品红色	o	圈	:	点线
c	青绿色	x	×号	-.	点画线
r	红色	s	正方形	--	虚线
g	绿色	d	菱形	<none>	无
b	蓝色	v	倒三角		
w	白色	^	正三角		
k	黑色	>	三角（向右）		
		<	三角（向左）		
		P	五角星		
		h	六线形		
		<none>	无		

为了设定线型，在输入变量组的后面加一个单引号，在引号内部放入表示线型和颜色的属性字符串。这些属性字符串可以任意混合使用。如果有多个函数，每个函数都有它自己的属性字符串。

例 3.1.1 绘制函数 $y = x^2 - 10x + 6$ 的图形，曲线为红色的虚线，数据点用蓝色的小圆圈表示。运行下面的程序，显示结果如图 3.4 所示。

x=0:1:10;
y=x.^2-10.*x+6;
plot(x,y,'r--',x,y,'bo');

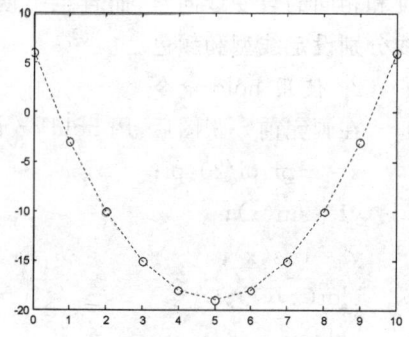

图 3.4　不同线型、点型和颜色的图形

为了说明图中曲线的名称或类型，用 legend 图例命令来制作图例。它的基本格式为

legend('string1','string2',…,pos)

其中，string1,string2,…是图形中曲线图例的字符串，说明对应曲线的名称或类型；pos 是一个整数，用来指定图例的位置。这些整数所代表的含义如表 3.2 所示。用 legend off 命令可以去除多余的图例。

表 3.2 图例位置

pos 值	意 义
0	自动寻找最佳位置,至少不与数据冲突
1	在图形的右上角(默认值)
2	在图形的左上角
3	在图形的左下角
4	在图形的右下角
−1	在图形的右边

3.1.4 同一坐标系内多条曲线的绘制

在一个图形窗口的同一坐标系上绘制多条曲线的方法有以下 4 种。

1. 使用 plot(x,[y1;y2;…])

其中,y=[y1;y2;…]是矩阵,若 x 是列向量,则 y 的列长与 x 的长度相同,y 的行数就是曲线的条数。例如运行下面的程序:

x=−pi:pi/20:pi;
y1=sin(x);
y2=cos(x);
plot(x,[y1;y2]);
legend('sin x','cos x');

得到图 3.5 所示的曲线。MATLAB 会自动以不同的颜色显示曲线。

这种方法的缺点是:所有变量要有相同的长度和相同的自变量向量,而且也不便于对各条曲线分别设定线型和颜色。

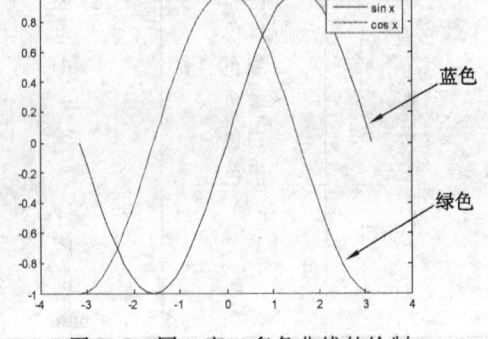

图 3.5 同一窗口多条曲线的绘制

2. 使用 hold 命令

在画完前一张图后,用 hold on 命令保持住,再画下一条曲线。例如键入下面的程序:

x=−pi:pi/20:pi;
y1=sin(x);
y2=cos(x);
plot(x,y1);
hold on;

执行此程序时,图形窗口产生第一幅图形,同时图形处于保持状态,再键入 plot(x,y2,'r'),就把第二幅图形以红色的曲线画在图上。用这种方法时,两张图各自的自变量长度可以各不相同,只要每张图各自的自变量和因变量同长即可。

键入 hold off 命令及时解除保持状态,否则,以后的图形都会在此图上绘制,造成叠加和混乱。

3. 在 plot 后使用多输入变量

这种方法的语句格式为

$$plot(x1,y1,x2,y2,\cdots,xn,yn)$$

该语句中 x1、y1、x2、y2 等为向量对。每一向量对可以绘出一条曲线,这样就可以在一张图上画出多条曲线。每一向量对的长度可以不同,在其后都可加线型和颜色标志符。例如运行下面的程序:

x=-pi:pi/20:pi;

y1=sin(x);

y2=cos(x);

plot(x,y1,'go',x,y2,'r:');

title('线型、点型和颜色');

xlabel('时间'),ylabel('Y');

grid on;

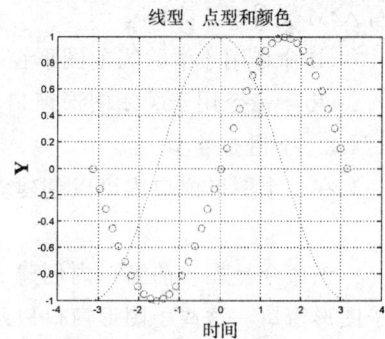

图 3.6 多条曲线的绘制

得到图 3.6 所示的图形。其中一条曲线在数据点处用绿色的圆圈作标记,另一条曲线用红色的点线绘制。对于单引号中的字符串,MATLAB 只作为一种代码来传递,因此 MATLAB 可以把汉字标注在图上。

4. 使用 plotyy 命令

plotyy 设有两个纵坐标,以便绘制两个纵坐标刻度不同的变量,但 x 仍用同一个坐标刻度。例如键入

x=-pi:pi/20:pi;

y1=sin(x);

y2=5*cos(x);

plotyy(x,y1,x,y2);

grid on;

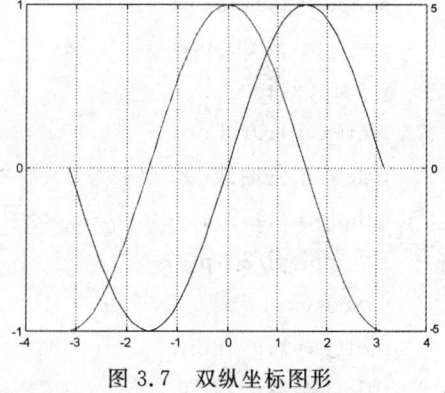

图 3.7 双纵坐标图形

就得到图 3.7 所示的图形。其中,左纵坐标是对 y1(值 0~1)的,而右纵坐标是对 y2(值 0~5)的。纵坐标轴和曲线的标注可用 gtext 命令来放置。

gtext('x');

gtext('y1');

gtext('y2');

使用 gtext 命令时,可以用鼠标拖动来确定标注文字的位置,使用比较方便。

■ 3.1.5 多个图形窗口

在计算机图形屏幕上可以同时打开几个图形窗口,也可以在一个图形窗口内绘制几幅子图,并且这几幅子图可用不同的坐标显示。

1. 多个图形窗口的创建

MATLAB 可以创建多个图形窗口,每个窗口都有不同的标号。创建图形窗口的函数格

式为

$$figure(n)$$

其中,n 代表打开第 n 个图形窗口。当这个函数被执行后,图 n 将会变为当前图形窗口执行所有的绘图命令。使用 plot 等绘图命令时,如果图形窗口不存在,那么 MATLAB 将会默认打开"Figure 1"窗口。

gcf 函数用于返回当前的图形窗口数。当需要知道当前图形窗口数时,可以把这个函数写入 M 文件。

clf 命令用于清除当前图形窗口的内容。

close 命令用于关闭图形窗口。

2. 子图形窗口

在一个图形窗口内可以创建多个子图形窗口。创建子图形窗口的命令格式为

$$subplot(m, n, p)$$

该命令是在当前窗口内创建 m×n 个子图形窗口,按 m 行、n 列排列,p 表示当前第 p 个子图形窗口。这些子图形窗口以从左向右从上到下的顺序编号。例如,命令 subplot(2,3,4)将会创建 6 个子图形窗口,而且第 4 个窗口是当前子图形窗口。

例如运行下列程序,结果如图 3.8 所示。

figure(2);
subplot(2,1,1);
x=-pi:pi/20:pi;
y=sin(x);
plot(x,y);grid on;
title('正弦曲线');
subplot(2,1,2);
x=-pi:pi/20:pi;
y=cos(x);
plot(x,y);grid on;
title('余弦曲线');

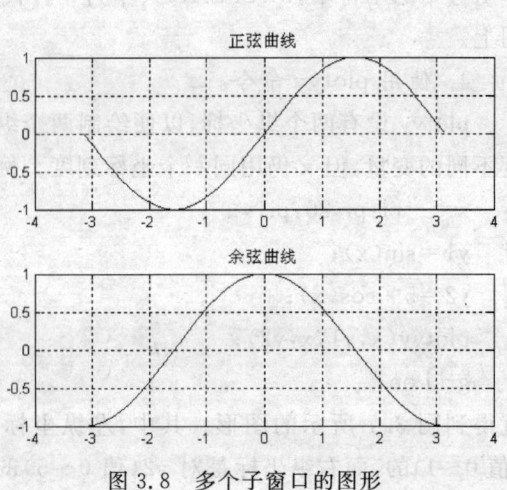

图 3.8 多个子窗口的图形

3.1.6 对数坐标图形

直角坐标系中的坐标轴既可以用对数刻度,也可以用线性刻度。如果在 x、y 轴上使用这两种刻度的一种或两种,可组合形成下列 4 种不同的坐标系。

(1) plot 函数的 x、y 轴均用线性刻度。

(2) semilogx 函数的 x 轴用对数刻度,y 轴用线性刻度。

(3) semilogy 函数的 x 轴用线性刻度,y 轴用对数刻度。

(4) loglog 函数的两坐标轴都用对数刻度。

这四个函数在意义上是等价的,只是坐标轴的类型不同。运行下面的程序,将显示图 3.9 所示的图形。

```
x=0:0.1:10;
y=x.^2-10.*x+25;
subplot(2,2,1);
plot(x,y);   grid on;
xlabel('a) x、y 轴线性刻度 ');
subplot(2,2,2);
semilogx(x,y);   grid on;
xlabel('b) x 轴对数刻度、y 轴线性刻度 ');
subplot(2,2,3);
semilogy(x,y);   grid on;
xlabel('c) x 轴线性刻度、y 轴对数刻度 ');
subplot(2,2,4);
loglog(x,y); grid on;
xlabel('d) x、y 轴对数刻度 ');
```

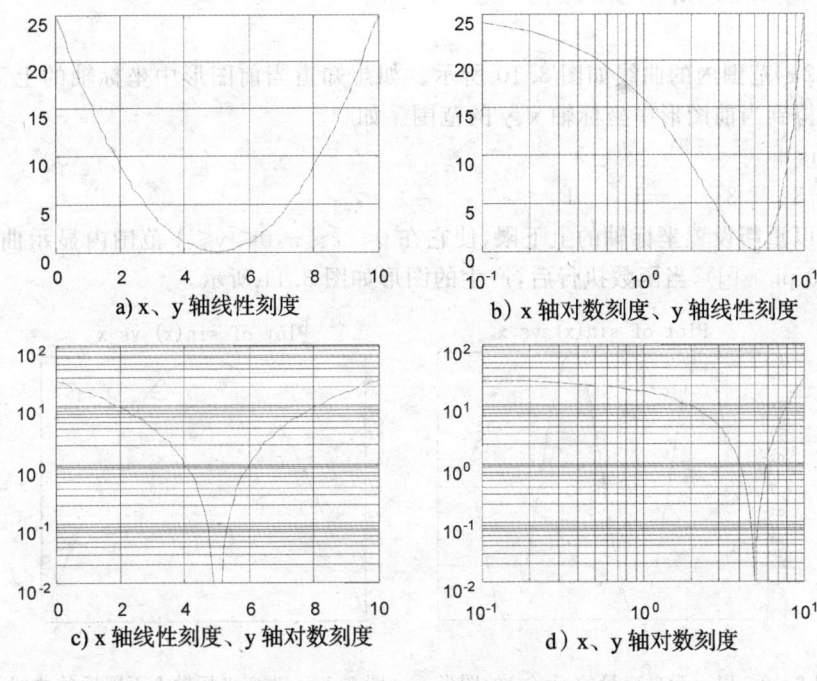

图 3.9　各种坐标轴刻度图形

■ 3.1.7　坐标轴上下限的设置

MATLAB 可根据输入数据的大小自动设置坐标轴的大小。用户也可以根据需要用 axis 命令/函数自行设置坐标比例并选择图形边界范围,即允许用户设置 x、y 轴上值的范围。axis 命令/函数的使用形式如表 3.3 所示,其中"v=axis"和"axis([xmin xmax ymin ymax])"是最常用的,它允许用户设定和修改坐标轴的上下限。

表 3.3 axis 命令/函数的形式

命令	功能或意义
v=axis	此命令/函数返回数据[xmin xmax ymin ymax],分别表示 x,y 轴的上下限
axis([xmin xmax ymin ymax])	xmin xmax 设定横轴 x 的下限及上限,ymin ymax 设定纵轴 y 的下限及上限
axis equal	横轴、纵轴的长度设置等长刻度
axis square	产生正方形坐标值
axis normal	以预设值画纵轴及横轴
axis off	将纵轴及横轴取消
axis on	打开所有的轴背景(默认情况)

例 3.1.2 画出函数 $f(x)=\sin(x)$ 从 -2π 到 2π 之间两个周期的图形曲线,然后设置坐标的区域为 $0 \leqslant x \leqslant \pi, 0 \leqslant y \leqslant 1$。

x=-2*pi:pi/20:2*pi;
y=sin(x);
plot(x,y);
title('Plot of sin(x) vs x');
grid on;

$[-2\pi, 2\pi]$ 范围内的曲线如图 3.10 所示。如想知道当前图形中坐标轴的上下限,键入 axis 命令可得到当前图形中坐标轴 x、y 的范围。如

>>axis

ans= -8   8   -1   1

然后可以重新设置坐标轴的上下限,使它在 $0 \leqslant x \leqslant \pi, 0 \leqslant y \leqslant 1$ 范围内显示曲线。调用函数 axis([0 pi 0 1]),当函数执行后,产生的图形如图 3.11 所示。

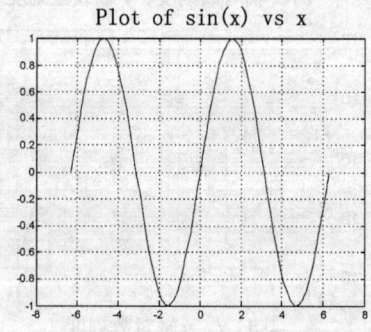

图 3.10 以 x 为自变量的 sin(x)的图形   图 3.11 改变坐标轴上下限后的曲线

3.1.8 极坐标下的绘图

MATLAB 中包括一个重要的函数——polar,它用于在极坐标系中画图。这个函数的基本格式为

polar(theta,r)

其中,theta 代表一个弧度角数组,r 代表离原点的距离数组。例如运行下列程序,将得到图 3.12 所示的结果。

theta=0:pi/20:2*pi;

r=0.5+cos(theta);
polar(theta,r);

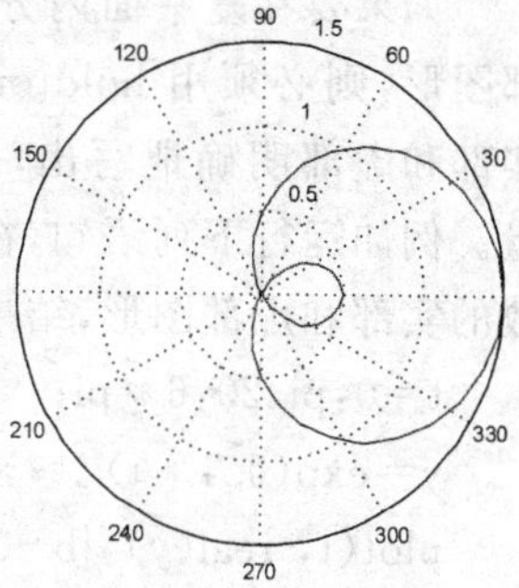

3.1.9 复数的绘图

由于复数数据既包括实部又包括虚部,所以在MATLAB中复数数据的绘图与普通实数数据的绘图有所区别,有下列几种情况。

(1) 当plot(z)中的z为复数变量时(即含有非零的虚部),MATLAB把复数的实部作为横坐标、虚部作为纵坐标进行绘图,即相当于plot(real(z),imag(z))。

图3.12 极坐标图形

例3.1.3 绘制函数$y(t)=e^{0.1t}(\cos t + i\sin t)$的曲线。

运行下面的程序,将得到图3.13所示的曲线。

t=0:pi/20:6*pi;
y=exp(0.1*t).*(cos(t)+i*sin(t));
plot(y);
grid on;
title('Plot of Complex Function vs Time');
xlabel('Real Part');
ylabel('Imaginary Part');

(2) 如果是双变量,如plot(t,z),则横坐标为t,纵坐标为real(z),z中的虚数部分将被丢弃,即plot(t, real(z))。运行下面的程序,将得到图3.14所示的图形。

t=0:pi/20:6*pi;
y=exp(0.1*t).*(cos(t)+i*sin(t));
plot(t, y);
grid on;
title('Plot of Complex Function vs Time');
xlabel('t');
ylabel('y(t)');

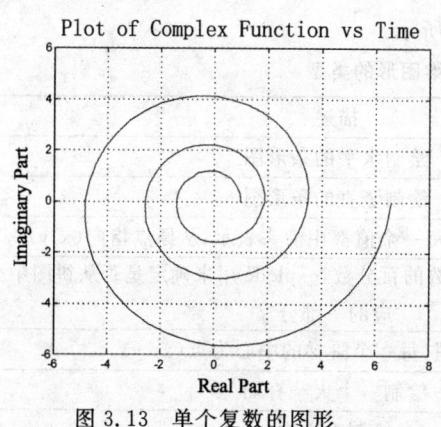

图3.13 单个复数的图形

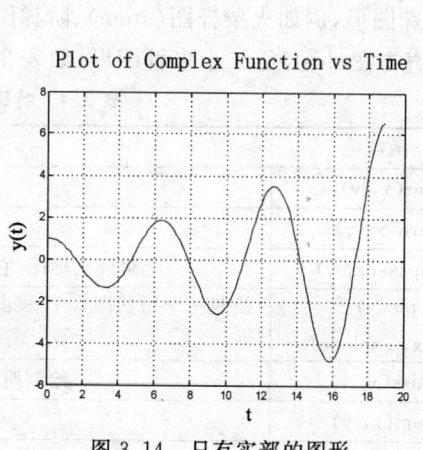

图3.14 只有实部的图形

如果要在复平面内分别绘制函数的实部和虚部图形,则必须用 hold on 命令,或把多条曲线的实部和虚部明确地写出,作为 plot 函数的输入变量。例如运行下列语句,在相同的时间轴内画出函数的实部和虚部图形,结果如图 3.15 所示。

t=0:pi/20:6*pi;
y=exp(0.1*t).*(cos(t)+i*sin(t));
plot(t,real(y),'b-');
grid on;
hold on;
plot(t,imag(y),'r-');
title('Plot of Complex Function vs Time');
xlabel('t');
ylabel('y(t)');
legend('real','imaginary');
hold off;

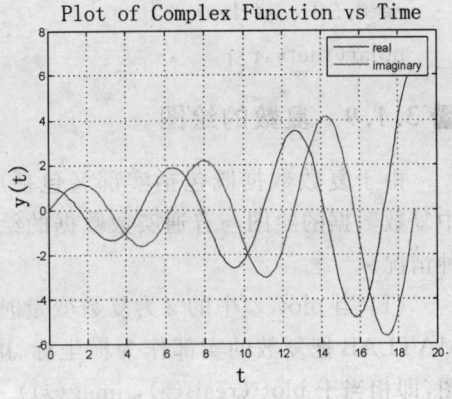

图 3.15　含有函数实部和虚部的图形

(3) 在极坐标系下绘制复数图形。

极坐标系下的绘图语句为 polar(theta,r)。其中,theta 表示虚部和实部形成的夹角,r 为数据点到原点之间的距离。运行下列程序,结果如图 3.16 所示。

t=0:pi/20:6*pi;
y=exp(0.1*t).*(cos(t)+i*sin(t));
polar(angle(y),abs(y));
title('Plot of Complex Function');

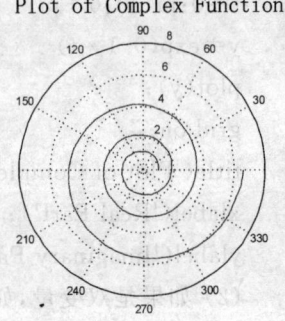

图 3.16　y(t)的极坐标图

3.1.10　特殊二维图形的绘制

在直角坐标系中,除了上面我们已经看到的各种曲线图形外,MATLAB 还支持其他的一些特殊图形,例如火柴杆图(stem)、阶梯图(stair)、条形图(bar)、饼图(pie)、罗盘图(compass)、直方图(hist)等二十多种图形,如表 3.4 所示。

表 3.4　特殊二维图形的类型

函数	描述
bar(x, y)	绘制水平的条形图
barh(x, y)	绘制竖直的条形图
compass(x, y)	绘制极坐标图,它的每一个值都用箭头表示,从原点指向(x,y)
pie(x) pie(x, explode)	绘制一个饼状图,x 代表占总数的百分数,explode 用来确定是否从饼图中分离对应的一部分
stairs(x, y)	绘制阶梯图,每一个阶梯的中心为点(x, y)
stem(x, y)	绘制一个火柴杆图
hist(y)	绘制直方图

火柴杆图中的每一个值都用一个圆圈和垂直于 x 轴的直线连接而成；阶梯图中的每一个值都用连续的竖直长条线来表示，形成阶梯状效果；条形图可分成水平条形图和竖直条形图；饼图用不同的扇区代表不同的变量；罗盘图是另一种极坐标图，它的每个值用箭头来表示。

火柴杆图、阶梯图、条形图、饼图、罗盘图与普通的图形差不多，它们的调用方式相同。例如，下面是一个火柴杆图的程序，产生的图形如图 3.17(a)所示。

```
x=[1 2 3 4 5 6];
y=[2 6 8 7 8 5];
stem(x,y);
title('Example of a Stem Plot');
xlabel('x');
ylabel('y');
axis([0 7 0 10]);
```

阶梯图、条形图、罗盘图可以通过调用 stairs、bar 和 compass 命令来创建，程序类似于上面的语句，只是把 stem 函数换为相应函数即可。图形分别如图 3.17(b)、(c)、(d)所示。

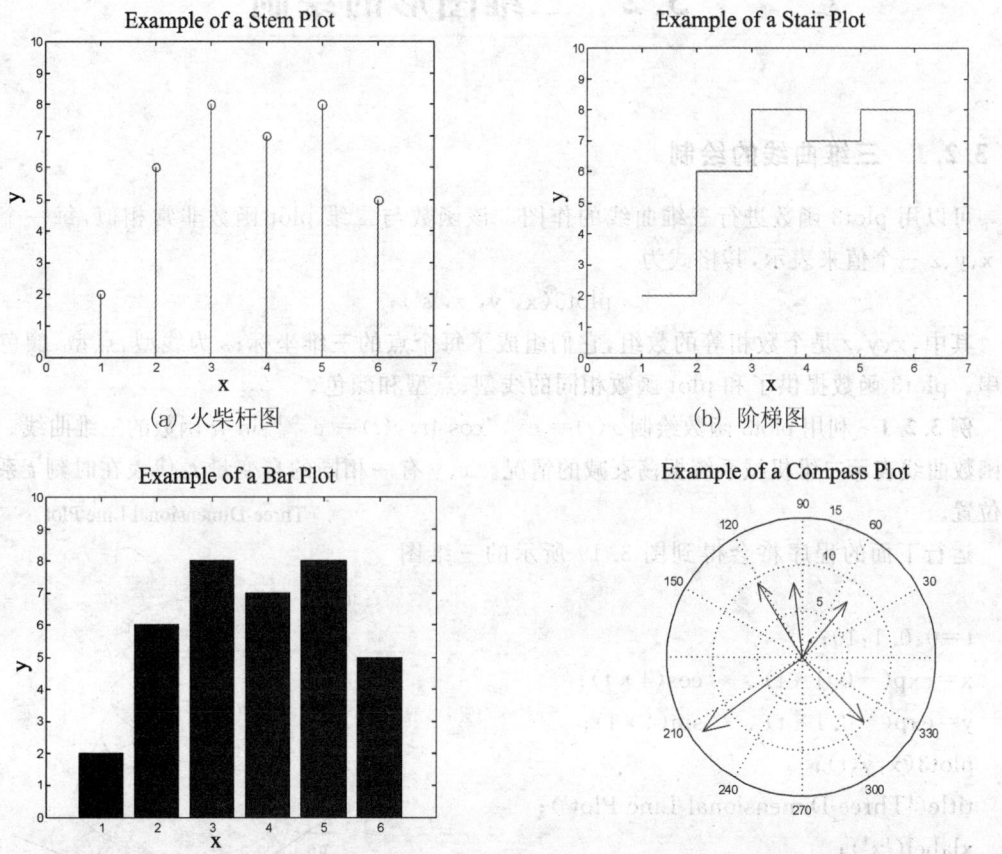

图 3.17 特殊二维图形的绘制

饼图函数 pie 与上面的画图有所不同。为了创建一个饼图，需要把数组 x 传递给饼图函数,饼图函数计算出每一个元素占全部元素和的百分比,然后按照这个百分比将一个圆分为若干份。例如数组 x 是[1 2 3 4],那么 pie 函数将会计算出第一个元素 1 占全部元素和的 10%,第二个元素占 20%,等等。饼图函数 pie 将会根据百分比画出相应的饼图。

饼图函数 pie 支持选择性参数,使用 explode 来实现。explode 是一个逻辑数组,其数值为 1 或 0。如果 explode 的值为 1,那么它对应的扇区就从整体中分离出来。运行下面的程序将得到图 3.18 所示的饼图。注意,第二个扇区被分离出来。

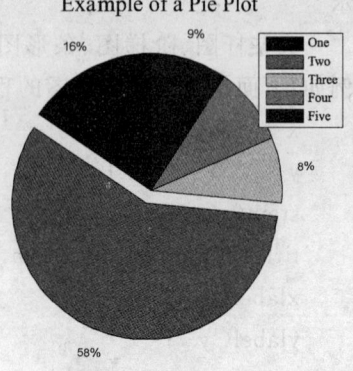

```
data = [10 37 5 6 6];
explode = [0 1 0 0 0];
pie(data, explode);
title('Example of a Pie Plot');
legend('One','Two','Three','Four','Five');
```

图 3.18 饼形图

3.2 三维图形的绘制

■ 3.2.1 三维曲线的绘制

可以用 plot3 函数进行三维曲线的作图。该函数与二维 plot 函数非常相似,每一个点用 x、y、z 三个值来表示,其格式为

$$plot3(x, y, z, 's');$$

其中,x、y、z 是个数相等的数组,它们组成了每个点的三维坐标;s 为线型、点型、颜色字符串。plot3 函数提供了和 plot 函数相同的线型、点型和颜色。

例 3.2.1 利用 plot3 函数绘制 $x(t) = e^{-0.1t}\cos 4t, y(t) = e^{-0.1t}\sin 4t$ 函数的三维曲线。这个函数曲线表示二维机械系统振荡衰减的情况。$x、y$ 有一相同的自变量 t,代表在时刻 t 系统的位置。

运行下面的程序将会得到图 3.19 所示的三维图形。

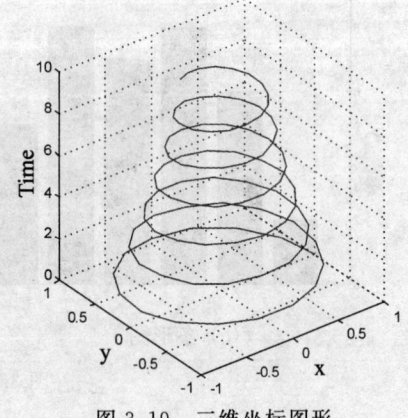

```
t=0:0.1:10;
x=exp(-0.1*t) .* cos(4*t);
y=exp(-0.1*t) .* sin(4*t);
plot3(x,y,t);
title('Three-Dimensional Line Plot');
xlabel('x');
ylabel('y');
zlabel('Time');
```

图 3.19 三维坐标图形

```
axis square;
grid on;
```

3.2.2 三维表面、网格、等高线图形的绘制

表面、网格、等高线图形可以用非常简单的方法来表示两变量的函数。任何两变量函数的值都能用表面、网格或等高线图形表示,其作图函数如表 3.5 所示。

表 3.5 表面、网格、等高线图形函数

函数	描述
mesh(x, y, z)	绘制三维网格图形。其中,数组 x 包括要画的每一点的 x 值,数组 y 包括要画的每一点的 y 值,数组 z 包括要画的每一点的 z 值
surf(x, y, z)	绘制三维表面图形
contour(x, y, z)	绘制三维等高线图形

利用表 3.5 中的函数绘图时,用户必须创建三个个数相等的数组。这三个数组必须包括要画的每一点的 x、y、z 值。如我们要画 4 个点(−1,−1,1)、(1,−1,2)、(−1,1,1)和(1,1,0)的图形,为了画出这 4 个点,我们必须创建以下三个数组:

$$x=\begin{bmatrix}-1 & 1\\-1 & 1\end{bmatrix}\quad y=\begin{bmatrix}-1 & -1\\1 & 1\end{bmatrix}\quad z=\begin{bmatrix}1 & 2\\1 & 0\end{bmatrix}$$

数组 x 包括要画的每一点的 x 值,数组 y 包括要画的每一点的 y 值,数组 z 包括要画的每一点的 z 值。这些数组被传递到画图函数。

MATLAB 中的 meshgrid 函数可使函数图形数组 x、y 的创建变得十分容易。该函数的格式为

$$[x,y] = meshgrid(xstart:xinc:xend, ystart:yinc:yend)$$

其中,xstart:xinc:xend 指出 x 的取值范围,ystart:yinc:yend 指出 y 的取值范围。

为了绘制一个图形,先用 meshgrid 函数来建立 x、y 的值,并通过表面、网格、等高线函数计算(x,y)相对应的值,最后再调用函数 mesh、surf 或 contour 来绘制图形。

例 3.2.2 绘制函数 $z(x,y)=e^{-0.5(x^2+y^2)}$ 的网格图形,x、y 的取值分别为[−4,4]和[−4,4]。

运行下面的程序,将画出这个三维网格图形,结果如图 3.20 所示。

```
[x,y]=meshgrid(−4:0.2:4,−4:0.2:4);
z=exp(−0.5*(x.^2+y.^2));
mesh(x,y,z);
xlabel('x');
ylabel('y');
zlabel('z');
title('Mesh plot');
```

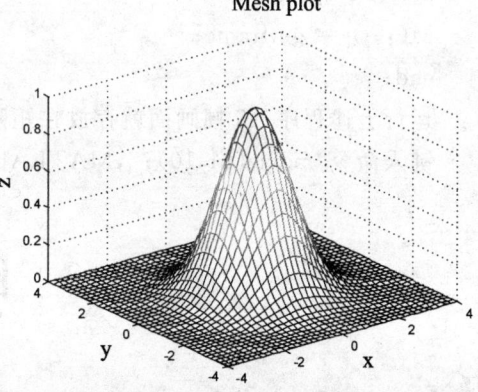

图 3.20 三维网格图

表面、等高线图形的程序类似于 mesh 函数的图形程序,只是把上述程序中的 mesh 换成 surf 或 contour 函数即可。绘图结果分别如图 3.21 和图 3.22 所示。

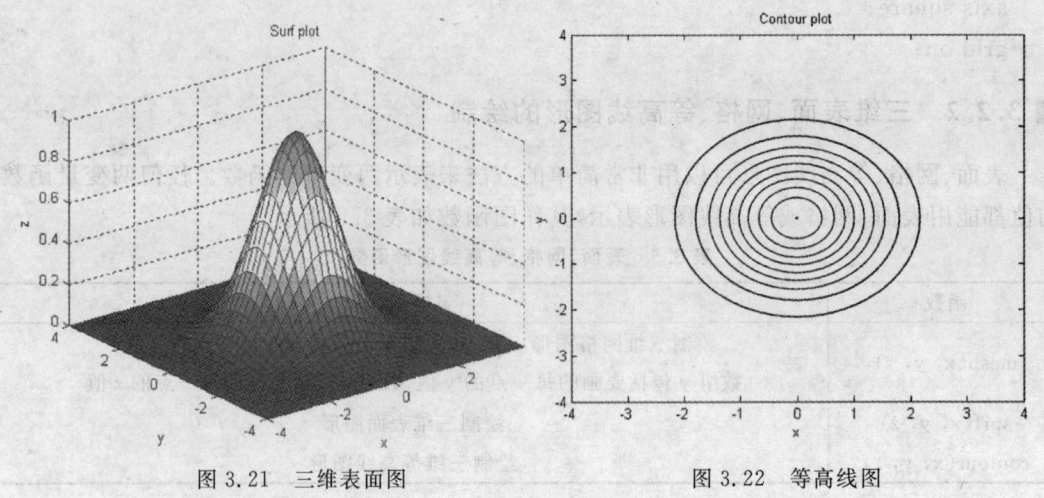

图 3.21　三维表面图　　　　　　　图 3.22　等高线图

3.2.3　动画的制作

MATLAB 的动画命令共有 3 条：moviein、getframe 和 movie。

用 getframe 把 MATLAB 产生的图形存储下来，每个图形为一个很长的列向量，N 行列向量可以保存 N 幅画面，成为一个较大的矩阵，然后再用 movie 命令把它们连起来重放，就可以产生动画效果。moviein 用来预留存储空间以加快运行的速度。

运行下面的动画程序，将动态显示图 3.23 所示的效果。

axis equal;
%把坐标轴设成相等比例
M = moviein(15);
%为变量 M 预留 15 幅图的存储空间
for j=1:15
plot(fft(eye(j+1)));
M(:,j) = getframe;
end;

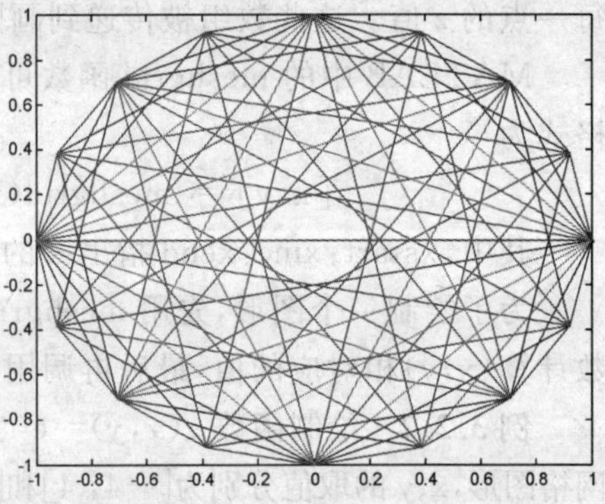

图 3.23　动画的制作

运行上述程序，15 幅画面就存放在矩阵 M 中。
键入命令"movie(M,10);"，MATLAB 就把 M 中的图形播放 10 次，形成动画效果。

3.3　图形用户界面

图形用户界面（Graphical User Interface，简称 GUI）是一种图形化的程序接口，是 MATLAB 和用户进行直接交互的重要手段。一个好的 GUI 程序给用户提供了一个良好的交互界面及丰富的控制按钮，操作方便、快捷。

MATLAB 图形用户界面的设计方法有两种：一种是使用可视化的界面编辑环境通过控

件设计来实现;另一种是通过编写程序实现。本节主要介绍使用可视化的界面编辑环境来设计图形用户界面。

3.3.1 GUI 的工作机制

MATLAB 的图形用户界面(GUI)是用户与计算机程序之间的一种可视化交互方式。计算机可以在屏幕上显示图形和文本,也可以通过声卡及扬声器产生提示声音。用户通过输入设备,如键盘、鼠标、光笔或麦克风与计算机交互通信。GUI 是由窗口、光标、按键、菜单、文字说明等构成的一个用户界面。用户通过一定的方法(如鼠标或键盘)选择或激活这些图形对象,使计算机产生某种动作或变化。例如,实现计算、绘图等功能。GUI 具有很强的可读性和提示功能,设定了如何观看和如何感知计算机完成操作,并以某种方式选择或激活这些对象,引起动作或发生变化。最常见的激活方法是用鼠标或其他点击设备控制屏幕上的鼠标指针。按下鼠标按钮,标志着对象的选择或响应。

创建 MATLAB 用户图形界面必须包含以下三类基本元素。

(1) 组件(Component):在 MATLAB GUI 中的每一个项目,如按钮、标签、编辑框等,都是一个图形化的组件。组件可分为三类:图形化控件(按钮、编辑框、列表、滚动条等)、静态元素(窗口和文本字符串)、菜单和坐标系。图形化控件和静态元素由函数 uicontrol 创建;菜单由函数 uimenu 和 uicontextmenu 创建;坐标系经常用于显示图形化数据,由函数 axes 创建。

(2) 图形窗口(Figure):GUI 的每一个组件都必须放置在图形窗口中。

(3) 响应或回调函数(Callback):如果用户用鼠标单击组件或用键盘键入一些信息,那么程序就要有相应的动作。鼠标单击一个按钮或键入信息是一个事件,MATLAB 就会运行相应的函数或语句,这些相应的语句被称为响应。

GUI 的常用组件如表 3.6 所示。

表 3.6 GUI 常用组件

元素		描述
图形化控件	Push button	普通按钮
	Toggle button	切换按钮
	Radio button	单选按钮
	Check box	复选框
	Edit box	编辑框
	List box	列表框
	Popup menus	弹出菜单
	Slider	滚动条
静态元素	Frame	窗口
	Text field	文本字符串
菜单和坐标系	Menu items	下拉菜单
	Context menus	上下文菜单
	axes	坐标

3.3.2 创建 GUI 的基本步骤

在 MATLAB 中,图形用户界面(GUI)程序是通过 GUI 开发环境——"guide"命令来创建的。打开 GUI 的方法有三种:

(1) 启动 MATLAB 后,选择菜单 "File/New/GUI"命令。

(2) 在开始菜单下选择 MATLAB 中的"GUIDE"。

(3) 在 MATLAB 的命令窗口内键入 "guide"命令,出现图 3.24 所示的界面。在该界面中有"Create New GUI"和"Open Existing GUI"两个选项卡。如果新建空白的图形用户界面,则选择"Create New GUI"选项卡中的"Blank GUI(Default)",

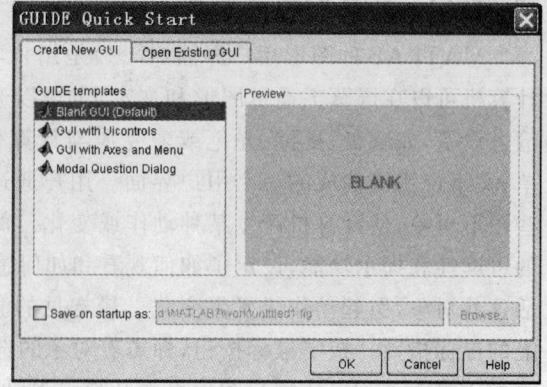

图 3.24 guide 快速开始界面

然后单击"OK"按钮,出现图 3.25 所示的可视化图形用户界面窗口;如果编辑修改以前已存在的用户文件,则选择"Open Existing GUI"。

下面就可以根据需要在图 3.25 所示的图形用户窗口上编辑各种按钮、编辑框等对象,构成一个美观友好的界面。其 GUI 创建的基本步骤分为如下五步。

(1) 首先要决定 GUI 程序需要哪些组件及每个组件的功能如何。在纸上大致绘制一幅图形,帮助分析和设计。

(2) 当运行"guide"命令时,会产生一个窗口编辑器。窗口编辑器的左侧有一个 GUI 组件栏,用户可以通过选中和拖放操作把设计所需要的组件放置在窗口编辑器中,并通过 GUI 编辑窗口顶部工具栏中的工具来调整 GUI 窗口的尺寸、组件对齐方式、空间布局等。

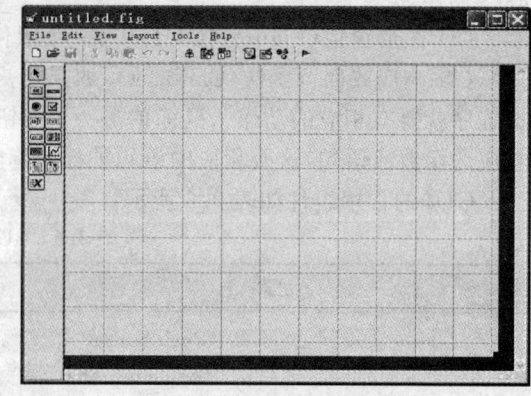

图 3.25 可视化的图形用户窗口

(3) 通过 GUI 开发环境调用组件属性编辑器,对组件进行命名、"Tag"属性命名,并设置组件的字体、尺寸、颜色、显示文本等属性。

(4) 保存图形编辑窗口,硬盘将在指定的路径中产生两个扩展名分别为".fig"和".m"的同名文件。扩展名为".fig"的文件包含了当前的 GUI 图形界面内容,扩展名为".m"的文件包含了调用该图形窗口的程序代码及每个 GUI 组件的回调函数。

(5) 编写与每个 GUI 组件相联系的事件回调函数。

3.3.3 GUI 应用实例

创建一个简单的 GUI 程序,在图形用户界面上通过按钮控制显示正弦曲线或余弦曲线。

(1) 在 MATLAB Command 窗口输入"guide"命令,创建一个空的 GUI 程序。按住鼠标左键拖动 GUI 设计区右下角的方形控制点,将 GUI 显示窗口调整到合适大小。然后单击工具栏中的"pushbotton"按钮和"Axes"按钮,在设计区分别产生三个 pushbotton 组件按钮和一个 Axes 坐标轴。

(2) 右击第一个"pushbotton"组件对象打开其属性编辑器"Property Inspector",如图 3.26 所示,将其 String 属性设置为"正弦曲线",将其 Tag 属性设置为"sinx";右击第二个"pushbotton"组件对象打开其属性编辑器"Property Inspector",将其 String 属性设置为"余弦曲线",将其 Tag 属性设置为"cosx";右击第三个"pushbotton"组件对象打开其属性编辑器"Property Inspector",将其 String 属性设置为"关闭",将其 Tag 属性设置为"close"。组件的其他属性如按钮上的字体、字号大小等都可根据情况适当设置或为默认值。

(3) 在 GUI 开发环境选择"File/Save as"菜单项,将程序以名称"MyFirstGUI"保存在

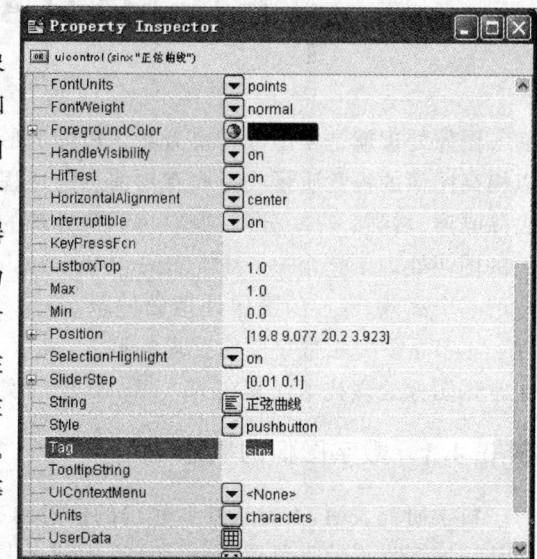

图 3.26 "Property Inspector"对话框

指定目录。这时在指定目录中会生成 MyFirstGUI.m 和 MyFirstGUI.fig 两个文件。

(4) 通过上述几步操作,guide 已经自动生成了 GUI 的输入及输出响应过程,同时生成了尚未添加回调函数代码的程序。在 MyFirstGUI 函数内添加如下代码。

① 在 function sinx_Callback(hObject, eventdata, handles) 内添加代码:

x=0:pi/10:2*pi;

y=sin(x);

plot(x,y);

grid on;

② 在 function cosx_Callback(hObject, eventdata, handles) 内添加代码:

x=0:pi/10:2*pi;

y=cos(x);

plot(x,y,'r');

grid on;

③ 在 function close_Callback(hObject, eventdata, handles) 内添加代码:

close;

编辑完成并保存,选择菜单"Tool/Run",得到图 3.27 所示的图形用户界面。用鼠标点击"正弦曲线"按钮、"余弦曲线"按钮或"关闭"按

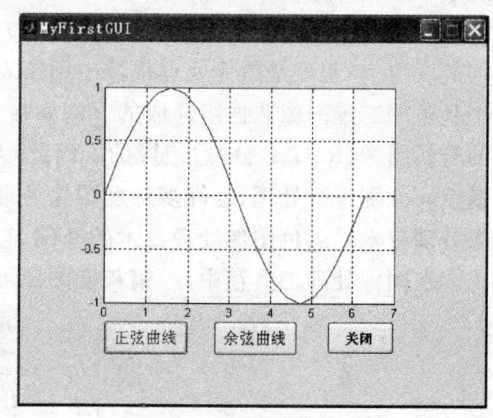

图 3.27 图形用户界面

钮,就可看到点击不同按钮时,图形曲线的不同。

3.4 MATLAB 数字图像处理

图像处理就是将图像转换为数字矩阵的形式,并采用一定的算法对其进行必要的计算,以提高图像的视觉质量或提取有用信息的过程。数字图像处理就是通过计算机对图像进行去除噪声、增强、复原、分割、提取特征等处理的理论、方法和技术。MATLAB 包含了功能强大的图像处理工具箱——IPT(Image Processing Tools)。IPT 是基于 MATLAB 矢量化算法的一个高效、专业的图像处理软件包,是学习和从事图像处理研究的必备或首选工具软件。本节主要介绍数字图像处理的概念、表示、读取、显示与存储技术,后面几节分别介绍一些常用图像处理技术及其在 MATLAB 中的实现方法。

■ 3.4.1 数字图像的概念

科学研究表明,人类从外界获得的信息约有 75% 来自于视觉系统,也就是说,图像是人类认识客观世界的重要形式。从广义上讲,图像是用各种观测系统以不同形式和手段观测客观世界而获得的、可直接或间接作用于人眼并进而产生视觉的实体。简言之,图像是对物体或者场景的一种表现形式。一个图像包括了它所表示的物体的信息。图像存在的形式有抽象和具体、直接可视和间接可视、适于计算机处理和不适于计算机处理之分。从图像处理的角度来看,可以分为模拟和数字两大类。前者包括光学系统成像、胶片影像等,后者是将模拟图像经抽样离散化处理后形成的、计算机能够辨识的点阵图像。数字图像存在的形式就是存储在硬盘等介质中的数字化后的二维数组。现代数字图像与模拟图像相比具有不可比拟的优点,突出表现在易于存储、便于处理、传输方便、高抗扰性和易于加密等。

■ 3.4.2 数字图像的表示

由传感设备获得的模拟图像,通过采样与量化过程变换为便于计算机处理的数字图像。数字图像在计算机中通常用一个数字矩阵来表示。具体地,一幅图像可以被定义为一个二维函数 $f(x,y)$。其中,x,y 是空间坐标,f 表示在任一坐标点 (x,y) 处的振幅(图像在该点的灰度值)。灰度是图像处理领域中用来表示黑白图像亮度的,而彩色图像是由红、绿、蓝三个基色的二维图像数据组合成的。例如在 RGB 色彩空间中,一幅彩色图像便是由三幅独立的分量图像(R、G、B 分量)组成的。因此,对彩色图像的处理可以划归到三个独立的灰度分量空间分别进行处理,且许多灰度图像处理技术也完全适用于彩色图像处理。同时,灰度图像处理技术是彩色图像处理技术的基础,它包括了图像处理领域中的绝大部分内容。

在图像处理工具箱中,一幅灰度图像可表示为如下矩阵形式:

$$f = \begin{bmatrix} f_{11} & f_{12} & f_{13} & \cdots & f_{1N} \\ f_{21} & f_{22} & f_{23} & \cdots & f_{2N} \\ \vdots & \vdots & \vdots & \cdots & \vdots \\ f_{M1} & f_{M2} & f_{M3} & \cdots & f_{MN} \end{bmatrix}$$

f_{ij}代表像素(i,j)的亮度值,其范围为0～255,0表示黑,255表示白。彩色图像是用红、绿、蓝三组二维矩阵来表示的,这时f记为$[f(x,y)_r, f(x,y)_g, f(x,y)_b]$。其中,三组中的每个数值的范围都是0～255。

■ 3.4.3 图像格式与图像类型

图像格式是指用来存储图像的文件格式。图像格式通常有很多种,常因操作系统和图像处理软件的不同而有所区别,但总的发展趋势是格式变得更加统一。MATLAB图像处理工具箱中常用的图像/图形格式如表3.7所示。

表3.7　MATLAB中常用的图像/图形格式

格式名称	扩展名	格式描述
JPEG	.jpg, .jpeg	静止图像格式
BMP	.bmp	Windows位图
TIFF	.tif, .tiff	加标识信息的图像文件格式
GIF	.gif	图形交换格式
PNG	.png	可移植网络图形格式
XWD	.xwd	X Window存储图形格式

与图像格式的定义不同,图像类型是依图像数组中数值与像素颜色之间的关系不同而对图像进行的分类。图像类型主要可分为四种:灰度图像、索引图像、二值图像及RGB图像。需要说明的是,在MATLAB中,无论是哪种类型的图像,其存储格式通常不外乎三种,即:uint8(8位无符号整型数)、uint16(16位无符号整型数)及double(双精度浮点数)。

1. 灰度图像

灰度图像是一个数据矩阵,该矩阵的每一个元素对应图像中的一个像素点(pixel),元素的值代表一定范围的灰度级。对于uint8类型的图像,灰度取值范围为[0,255];对于uint16类型的图像,灰度取值范围为[0,65 535];对于double类型的图像,像素的取值为浮点数。灰度图像一般不自带调色板,而使用默认的系统调色板。

2. 索引图像

索引图像是一种把图像像素值直接作为RGB调色板下标的图像。通常索引图像与灰度图像的最大区别在于,一幅索引图像除了包括图像数据矩阵外,还包含一个图像调色板。调色板以$256 \times d$矩阵表示(d为色彩空间维度)。灰度索引图像调色板最多只能有256种颜色。RGB图像转换成索引图像时,系统会自动根据图像上的颜色为每个颜色分量归纳出能代表分量灰度的256种颜色,然后用256×3个不同灰度分量的组合来精确描述图像上任一像素点的颜色信息。索引图像主要用于网络上的图片传输和一些对图像像素、大小等有严格要求的情况。

3. 二值图像

二值图像是由0和1两种逻辑值数组组成的数字图像,逻辑值0相当于灰度图像中的0,逻辑值1相当于灰度图像中的255。二值图像的每一像素只有0和1两种可能的数值或灰度等级状态。二值图像常用于对图像内容进行标记处理。

4. RGB图像

RGB图像通常称为真彩色图像,它直接来源于图像传感器所采集的模拟信号量化后的输出。每一像素点的数字量化输出均由三个数值来分别标明红、绿、蓝分量的幅值。在 MATLAB 中,一幅 RGB 图像由 m×n×3 的数组来表示。其中,m 和 n 分别为图像的宽度和长度,3 代表三个颜色分量。对于常用的 RGB 图像,每个颜色分量均由一个字节来表示,这样就构成了 24 位的 RGB 图像。

对于某些操作来说,将一幅图像转换为另一种图像类型是非常有用的。例如,如果希望对一幅存储为索引图像的彩色图像进行图像滤波,那么应该首选将该图像转换为 RGB 格式,然后再对 RGB 图像使用滤波器,MATLAB 将滤除掉图像中的部分灰度值。如果用户需要对一幅索引图像进行滤波,则 MATLAB 只能简单地对索引图像矩阵的下标进行滤波,这样得到的结果毫无意义。表 3.8 给出了图像处理工具箱中常用的图像类型转换函数。

表 3.8 常用的图像类型转换函数

类型转换函数	函数功能描述
rgb2gray	将一幅 RGB 图像转换为灰度图像
rgb2ind	将一幅 RGB 图像转换为索引图像
im2bw	使用阈值截取方法,将一幅灰度图像、索引图像或 RGB 图像转换为二值图像
ind2gray	将一幅索引图像转换为灰度图像
gray2ind	将一幅灰度图像转换为索引图像
dither	使用抖动算法,将 RGB 图像转换为索引图像,或将灰度图像转换为二值图像

■ 3.4.4 数字图像的读取

在 MATLAB 中,无论对图像进行何种处理,首选必须将目标图像读入到 MATLAB 工作环境。MATLAB 中使用 imread 函数读取图像。imread 支持 MATLAB IPT 的所有图像格式,其语法格式为

imread('picname')

其中,picname 为一个图像文件名,它包含了图像文件的全名(含扩展名)。例如下面的命令行

p=imread('football.jpg');

可将 JPEG 图像 football 读入到图像数组 p 中。

完整的命令中应包含文件的路径信息。上面的命令行中未包含文件的路径,这时函数默认的文件读取路径为当前目录,若当前路径中找不到所需的文件,则尝试在 MATLAB 搜索路径中寻找文件。指定文件路径的常用方法是在 picname 字符串中输入绝对路径。例如:

p=imread('d:\MATLAB7\toolbox\images\imdemos\football.jpg');

对于索引图像的读取,命令格式为(其中,fmt 为图像格式,可选的值为 bmp、hdf、ico、jpg、pcx、png 和 xwd)

[p,map]= imread(picname,'fmt')

除了使用命令 whos 检查内存中的图像信息外,还可以使用命令 imfinfo 了解更多的图像信息。例如:

```
>> imfinfo football.jpg
ans =
Filename: 'd:\MATLAB7\toolbox\images\imdemos\football.jpg'
```

FileModDate：'01-Mar-2001 08:52:38'
FileSize：27130
Format：'jpg'
FormatVersion：''
Width：320
Height：256
BitDepth：24
ColorType：'truecolor'
FormatSignature：''
NumberOfSamples：3
CodingMethod：'Huffman'
CodingProcess：'Sequential'
Comment：{ }

3.4.5 数字图像的显示与存储

MATLAB 进行图像处理时，一般使用函数 imshow 或 imview 显示图像。imshow 在一个单独的图形窗口显示图像，其基本语法格式为

$$\text{imshow}(p,G) \text{ 或 imshow}(p,[\text{low high}])$$

其中，在第一种命令格式中，p 为读取图像时存入的数组名；G 为显示图像的灰度级数。若将 G 省略，默认的灰度级数是 256。在第二种命令格式中，将所有灰度值小于或等于 low 的都显示为黑色，所有大于或等于 high 的都显示为白色，而介于两者之间的将以像素实际的灰度值显示。若将方括号中的 low 和 high 省略，则显示的灰度范围从图像数组 p 中灰度最小值至 p 中灰度最大值。imview 的基本语法格式为

$$\text{imview}(p) \text{ 或 imview}('football.jpg')$$

imview 函数也是在一个单独的窗口内显示图像，同时提供了图像尺寸、数据类型和灰度范围等信息。用户还可以通过图形窗口左下角查看当前鼠标所在位置的像素值。imshow 和 imview 显示 football.jpg 的效果分别如图 3.28(a)、(b)所示。

 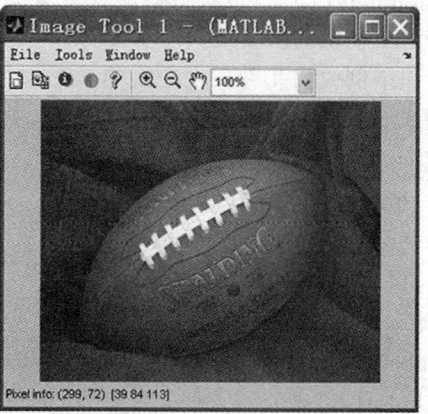

(a) imshow 显示图像　　　　　　　(b) imview 显示图像

图 3.28　分别用 imshow 及 imview 显示 football.jpg 图像

MATLAB 图像处理中使用函数 imwrite 来保存图像,其基本语法格式为

imwrite(p, 'picname') 或 imwrite(p,'picname',' fmt')

其中,p 为待保存的图像数组;picname 为保存时使用的文件名;fmt 为图像格式,可以保存为表 3.7 中的任一格式。特别地,在保存为 JPEG 格式图像时,命令格式为

imwrite(p,'picname','quality',q)

其中,picname 为包含了文件扩展名的完整文件名;quality 为保存的文件质量等级控制字,具体保存为哪个等级由第四个参数 q 指定。q 为 0~100 之间的整数,数值越大,文件质量越好。

3.5 图像的灰度变换与直方图

在计算机中,一幅二维数字图像表示为一个矩阵,该矩阵中的元素是位于相应坐标位置的图像灰度值。对图像(包括彩色图像)的处理,往往都是对像素灰度的操作,所以对图像进行灰度变换是图像处理过程中最简单、最基础的内容。在图像处理中,直接对像素进行的操作称为空间域(或简称空域)处理,而基于直方图对灰度图像的操作,又是空域处理中最为基础的一种处理过程。

3.5.1 图像的灰度变换

在 MATLAB 中,用函数 imadjust 可完成图像的灰度变换,其基本语法格式为

g=imadjust(p,[low_in high_in],[low_out high_out], gamma)

其中,p 为读入到 MATLAB 中的待变换图像矩阵;[low_in high_in]指定了 p 图像中被执行变换操作的灰度范围;[low_out high_out]是 p 图像中的像素变换后被映射到 low_out ~high_out 灰度级上。默认状态下,[low_out high_out]及[low_in high_in]为空,此时等价于[0 1],表明输入与输出灰度级为 0~255(uint8)或 0~65 535(uint16)。参数 gamma 是指变换映射的方式,默认方式时 gamma 取 1,完成线性映射,这时变换前后的灰度级没有被加权;当 gamma 小于 1 时,映射被加权至更高的灰度级;相反,当 gamma 大于 1 时,输出则被加权映射至较低的灰度级。

下面举例说明几种灰度变换的过程。

例 3.5.1 将 football.jpg 灰度级 0.1~0.6 范围的像素线性变换到 0~1 上,效果如图 3.29(b)所示。

p=imread('football.jpg');
g1=imadjust(p,[0.1 0.6],[]);
subplot(2,2,1);
imshow(p);
xlabel('(a) 原图 ');
subplot(2,2,2);
imshow(g1);
xlabel('(b) 变换到全灰度级 ');

例 3.5.2 将图像 p 向高灰度级变换,gamma 取 0.6。效果如图 3.29(c)所示。

g2=imadjust(p,[],[],0.6);
subplot(2,2,3);
imshow(g2);
xlabel('(c) 搬移到高灰度级 ');

例 3.5.3 将图像 p 做灰度倒相变换,即输出原图的负片,gamma 取 1。效果如图 3.29(d)所示。

g3=imadjust(p,[0 1],[1 0]);
subplot(2,2,4);
imshow(g3);
xlabel('(d) 灰度倒相变换 ');

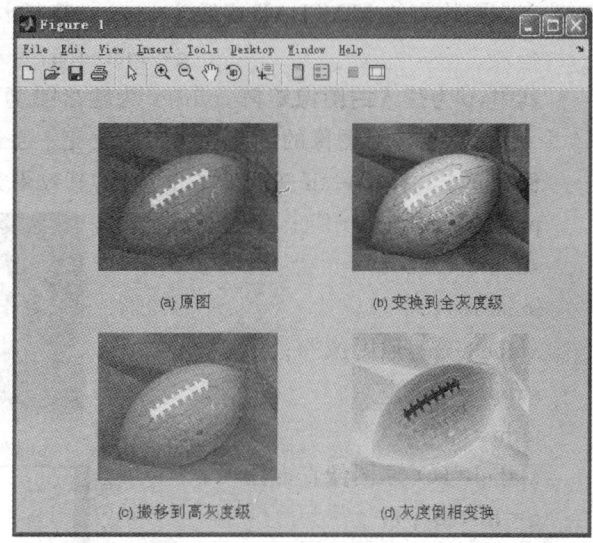

图 3.29 用函数 imadjust 完成的灰度图像的亮度变换

3.5.2 灰度直方图

直方图描述了一幅图像的灰度级内容,即各个灰度级像素数目的统计。直方图统计各个灰度像素的分布概率,是灰度级的函数,它反映不出该像素在图像中的二维坐标。因此,不同的图像有可能具有相同的直方图。通过灰度直方图的形状,能判断该图像的清晰度和黑白对比度。

在 MATLAB 图像处理中,通过函数 imhist 给出图像的直方图,其基本语法格式为

$$h = imhist(p,b)$$

其中,p 为读入到 MATLAB 环境中的图像矩阵;参数 b 指明直方图统计时显示的整个灰度级分段数目。若图像为 uint8 数据格式,当 b=2 时,灰度分为 0~127 及 128~256 两个区段。省略 b 时,表明灰度级不分段,这也是 imhist 的默认调用方式。

例 3.5.4 显示图像 p 的灰度直方图时,先要把 RGB 彩色图像 p 变换为灰度图像 I。运行下列程序,得到图 3.30 所示的直方图。

p=imread('football.jpg');
I = rgb2gray(p);
imhist(I);

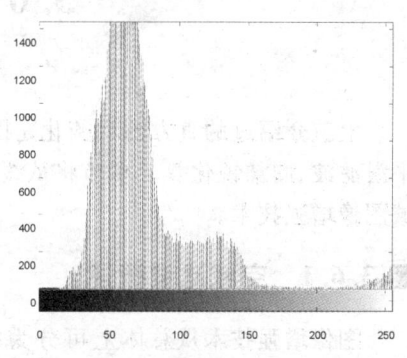

图 3.30 灰度直方图

3.5.3 直方图均衡化

在图像处理中,当我们观察到一幅图像基调过暗或过亮时,往往需要对其进行必要的处理,使得图像的明暗均匀,视觉效果变得更为理想。对于这样的原图像,从其直方图上可看到灰度集中在一个有限的区域。为此,我们可以通过直方图均衡化做适当的调整,即把一幅已知灰度概率分布图像中的像素灰度做某种映射变换,使它变成一幅具有均匀概率分布的新图像,使图像视觉效果更加清晰。

直方图均衡的 MATLAB 函数为 histeq，其基本语法格式为

g＝histeq(p, outlev)

其中，p 为读入的图像矩阵；outlev 为输出图像的灰度级数。outlev 的默认值为 64，即 64 个灰度级，这样对图像的细节有一定的改变。通常将其赋值为 256，即全灰度级(uint8)。

例 3.5.5 对 tire.tif 进行直方图均衡，其效果如图 3.31 所示。

```
p=imread('tire.tif');
subplot(2,2,1);
imshow(p);
xlabel('(a) 原图像');
subplot(2,2,3);
imhist(p);
xlabel('(c) 原图像直方图');
g=histeq(p);
subplot(2,2,2);
imshow(g);
xlabel('(b) 均衡化后图像');
subplot(2,2,4);
imhist(g);
xlabel('(d) 均衡化后图像直方图');
```

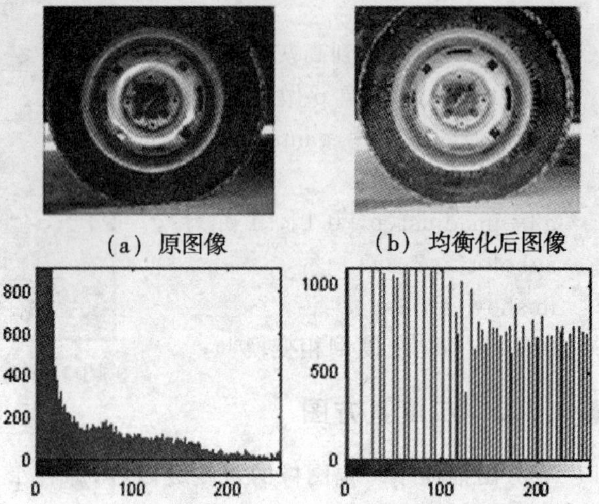

(a) 原图像　(b) 均衡化后图像

(c) 原图像直方图　(d) 均衡化后图像直方图

图 3.31 直方图均衡化

3.6 图像的增强滤波

上节介绍过的直方图均衡化是图像增强中常用的一种方法。图像增强技术还包括图像平滑滤波、图像锐化等。本节将从线性与非线性、平滑与锐化等不同角度介绍一些实用的空域图像增强技术。

3.6.1 空域滤波概述

图像增强技术从总体上可分为空域增强和频域增强两大类。空域增强也称为空间增强，是直接对图像中的像素进行操作的一种增强过程。从根本上讲，空域增强是将图像的灰度映射变换为基础的像素处理技术。空域增强方法大致可分为对比度拉伸、平滑滤波和锐化滤波。对比度拉伸主要利用点运算来修改图像像素的灰度值；而平滑和锐化均是利用模板来修改(卷积运算)像素灰度值的，从实现方法上是基于图像滤波的操作过程。

空域滤波是在图像空间借助模板对图像进行领域操作的，输出图像的每一个像素的取值都是根据模板对输入像素相应领域内的像素值进行计算而得到的。空域滤波器有很多种，它们的基本特点都是让图像在傅氏空间某个范围内的分量受到抑制，同时保持其他分量不变，从而改变输出图像的灰度概率分布，达到增强图像的目的。虽然各种滤波器的类型有所不同，但在空域中都是利用模板卷积实现这些功能的。

3.6.2 空域滤波的分类

根据模板的特点,可以将空域滤波分为线性和非线性两大类。按照空域滤波器的功能,又可将其分为平滑滤波器和锐化滤波器。平滑滤波器可以用低通滤波实现,目的在于模糊图像或消除图像噪声;锐化滤波器是用高通滤波实现的,目的在于增强被模糊图像的细节部分,具体可分为以下 3 类。

1. 均值滤波

均值滤波也称为线性平滑滤波,其输出的像素值是由领域像素的平均值决定的。同时,为了保持输出图像仍在原来的灰度范围内,模板与像素领域的乘积和要除以模板权值和。均值滤波的名字由此而来。

2. 中值滤波

中值滤波也称为非线性平滑滤波,其基本原理与均值滤波的不同之处在于:中值滤波的输出像素值是由领域像素的中间值而不是平均值决定的,中值滤波的名字也因此而得。与均值滤波相比,中值滤波对灰度发生聚变的像素不如均值滤波那么敏感,因此中值滤波能尽量保存图像的细节,模糊效应较少,适于消除图像中的孤立噪声。

3. 锐化滤波

锐化滤波可以使用微分对图像进行处理,以此来锐化由于领域平均导致的图像模糊。图像处理中最常用的微分是利用图像沿某方向上的灰度变化率,即梯度进行的。线性高通滤波器是最常用的线性锐化滤波器。高通滤波器的滤波效果也可以用原始图像减去低通图像得到。另外,如果给原始图像乘以一个放大系数,然后再减去低通滤波后的图像就可以构成一幅高频增强图像。这样的图像恢复了部分高通滤波时丢失的低频成分,使得最终的结果与原始图像更为接近。

3.6.3 基于 MATLAB 的空域增强滤波

基于 MATLAB 图像处理的空域滤波,首先要定义滤波器,然后才能调用定义好的滤波器进行滤波。而在实验中为了验证滤波的效果,通常依据一定要求先对噪声进行模拟,然后再构建滤波器,最后对添加噪声的图像进行滤波。

imnoise 是 MATLAB 提供的图像噪声模拟函数,其基本语法格式为

$$pn = imnoise(p, 'type', para)$$

其中,pn 为添加噪声的输出图像;p 为原图像;type 指定噪声的类型;para 为每种类型噪声的参数。常用的噪声有 gaussian(高斯噪声)、salt&pepper(椒盐噪声)、speckle(均值为 0 均匀分布的随机噪声)等。

fspecial 函数用来预定义滤波器,其基本语法格式为

$$h = fspecial('type', para)$$

其中,h 为预定义的滤波器;参数 type 指定滤波器的种类;para 为与滤波器相关的参数。滤波器的种类 type 可以为 gaussian(高斯低通滤波器)、laplacian(拉普拉斯算子)、log(拉普拉斯高斯算子)、prewitt(Prewitt 算子)、sobel(Sobel 算子)、average(均值滤波器)及 unsharp(对比度增强滤波器)等。

imfilter 是用来实现线性空间滤波的函数,其基本语法格式为

$$hp = imfilter(p, w, filter\_mode, boundary\_options, size\_options)$$

其中，hp 为经过滤波后输出的图像；p 为原图像；参数 w 为滤波模板；filter_mode 指定滤波过程中使用相关核（corr）还是卷积核（conv）。boundary_options 控制边界填充方式为边界复制（replicate）、边界循环（circular）还是边界对称（symmetric）。size_options 可以为 same 或者 full 两者之一。该函数的语法格式为

$$hp = imfilter(p, w, 'replicate')$$

medfilt2 是一个二维中值滤波函数，其基本语法格式为

$$hp = medfilt2(p, [m\ n], padopt)$$

其中，hp 为经过滤波后输出的图像；p 为原图像；m 及 n 规定了领域的大小；padopt 指定了边界填充方式，默认方式为 zeros。

例 3.6.1 对添加了椒盐噪声的图像分别进行均值滤波和中值滤波。滤波前后的效果如图 3.32 所示。

```
p=imread('coins.png');
p0=imnoise(p,'salt & pepper',0.02);      %为原图像添加椒盐噪声
H1=fspecial('average',[3 4]);            %设计均值滤波器 H1
p1=imfilter(p0,H1,'replicate');          %用滤波器 H1 对图像 p0 进行滤波
p2=medfilt2(p0,[3,3],'zeros');           %对图像 p0 进行中值滤波
subplot(2,2,1),imshow(p);                %分别显示原图像及处理后的图像
xlabel('(a) 原图像');
subplot(2,2,2),imshow(p0);
xlabel('(b) 添加椒盐噪声后图像');
subplot(2,2,3);imshow(p1);
xlabel('(c) 均值滤波后图像');
subplot(2,2,4);imshow(p2);
xlabel('(d) 中值滤波后图像');
```

 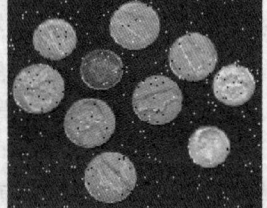

（a）原图像　　　　　　（b）添加椒盐噪声后图像

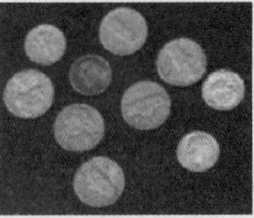 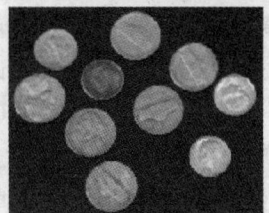

（c）均值滤波后图像　　　（d）中值滤波后图像

图 3.32　均值滤波和中值滤波

例 3.6.2 对含有噪声的原图像进行锐化,得到图 3.33 所示的图像。

```
p0=imread('moon.tif');
p=im2double(p0);                    %将图像数据类型转换为 double
H1=fspecial('laplacian',0);         %设计拉普拉斯滤波器 H1
H2 = fspecial('log',[5 5],0.5);     %设计高斯-拉普拉斯滤波器 H2
hp1=imfilter(p,H1,'replicate');     %用滤波器 H1 对图像 p 进行滤波
hp2=imfilter(p,H2,'replicate');     %用滤波器 H2 对图像 p 进行滤波
p1=p-hp1;                           %还原灰度色调
p2=p-hp2;                           %还原灰度色调
subplot(1,3,1),imshow(p0);
xlabel('(a) 原图像');
subplot(1,3,2),imshow(p1);
xlabel('(b) 拉普拉斯滤波后图像');
subplot(1,3,3);imshow(p2);
xlabel('(c) 高斯-拉普拉斯滤波后图像');
```

(a)原图像　　　　　(b)拉普拉斯滤波后图像　　(c)高斯-拉普拉斯滤波后图像

图 3.33　拉普拉斯滤波和高斯-拉普拉斯滤波

3.7　图像的空间变换

图像的空间变换也称为图像的几何变换,是指将用户获得或设计的原始图像,按照需要产生大小、形状和位置的变化。图像几何变换是图像显示技术中的一个重要组成部分。常用的图像几何变换主要包括图像的比例缩放、图像的剪切及图像的旋转等内容。

3.7.1　图像比例缩放

图像比例缩放是指将给定的图像在 x 轴方向按比例缩放 fx 倍,在 y 轴方向按比例缩放 fy 倍,从而获得一幅新的图像。如果 $fx=fy$,即在 x 轴方向和 y 轴方向缩放的比率相同,称这样的比例缩放为图像的全比例缩放;如果 $fx \neq fy$,图像的比例缩放会改变原始图像像

素间的相对位置,产生几何畸变。

比例缩放所产生的图像中的像素可能在原图像中找不到相应的像素点,这样就必须进行插值处理。插值是常用的数学运算,通常是利用曲线拟合的方法,通过离散的采样点建立一个连续函数来逼近真实曲线,用这个函数便可求出任意位置的函数值。图像插值处理常用的方法有两种:一种是最近邻插值法;另一种是通过一些插值算法来计算相应的像素值。前者计算简单,但会出现马赛克现象;后者处理效果要好些,但是运算量也相应增加。MATLAB 提供了三种图像插值方法,即最近邻插值、双线性插值和双三次插值。

函数 imresize 实现对图像的插值缩放,其基本语法格式为

$$ps = imresize(p, m, method)$$

其中,ps 为变换后的图像;p 为输入图像;m 为放大倍数(当 m<1 时缩小);method 为插值方法的选择项,可选最近邻插值法(nearest)、双线性插值法(bilinear)及双三次插值法(bicubic),默认使用最近邻插值法。另外一种经常用到的语法格式为

$$ps = imresize(p, [m\ n], method)$$

其中,m 和 n 分别为变换后图像的长和宽,其他参数的含义与上述相同。

例 3.7.1 将 liftingbody.png 图像缩小、拉伸,其效果如图 3.34 所示。

p=imread('liftingbody.png');
w=input('please input a number:');   %交互输入缩小为0.2倍
ps=imresize(p,w);   %缩小变换
subplot(1,2,1);
imshow(p); xlabel('(a)原图像');
subplot(1,2,2);
imshow(ps); xlabel('(b)缩小、拉伸显示后图像');

(a)原图像　　　　　　(b)缩小、拉伸显示后图像

图 3.34 对 liftingbody.png 图像进行缩小、拉伸的效果

从图中可以看出,图(b)为缩小后再拉伸显示到与图(a)同样大小,飞行器边缘变得比较斑驳,这是由于缩小过程中图像数据的删节所造成的。

3.7.2 图像剪切

有时只需要处理图像中的一部分,或者需要将某一部分取出,这样就需要对图像进行剪切。图像处理工具箱中通过函数 imcrop 交互实现图像区域选取功能,用于剪切图像中的一个矩形子图。可用鼠标选取这个矩形,也可以通过参数指定这个矩形顶点的坐标。函数 imcrop 的基本语法格式为

pc=imcrop(p)或 pc=imcrop(p,rectangle)

其中,pc 为剪切后的图像;p 为输入图像;rectangle 为四个变量指定的一个矩形区域,即[left bottom width height]。数组中的四个变量分别表示矩形左下角的横坐标、纵坐标、矩形长度及宽度。

例 3.7.2 对 liftingbody.png 图像进行剪切,其效果如图 3.35 所示。

p=imread('liftingbody.png');
pc=imcrop(p,[80 180 260 220]);   %输入矩形尺度进行选取
subplot(1,2,1);
imshow(p);xlabel('(a)原图像');
subplot(1,2,2);
imshow(pc);xlabel('(b)选取飞行器后的图像');

 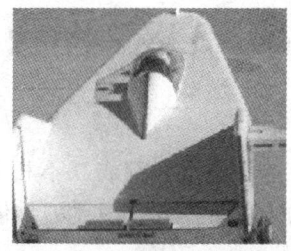

(a)原图像　　　　　　　(b)选取飞行器后的图像

图 3.35　从 liftingbody.png 图像选取飞行器

■ 3.7.3　图像旋转

图像的旋转是以图像的中心为原点,将图像上的所有像素都旋转一个相同的角度。图像的旋转变换是图像的位置变换,但旋转后图像的大小一般会改变。在图像进行旋转时,各像素的坐标必然发生变化,使得旋转后不能正好落在整数坐标处,因此同缩放一样,也需要进行插值。插值方法也与缩放的插值方法一样,即可用 3 种方法对图像进行插值旋转,默认的插值方法是最近邻插值法。在 MATLAB 工具箱中,通过 imrotate 函数实现对图像的旋转。imrotate 函数的语法格式为

pr=imrotate(p,angle,method)或 pr=imrotate(p,angle,method,crop)

其中,pr 为旋转后得到的图像;p 为输入图像;angle 为指定的旋转度数;参数 method 用于指定插值的方法,可选值为 nearest(最近邻法插值)、bilinear(双线性插值)及 bicubic(双三次插值),默认值为 nearest;参数 crop 允许用户对旋转后的图像进行自动剪切,使返回的图像与原图像的大小相同。

例 3.7.3 对 liftingbody.png 图像进行旋转,其效果如图 3.36 所示。

p=imread('liftingbody.png');
angle=input('please input angle:');   %输入旋转角度为 45 度
pr=imrotate(p,angle,'bilinear');   %使用双线性插值法实现旋转变换
subplot(1,2,1);
imshow(p);xlabel('(a)原图像');

```
subplot(1,2,2);
imshow(pr);xlabel('(b)反时针方向旋转 45 度后的图像');
```

 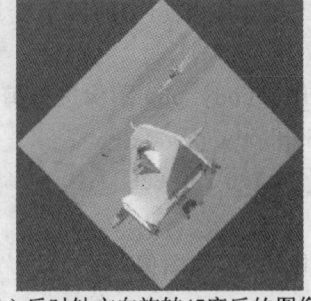

(a)原图像　　　　　(b)反时针方向旋转45度后的图像

图 3.36　旋转 liftingbody.png 图像的效果

3.8　图像边缘检测与分割

图像分割是将数字图像分割成互不相交(不重叠)的有意义的子区域的过程,其目的是使各个区域与景物中以某种方式描述的物体相对应,以便进行高层次的图像解释、图像识别等处理。

3.8.1　边缘检测概述

图像分割一般是基于图像像素灰度值的基本特性——不连续性与相似性中的一个或两个来进行的。区域内部的像素一般具有灰度相似性,而在区域之间的边界上一般具有灰度不连续性。第一类方法是根据图像灰度级的突变将图像进行分割的。利用这一分割方法,可以对图像中的孤立点、线及图像边缘进行检测。第二类方法是根据事先指定的准则对图像进行分割,得到相似区域,如阈值分割等。

在根据图像灰度级的突变进行图像分割的方法中,边缘检测方法通过检测包含不同区域的边缘来解决图像分割问题。边缘检测最通用的方法是检测灰度值的不连续性。灰度值的不连续是指在不同区域之间的边缘上像素灰度值的变化往往比较剧烈,一般利用图像一阶导数的极大值或者二阶导数的过零点信息提供判断边缘点的依据。在现代的图像分割技术中,人们常常用这种方法对图像进行初步处理,再采用其他方法得到准确的边界,从而实现图像的正确分割。

3.8.2　梯度算子

对于图像中的任一像素点,可以用二维函数 $f(x,y)$ 来表示,而梯度定义为向量 ∇f

$$\nabla f(x,y)=[Gx\quad Gy]^T=\left[\frac{\partial f}{\partial x}\quad \frac{\partial f}{\partial y}\right]^T$$

该向量的幅值为

$$\mathrm{mag}(\nabla f)=[Gx^2+Gy^2]^{\frac{1}{2}}=\left[\left(\frac{\partial f}{\partial x}\right)^2+\left(\frac{\partial f}{\partial y}\right)^2\right]^{\frac{1}{2}}$$

为了简化计算,通常省略开方或通过取绝对值来近似计算,即
$$mag(\nabla f) \approx Gx^2 + Gy^2 \text{ 或 } mag(\nabla f) \approx |Gx| + |Gy|$$

梯度向量的含义在于,它总是指向 $f(x,y)$ 在点 (x,y) 处的最大变化率方向。最大变化率是用方向 α 角来衡量的,即 $\alpha(x,y) = \arctan(Gy/Gx)$。

为了能估算出 Gx 及 Gy 的值,通常使用一些经典的模板来做数字化近似。这些模板有 Roberts 模板、Prewitt 模板、Soble 模板等,其结构如图 3.37 所示。

MATLAB 图像处理工具箱中提供了边缘函数(edge)实现对图像边缘的检测,其基本语法格式为
$$[e,s] = edge(p,'method',para)$$

其中,p 为输入图像;method 是边缘检测的类型;para 为与 edge 对应的参数;e 为与 p 同样大小的逻辑矩阵,若检测到边缘的位置为 1,则其他位置为 0;s 为可选参数。

1. Roberts 模板(算子)

Roberts 算子又称为 Roberts 交叉算子,它是由 Roberts 提出的一种利用局部差分算子寻找边缘的模板,在 2×2 邻域上计算对角导数。在实际应用中,为了简化计算,常用梯度函数的 Roberts 绝对值来近似,也可以用 Roberts 最大值算子来计算。Roberts 边缘检测算子如图 3.37(a)、(b)所示。

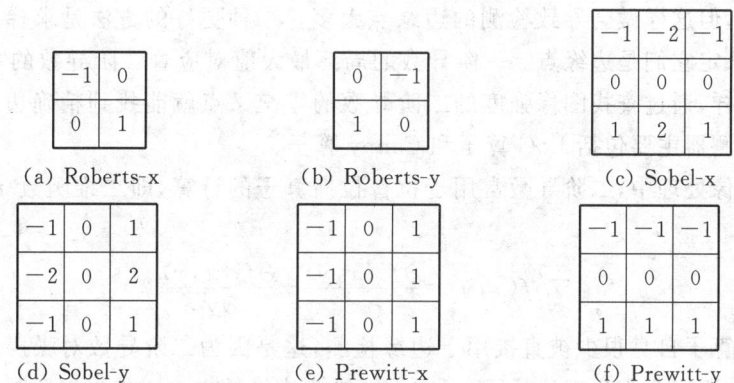

(a) Roberts-x   (b) Roberts-y   (c) Sobel-x

(d) Sobel-y   (e) Prewitt-x   (f) Prewitt-y

图 3.37　几种常用一阶边缘检测模板(算子)

Roberts 边缘检测器的语法格式为
$$[e,s] = edge(p,'roberts',thresh,direct)$$

其中,p 为输入图像;thresh 为指定的阈值 T,若 T 值未指定,则函数 edge 会自动选择一个值;direct 为检测边缘的首选方向,通常可选作 horizontal(水平)、vertical(垂直)或 both(默认值)。

2. Sobel 模板(算子)

Roberts 算子的一个主要问题是计算方向差分时对噪声敏感。Sobel 提出了一种将方向差分运算与局部平均相结合的方法,即 Sobel 算子。该算子是在以 $f(x,y)$ 为中心的 3×3 邻域上计算 x 和 y 方向的偏导数,其模板如图 3.37(c)和(d)所示。

Sobel 算子很容易在空间上实现。Sobel 边缘检测器不但能产生较好的边缘检测效果,同时因为 Sobel 算子引入了局部平均,使其受噪声的影响也比较小。当使用大的邻域时,抗噪声特性会更好,但这样做会增加计算量,并且得到的边缘也较粗。

Sobel 边缘检测器调用的语法格式为
$$[e,s]=edge(p,'sobel',thresh,direct)$$
其中,p 为输入图像;thresh 为指定的阈值;direct 为检测边缘的首选方向,通常可选作 horizontal(水平)、vertical(垂直)或 both(默认值)。

3. Prewitt 模板(算子)

Prewitt 提出了与 Sobel 算子类似的计算偏微分估计值的方法。Prewitt 模板如图 3.37 (e)和(f)所示。当用这两个模板(卷积算子)组成边缘检测器时,通常取较大的幅度作为输出值,这使得它们对边缘的走向有些敏感。取它们平方和的开方可以获得性能更一致的全方位响应,这与真实的梯度值更接近。

Prewitt 边缘检测器调用的语法格式为
$$[e,s]=edge(p,'prewitt',thresh,direct)$$
其中,p 为输入图像;thresh 为指定的阈值;direct 为检测边缘的首选方向,通常可选作 horizontal(水平)、vertical(垂直)或 both(默认值)。

3.8.3 二阶微分算子

上节讨论了计算一阶导数的边缘检测器,如果所求的一阶导数高于某一阈值,则可确定该点为边缘点,但这样做会导致检测的边缘点太多。一种更好的方法是求梯度局部最大值对应的点,并认定它们是边缘点。一阶导数的局部最大值对应着二阶导数的零交叉点(zero crossing)。这样,通过查找图像强度的二阶导数的零交叉点就能找到精确边缘点。二阶微分算子边缘检测器主要包括 LoG 算子和 Canny 算子。

在数字图像处理中,二阶导数常用于拉普拉斯算子的计算,即二维函数 $f(x,y)$ 的拉普拉斯表达式为

$$\nabla^2 f(x,y) = \frac{\partial f^2(x,y)}{\partial x^2} + \frac{\partial f^2(x,y)}{\partial y^2}$$

拉普拉斯算子自身很少被直接用于边缘检测,这是因为二阶导数对噪声具有无法接受的敏感性,它的幅度会产生双边缘,而且它不能检测边缘的方向。然而二阶导数的双边缘可用于边缘的定位,故可将拉普拉斯算子与其他边缘检测方法结合使用。拉普拉斯算子也可用数字化模板进行近似,这种模板要求中心像素的系数为正,而对应中心像素邻近像素的系数应为负,并且要求系统的总和为零。常用的两种拉普拉斯模板如图 3.38 所示。

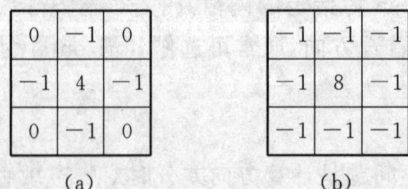

图 3.38 两种常用的拉普拉斯算子模板

1. LoG(Laplacian of a Gaussian)算子

LoG 算子含有噪声的图像是效果较好的边缘检测器。它把高斯平滑滤波器和拉普拉斯锐化滤波器结合起来,先使用高斯平滑滤波器平滑掉噪声,再通过拉普拉斯锐化滤波器进行边缘检测,所以效果更好。当拉普拉斯算子输出出现过零点时就表明有边缘存在。

LoG 边缘检测器的语法格式为

$$[e,s]=edge(p,'log',thresh,sigmma)$$

其中,p 为输入图像;thresh 为指定的阈值 T;sigmma 为高斯滤波器的标准方差,默认值为 2。若 T 值未指定,则函数 edge 会自动选择一个阈值。

2. Canny 算子

检测阶跃边缘的基本思想是在图像中找出具有局部最大梯度幅值的像素点,其大部分工作集中在寻找能够用于实际图像的梯度数字逼近。由于实际的图像经过了摄像机光学系统和电路系统(带宽限制)固有的低通滤波器的平滑,因此,图像中的阶跃边缘不是十分陡峭,图像也受到摄像机噪声和场景中不希望的细节干扰。图像梯度逼近必须满足两个要求:(1) 逼近必须能够抑制噪声;(2) 必须尽量精确地确定边缘的位置。抑制噪声和边缘精确定位是无法同时满足的。也就是说,边缘检测算法通过图像平滑算子去除了噪声,但却增加了边缘定位的不确定性;反过来,却提高了边缘检测算子对边缘的敏感性。

Canny 边缘检测算子可以在抗噪声干扰和精确定位之间选择一个最佳折中方案,它就是高斯函数的一阶导数,对应于图像的高斯函数平滑和梯度计算。高斯平滑和梯度逼近相结合的算子不是旋转对称的,而沿边缘方向是对称的,在垂直边缘的方向上是反对称的(沿梯度方向)。这就使得 Canny 算子对最急剧变化方向上的边缘特别敏感,但在沿边缘方向上是不敏感的,其作用就像一个平滑算子。Canny 边缘检测器是高斯函数的一阶导数,是对信噪比和定位乘积的最优化逼近算子。该算法的步骤为:先用高斯滤波器平滑图像,然后用一阶偏导的有限差分来计算梯度的幅值和方向,再对梯度幅值进行非极大值抑制,最后用双阈值算法检测和连接边缘。

Canny 边缘检测器的语法格式为

$$[e,s]=edge(p,'canny',thresh,sigmma)$$

其中,p 为输入图像;thresh 为指定的阈值 T,若 T 值未指定,则函数 edge 会自动选择一个值;sigmma 为平滑滤波器的标准方差,默认值为 1。

例 3.8.1 对 lena.bmp 图像使用不同的算子进行边缘检测。检测结果如图 3.39 所示。

```
p=imread('lena.bmp');
p=im2double(p);                          %转换为 double
[e1,s1]=edge(p,'sobel',0.03,'both');     %Sobel 检测器
[e2,s2]=edge(p,'roberts',0.03,'both');   %Roberts 检测器
[e3,s3]=edge(p,'prewitt',0.04,'both');   %Prewitt 检测器
[e4,s4]=edge(p,'log',0.003,2.10);        %LoG 检测器
[e5,s5]=edge(p,'canny',[0.05 0.12],1.6); %Canny 检测器
subplot(2,3,1),imshow(p);xlabel('(a)Lena 原图像');
subplot(2,3,2),imshow(e1);xlabel('(b)使用 Sobel 算子后图像');
subplot(2,3,3),imshow(e2);xlabel('(c)使用 Roberts 算子后图像');
subplot(2,3,4),imshow(e3);xlabel('(d)使用 Prewitt 算子后图像');
subplot(2,3,5),imshow(e4);xlabel('(e)使用 LoG 算子后图像');
subplot(2,3,6),imshow(e5);xlabel('(f)使用 Canny 算子后图像');
```

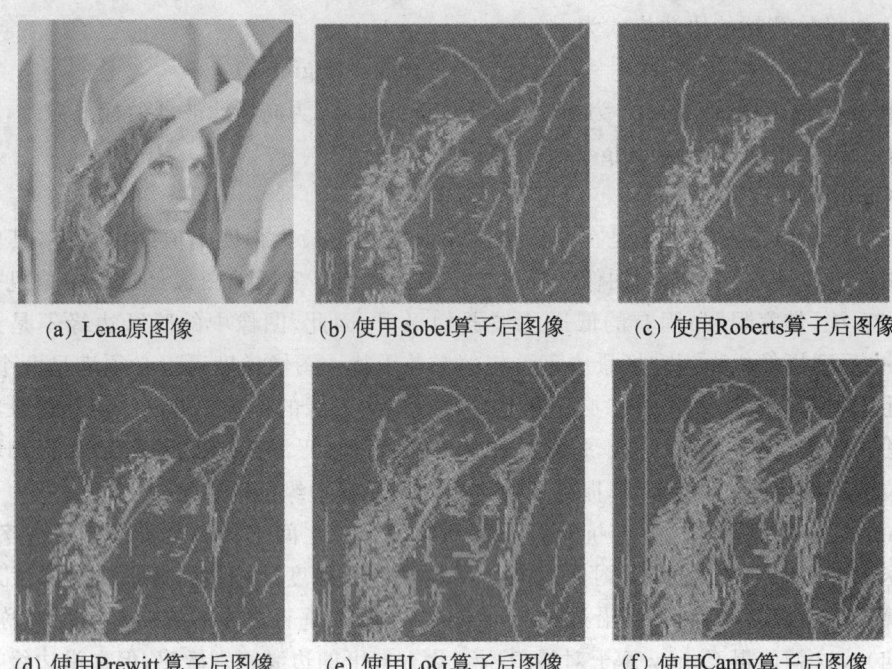

图 3.39 各种边缘检测算子的运算结果

3. 几种边缘检测算子的性能比较

Roberts 算子是卷积模板为 2×2 的算子,对具有陡峭的低噪声图像响应最好,但它存在一些功能上的缺陷,如不能检测 45°倍数的边缘,因此一般使用较少。Sobel 边缘检测器卷积模板为 3×3 的算子,对灰度渐变和噪声较多的图像处理效果较好。Prewitt 边缘检测器比 Sobel 检测器在计算上简单,但易于产生噪声。LoG 算子边缘检测器是先对图像作最佳平滑,然后再利用平滑图像的二阶微分零交叉确定边缘位置。LoG 算子被认为是微分法中利用平滑二阶微分检测图像边缘较成功的一种算法。Canny 边缘检测器是在抗噪声干扰和精确定位之间选择一个最佳折中方案,在理论上是迄今为止所发现的性能最优的一种边缘检测理论。

3.8.4 阈值分割

阈值化算法利用图像中要提取的目标物与其背景在灰度特性上的差异,把图像视为具有不同灰度级的两类区域(目标和背景)的组合,选取一个合适的阈值,以确定图像中每一个像素点应该属于目标还是背景区域,从而产生相应的二值图像。阈值分割不仅可以大量压缩数据,减少存储容量,而且能大大简化在其后的分析和处理步骤。图像阈值化的直接结果是把图像中各个区域区分开来,但要把其中的目标区域提取出来,通常还需要对每个区域进行标记处理。

最简单的利用阈值方法来分割灰度图像的步骤为:首先对一幅灰度取值在 0 和 $L-1$ (其中,L 为灰度图像的最大灰度值)之间的图像确定一个灰度阈值 $T(0<T<L-1)$,然后将图像中每个像素的灰度值与阈值 T 相比较,并将对应的像素根据比较结果分为两类:像素的灰度值大于阈值 T 的为一类,像素的灰度值小于阈值 T 的为另一类。像素的灰度值等于阈值的可归入这两类之一。不管用何种方法选取阈值,取单个阈值分割后的图像可定义为

$$g(x,y) = \begin{cases} 1, f(x,y) > T \\ 0, f(x,y) \leqslant T \end{cases}$$

阈值化算法通过设定不同的特征阈值,将像素点分为若干类,其关键在于阈值的选取。对传统阈值法的改进包括局部阈值、模糊阈值、随机阈值等方法。

1. 极小值点阈值

如果将直方图的包络看作一条曲线,则选取直方图的谷可借助求曲线极小值的方法。设用 $h(z)$ 代表直方图,由一阶微分与二阶微分的性质可知,极小值点应满足

$$\frac{\partial h(z)}{\partial z} = 0 \text{ 和 } \frac{\partial^2 h(z)}{\partial z^2} > 0$$

式中,z 代表某一灰度级,与这些极小值点对应的灰度值可用作分割阈值。

2. 迭代阈值

先取图像灰度范围的中值作为初始阈值 T_0,然后按下式进行迭代

$$T_{i+1} = \frac{1}{2} \left\{ \frac{\sum_{k=0}^{T_i} h_k \cdot k}{\sum_{k=0}^{T_i} h_k} + \frac{\sum_{k=T_{i+1}}^{L-1} h_k \cdot k}{\sum_{k=T_{i+2}}^{L-1} h_k} \right\}$$

式中,两个相除项分别代表阈值小于和大于当前阈值 T_i 的像素的灰度平均值;T_{i+1} 为迭代后更新的阈值;L 为图像的最大灰度值。

3. 最大方差阈值

如果图像的灰度值分布已知,可以选择合适的灰度值作为阈值。一般使用灰度直方图进行阈值选取,此方法算法简单,速度较快,但是如果图像中像素的分布重叠,则选取阈值比较困难。1979 年提出的最大方差阈值,又称 Otsu 自动阈值处理方法,可以自适应地进行阈值选取。

Otsu 方法的阈值运算是把所有像素分成两组,通过使两组像素的组内方差最小来确定阈值。首先定义直方图函数为一个概率函数 P,其中 $P(0),\cdots,P(I)$ 表示灰度值为 $0,\cdots,I$ 的直方图概率。如果直方图是双模式的,分别为组 1 和组 2,通过直方图概率求阈值也就是确定一个最好的阈值 T,利用 T 把两种模式分开。根据阈值 T 可以确定灰度值小于或等于 T 的像素集的方差。Otsu 关于最佳阈值的定义是使组内方差的加权和最大的阈值,其中的权是指各组概率。

设 σ_W^2 是组内各方差的加权和,即组间方差,$\sigma_1^2(t)$ 是值小于或等于 T 的小组方差,$\sigma_2^2(t)$ 是值大于 T 的小组方差,$q_1(t)$ 是值小于或等于 T 的小组概率,$q_2(t)$ 是值大于 T 的小组概率,则组间方差 σ_W^2 的定义为

$$\sigma_W^2(t) = q_1(t)\sigma_1^2(t) + q_2(t)\sigma_2^2(t)$$

使 σ_W^2 最大的 T 值即为最佳阈值 T。

通过函数 graythresh 可以实现最大方差阈值的选取,其基本语法格式为

$$\text{thresh} = \text{graythresh}(p)$$

其中,p 为输入图像;thresh 为最终返回的阈值,其范围为 0~1。

例 3.8.2 用迭代阈值选取法计算图像的全局阈值并对图像进行分割。分割前后的效果如图 3.40 所示。

```
p=imread('bugs.bmp');
p=rgb2gray(p);
p=im2double(p);                              %转换为double
thresh=0.5*(min(p(:))+max(p(:)));            %阈值初始化为最大值与最小
                                             %值的中间值
flag=false;                                  %迭代步长控制
while~flag
g=p>=thresh;                                 %按当前阈值划分
thresh_1 = 0.5*(mean(p(g))+mean(p(~g)));     %求得新阈值
flag = abs(thresh - thresh_1)<0.5;           %更新迭代标志
thresh = thresh_1;                           %更新阈值
end
figure(1),imshow(p);xlabel('(a)原图像');
figure(2),imshow(g);xlabel('(b)迭代阈值分割后图像');
```

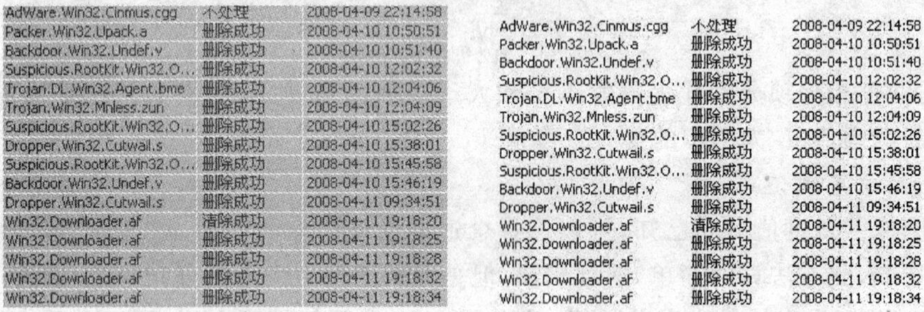

(a)原图像　　　　　　　　　　(b)迭代阈值分割后图像

图 3.40　迭代阈值分割前后的效果

例 3.8.3　用最大方差阈值对图像进行分割。分割前后的效果如图 3.41 所示。

```
p=imread('bugs.bmp');
p1=rgb2gray(p);
thresh=graythresh(p1);       %使用Ostu算法求得新阈值
g=im2bw(p1,thresh);          %使用thresh对图像进行分割
figure(1),imshow(p);xlabel('(a)原图像');
figure(2),imshow(g);xlabel('(b)Ostu阈值分割后图像');
```

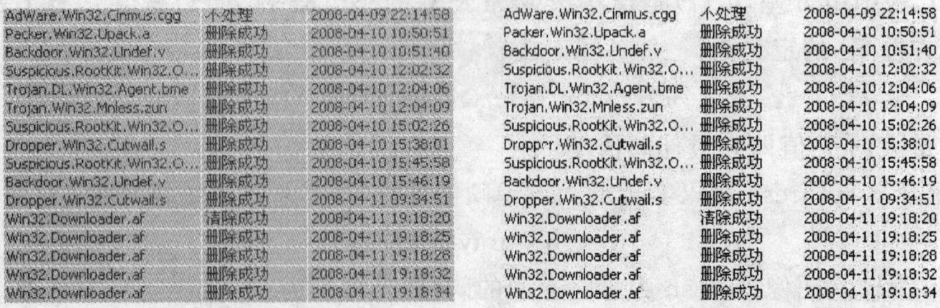

(a)原图像　　　　　　　　　　(b)Ostu阈值分割后图像

图 3.41　Ostu 阈值分割前后的效果

习 题

3.1 绘制 $y=3t\sin(2\pi t)$ 函数曲线,t 的取值范围是 $0\sim 2$。

3.2 在同一图形窗口分别绘制 $y_1=0.01t^2$、$y_2=e^{-t}\sin(2t)$ 两条函数曲线,t 的取值范围是 $0\sim 10$。

3.3 在同一图形窗口绘制三条曲线,分别是 $y_1=x$、$y_2=x^2$、$y_3=e^{-x}$,x 的取值范围为 $-2\sim 6$。要求给整个图形加上标题,横坐标加上标注,在图的右上角显示三条曲线的图例。

3.4 在同一图形窗口中将图形窗口分成三个子图。第一个子图绘制一条半径为 2 的圆,要求在图形窗口内显示的是圆形;第二个子图绘制复数 $z=t+i2\cos t$ 的图形,以实部为横坐标、虚部为纵坐标;第三个子图绘制矩阵的图形,和都是方阵,绘制的每条曲线对应矩阵的一列。以上三个子图的取值范围均为 $0\sim 2\pi$。

3.5 在同一个图形窗口绘制曲线 $y_1=\sin t$,t 的取值范围为 $0\sim 2\pi$,$y_2=\sin(2t)$,t 的取值范围为 $\pi\sim 4\pi$。要求 y_1 曲线为红色点画线,y_2 曲线为蓝色虚线圆圈,使用鼠标将文字标注添加到两条曲线上。

3.6 使用极坐标绘制螺旋线 $r=2t$。其中,t 为相角,相角以弧度为单位,取值范围为 $0\sim 8\pi$;r 为螺旋线上的点到原点的距离。

3.7 在图形窗口中绘制 $y=e^{-0.1t}\sin t$ 的火柴杆图。

3.8 已知某班 10 位同学的成绩分别为 65、98、68、75、88、78、82、94、85、56,分别统计并绘制 60 分以下、$60\sim 69$、$70\sim 79$、$80\sim 89$、$90\sim 100$ 的分数图,分别使用柱状图和饼形图显示各分数段所占的百分比。

3.9 绘制 $z=5x^2-y^2$ 的三维网线图和三维表面图,x 在 $[-5,5]$ 取值,y 在 $[-5,5]$ 取值。

3.10 创建一个用户界面,使用两个滚动条分别输入电流值和电阻值,并使用两个文本框显示滚动条的值,单击按钮在文本框中显示计算的电压值。

3.11 创建一个用户界面,使用列表框输入颜色,使用两个单选按钮选择正弦和余弦,单击按钮在坐标轴上绘制相应曲线。

3.12 读取一个 JPEG 格式的图像,查看其图像信息,并将图像数据乘 2,显示两个图像,然后比较它们的异同。将扩大后的图像以 BMP 格式存盘。

3.13 以电影方式设计一个动画图形,以动画形式绘制正弦曲线。

3.14 以对象方式创建一个动画图形,在红色的余弦曲线上一个蓝色小球沿曲线运动。

3.15 在离地 h_0 的地方有一静止小球,以初速度 v_0 做垂直运动,其运行轨迹方程式为

$$h(t)=\frac{1}{2}gt^2+v_0 t+h_0$$

$$v(t)=gt+v_0$$

其中,g 为重力加速度(9.80 m/s^2);$h(t)$ 代表在 t 时刻小球离地面的高度;$v(t)$ 代表在时刻 t 小球的速度。编写 MATLAB 程序,计算小球每一秒钟的速度和高度,并画出小球的轨迹图。

3.16 一个最简单的调幅接收机的原理图如图 3.42 所示。接收机由一个 RLC 振荡电

路组成。

振荡电路保证了接收机在 AM 波段中的众多电台中接收到特定的一个电台。只有在共振频率下接收的信号才最强。LC 电路的共振频率公式为

$$f_0 = \frac{1}{2\pi\sqrt{LC}}$$

其中，L 代表电感，单位为 H；C 代表电容，单位为 F。编写 MATLAB 程序，输入 L 和 C 的值，计算共振频率。用 $L=0.1$ mH，$C=0.5$ nF 检测这个程序，并计算共振频率。

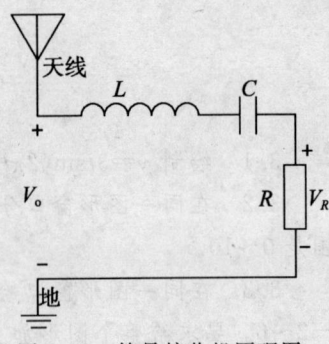

图 3.42　简易接收机原理图

3.17　题 3.16 中的接收机电阻上的电压可通过频率计算，公式为

$$V_R = \frac{R}{\sqrt{R^2 + \left(\omega L - \frac{1}{\omega C}\right)^2}} V_0$$

式中，$\omega = 2\pi f$，以 Hz 为单位的频率。假设 $L=0.1$ mH，$C=0.25$ nF，$R=50$ Ω，$V_0=10$ mV。

a. 画出以频率为自变量的电阻电压函数。在什么频率下，电阻上的电压最大？这时的电压为多少？（此频率称为电路的固有频率。）

b. 若频率比固有频率大 10%，则电阻上的电压为多少？接收机是如何选台的？

c. 在什么频率下电阻上的电压会降到固有频率电压的一半？

3.18　下面三个函数分别为双曲正弦、双曲余弦和双曲正切

$$\sin h(x) = \frac{e^x - e^{-x}}{2}, \cos h(x) = \frac{e^x + e^{-x}}{2}, \tan h(x) = \frac{e^x - e^{-x}}{e^x + e^{-x}}$$

编写 MATLAB 程序，分别计算对应的函数值，并绘制这三个函数的图形曲线。

3.19　万有引力的公式为

$$F = G\frac{m_1 m_2}{r^2}$$

其中，G 是引力常量，大小为 6.672×10^{-11} N·m²/kg²；m_1 和 m_2 是两个物体的质量，单位为 kg；r 为两质点的间距，单位为 m。编写 MATLAB 程序，已知两物体的质量和距离，计算它们之间的万有引力。求在距地表 38 000 m 的高空，重 800 kg 的卫星与地球之间的万有引力。

第四章　SIMULINK 仿真

SIMULINK 是一个进行动态系统建模、仿真和综合分析的集成软件包,它可以处理的系统包括线性、非线性系统,离散、连续及混合系统,单任务、多任务离散事件系统等。SIMULINK 是 MATLAB 的进一步扩展,不但实现了可视化的动态仿真,也实现了与 C、FORTRAN 甚至和硬件之间的数据传输,大大扩展了它的功能。

本章主要讲述如何利用 SIMULINK 创建模型,并对模型进行仿真、分析,为学习者掌握 SIMULINK 仿真技术提供帮助。

本章内容设置如下:
◇ SIMULINK 入门
◇ SIMULINK 模型创建
◇ 子系统的建立
◇ 定制函数库和 S-函数
◇ SIMULINK 仿真实例讲解

4.1　SIMULINK 入门

4.1.1　SIMULINK 简介

SIMULINK 是 MathWorks 公司开发的一个具有重要影响力的软件产品。在 SIMULINK 提供的图形用户界面(GUI)上,只要进行鼠标的简单拖拉操作,就可以构造出复杂的仿真模型。它外表以方块图形式呈现,且采用分层结构。从建模角度讲,这既适于自上而下(Top-down)的设计流程(概念、功能、系统、子系统、器件),又适于自下而上(Bottom-up)的逆程设计。从分析研究角度讲,SIMULINK 模型不仅能让用户了解具体环节的动态细节,而且能让用户清晰地了解各器件、各子系统、各系统间的信息交换,掌握各部分之间的交互影响。

在 SIMULINK 图形化可视环境中,用户将摆脱理论演绎时需做理想化假设的无奈,观察到现实世界中摩擦、风阻、齿隙、饱和、死区等非线性因素和各种随机因素对系统行为的影响。在 SIMULINK 环境中,用户可以在仿真进程中改变感兴趣的参数,实时地观察系统行为的变化。由于 SIMULINK 环境使用户摆脱了深奥数学推演的压力和繁琐编程的困扰,因此用户在此环境中会产生浓厚的探索兴趣,引发活跃的思维,激发学习热情。

MATLAB 自身所带的所有工具箱同样适用于 SIMULINK 环境,用户可以直接用工具箱来处理涉及众多领域的特殊问题。工具箱不仅仅是一些有用函数的集合,而且也是世界顶级研究人员在各自领域作出的贡献。恰如其分地说,也正因为这样,随着 MATLAB 版本的升级,SIMULINK 的适用范围不断扩大,使用效率不断提高,使 SIMULINK 进入到更多的科学领域,成为科学计算和工程系统分析中强有力的仿真工具。

■ 4.1.2　SIMULINK 的启动和退出

启动 SIMULINK 的常用方法有以下几种。

(1) 在 MATLAB 命令窗口中输入 SIMULINK 命令,打开 SIMULINK 模块库浏览器窗口,如图 4.1 所示,然后再新建一个"untitle"窗口。

(2) 在 MATLAB 指令窗口下单击"New Simulink Model"按钮,如图 4.2 方框所示,再按新建按钮创建一个"untitle"窗口。

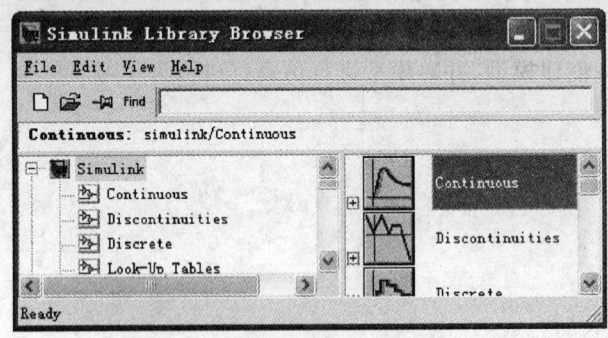
图 4.1　SIMULINK 模块库浏览器窗口

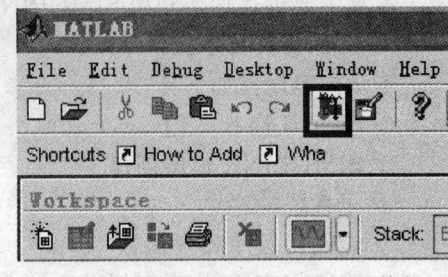
图 4.2　"New Simulink Model"按钮

模型创建完成后,从模型编辑窗口的"File"菜单项中选择"Save"或"Save as"命令,可以将模型以模型文件的格式(扩展名为.mdl)存入磁盘。若方框图模型已经存在,那么在 MATLAB 指令窗口下键入模型文件的名字,便可以直接打开模型窗口。

如果要退出 SIMULINK,只要关闭所有模型编辑窗口和 SIMULINK 模块库浏览器窗口即可。

■ 4.1.3　SIMULINK 界面窗口介绍

图 4.3 所示是 SIMULINK 浏览器窗口,它包括工具栏、模块和模块库总览表、待查对象关键词填写栏等。

点击图 4.3 所示工具栏中的"□"新建图标,则弹出 SIMULINK 的模型创建窗口,如图 4.4 所示。

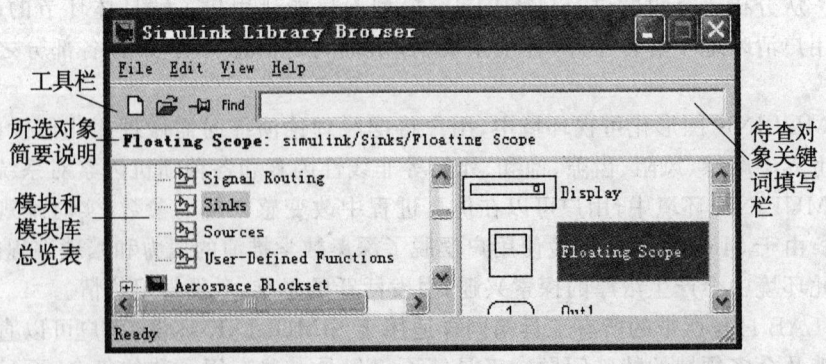
图 4.3　SIMULINK 浏览器窗口

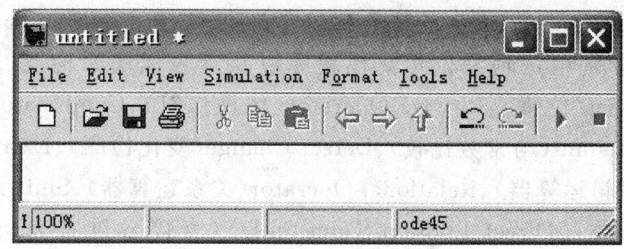

图 4.4　SIMULINK 模型创建窗口

■ 4.1.4　SIMULINK 的常用模块库

SIMULINK 由模块库、模型构造、指令分析、演示程序等部分组成。模块库浏览器窗口如图 4.1 所示。SIMULINK 的模块库能够对系统模块进行有效的管理与组织。使用 SIMULINK 模块库浏览器可以按照类型选择合适的系统模块,获得系统模块的简单描述以及查找系统模块等,并可以直接将模块库中的模块拖动或者复制到用户的系统模型中以构建动态系统模型。

SIMULINK 模块库包括公共模块库和专业模块库两类。为便于用户能够快速构建自己所需的动态系统,SIMULINK 提供了大量以图形方式给出的内置系统模块,使用这些内置模块可以快速方便地设计某些特定的动态系统。下面介绍 SIMULINK 常用的模块库。

SIMULINK 公共模块库是 SIMULINK 中最基础、最通用的模块库,它可以被应用到各个领域,共包括 16 个模块。下面介绍部分模块的功能。

1. Commonly Used Blocks(通用模块库)

通用模块库包括了其余几个公共模块库中的最常用模块,将其组合在这个库中,便于使用。由于它的器件在其他库中都有介绍,在此就不逐一说明。

2. Continuous(连续系统模块库)

连续系统模块库包括描述标准线性函数和线性系统模块,其主要模块有 Derivative(微分器)、Integrator(积分器)、State-Space(状态空间)、Transfer-Fcn(传递函数)、Transport Delay(传递延迟)、Variable Transport Delay(可变传递延迟)、Zero-Pole(以零极点表示的传递函数模型)。

3. Discontinuities(非线性系统模块库)

时滞系统模块库包括描述非线性函数和非线性系统的模块,其主要模块有 Backlash(偏移补偿)、Coulomb and Viscous Friction(库仑和黏性摩擦)、Dead Zone(死区)、Dead Zone Dynamic(死区动态)、Hit Crossing(捕获交叉点)、Quantizer(量化)、Rate Limiter(限速器)、Realy(继电器)、Saturation(饱和)、Wrap To Zero(输入大于门限则输出零,小于门限则直接输出)。

4. Discrete(离散系统模块库)

离散系统模块库包括描述离散时间系统的模块,其主要模块有 Difference(差分)、Discrete Derivative(离散微分)、Discrete Filter(离散滤波器)、Discrete State-Space(离散状态空间模型)、Discrete Transfer Fcn(离散传递函数)、Discrete Zero-Pole(以零极点表示的离散传递函数模型)、Discrete Time Integrator(离散时间积分器)、First-Order Hold(一阶采样和保持器)、Integer Delay(整数延迟)、Zero-Order Hold(零阶采样和保持器)、Unit Delay(单位延迟)。

5. Logic and Bit Operations(逻辑和位运算模块库)和 Lookup Tables(查表模块库)

这两个模块库分别由逻辑和位运算模块库以及查表模块库构成,其主要模块有 Bit Clear(位清除)、Bit Set(位集)、Bitwise Operator(位操作符)、Combinatorial Logic(组合逻辑)、Compare to Constant(与常数比较)、Detect Change(变化检测)、Extract Bits(位压缩)、Logical Operator(逻辑运算器)、Relational Operator(关系运算器)、Shift Arithmetic(转移算术)、Cosine(余弦函数)、Direct Lookup Table(n-D)(直接 n 维查表)、PreLookup Index Search(预排序)。

6. Math Operations(数学运算模块库)

该模块库由描述数学运算的模块构成,其主要模块有 Abs(求绝对值)、Assignment(分配)、Bias(偏置)、Algebraic Constraint(输出强制系统输入为常数的代数状态)、Complex to Magnitude-Angle(输出复数的幅值和相位)、Magnitude-Angle to Complex(幅值与相位合成复数形式)、Complex to Real-Imag(输出复数的实、虚部)、Real-Imag to Complex(由实、虚部构造复数形式)、Dot Product(点乘)、Gain(增益)、Reshape(整形)、Rounding Function(舍入函数)、Slider Gain(滑块增益)、Trigonometric Function(三角函数)。

7. Model Verification(模型辨识模块库)和 Model-Wide Utilities(扩展模型模块库)

这两个模块库由描述模型辨识模块和扩展模型模块构成,其主要模块有 Assertion(确认)、Check Discrete Gradient(检查离散梯度)、Check Dynamic Range(检查动态系统范围)、Check Dynamic Lower Bound(检查动态系统低段范围)、Check Static Range(检查静态系统范围)、Check Input Resolution(检查输入分辨率)、DocBlock(模块注释文本)、Model Info(模型信息)、Timed-Based Linearization(基于时间的线性化模型)。

8. Ports and Subsystems(接口和子系统模块库)

该模块库由各类接口和子系统模块构成,其主要模块有 In1(输入端子)、Out1(输出端子)、Trigger(触发)、Configurable Subsystem(可配置子系统)、Enabled and Triggered Subsystem(使能和触发子系统)、If Action Subsystem(条件子系统)、Function-Call Generator(函数调用生成器)、Function-Call Subsystem(函数调用子系统)。

9. Signal Attributes(信号属性模块库)和 Signal Routing(信号路由模块库)

这两个模块库主要由描述信号系统的模块构成,其主要模块有 Data Type Conversion(数据类型转换器)、IC(初始状态)、Probe(探测器)、Width(带宽)、Bus Creator(总线生成器)、Bus Selector(总线选择器)、Data Store Memory(数据记忆存储)、Data Store Read(数据读存储)、Data Store Write(数据写存储)、From(导入)、Goto(传出)、Goto Tag Visibility(传出标记符可视性)、Multiport Switch(多路选择开关)、Mux(混合)。

10. Sinks(系统输出模块库)和 Sources(输入源模块库)

这两个模块库由显示、系统输出和信号源发生器模块组成,其主要模块有 Display(显示)、Scope(示波器)、To File(将输出写入数据文件)、To Workspace(将输出写入 MATLAB 的工作空间)、XY Graph(显示二维图形)、Band-Limited White Noise(带宽限制的白噪声)、Clock(时钟信号)、Constant(常数信号)、Pulse Generator(脉冲发生器)、Repeating Sequence(重复序列信号)、Signal Generator(信号发生器)、Sine Wave(正弦波信号)、Random Number(随机数)、Step(阶跃波信号)。

User-Defined Function(用户自定义函数库)比较简单,Additional Math and Discrete

（附加数学和离散系统库）不常用，在此不赘述。此外，SIMULINK 还提供了很多有趣的 Demo 程序，在了解一些基本知识后，可以自己动手演示，亲身感受一下 SIMULINK 的魅力。

4.2　SIMULINK 模型创建

SIMULINK 模型的创建就是通过内嵌模块库（build-in block library）的器件在模型设计模板上采用图标的形式，通过连线连接各功能模块来定量描述系统，并通过可视化技术显示系统效果的过程。

■ 4.2.1　SIMULINK 模块参数、属性设置

SIMULINK 中几乎所有模块的参数都允许用户进行设置，只要双击要设置的模块或在模块上点击鼠标右键，并在弹出的菜单中选择"Mask Parameters"，就会显示参数设置对话框。不同模块的对话框不同，每个对话框中都有提示和帮助。

选中模块，打开"Edit"菜单中的"Block Properties"可以对模块属性进行设定。这些属性包括 General、Block Annotation、Callbacks。其中，General 又包括 Description、Priority 和 Tag，如图 4.5 所示。

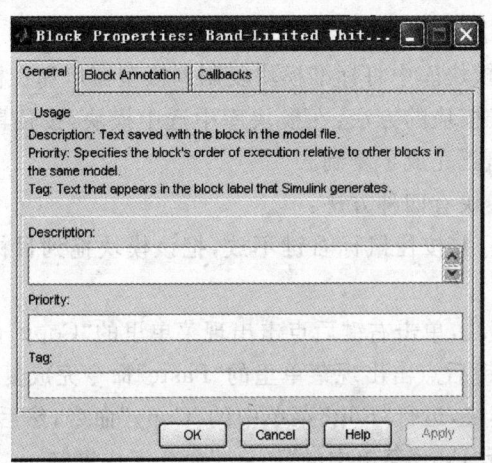

图 4.5　"模块的参数属性"对话框

（1）Description（注释）是对该模块用法的注释。

（2）Priority（优先级）规定该模块在模型中对其他模块执行的优先顺序。当然，优先级的数值必须是整数或不用输入数值，这时系统会自动选取合适的优先级。优先级的数值越小（可以是负整数），优先级越高。

（3）Tag（标记）是用户为模块添加的文本格式标记。

■ 4.2.2　SIMULINK 模块的查找、选定与移动

1. 模块的查找

在 MATLAB 命令窗口中输入 SIMULINK 命令，打开 SIMULINK 模块库浏览器窗口，

可以在浏览模块库中查找所需要的模块。

2. 模块的选定

模块选定是许多其他操作的前提。选中模块的操作有两种,如图4.6所示。

（1）用鼠标左键单击待选模块,模块四角出现黑色尺寸柄,表示已选中。

（2）若要选中一组模块,则可以按住鼠标左键拉出一个矩形虚线框,将所有待选模块选中,再松开左键,这时每个模块四角出现黑色尺寸柄。若要选取多个模块,则可以在按住"Shift"键的同时左键单击要选取的对象。

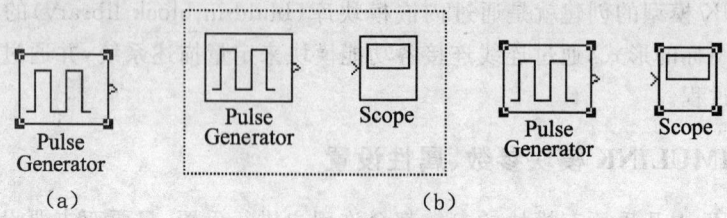

图4.6　SIMULINK模块的选定

3. 模块的移动

模块的移动是在模块选定的基础上进行的。按住鼠标左键不放,将器件移动到所要的位置松开左键,即可实现单个模块或整体模块的移动。

4.2.3　SIMULINK模块的复制与删除

1. 模块的复制

模块的复制包括:从模块库中将标准模块复制到模型窗口和在模型窗口中再复制。

从模块库中复制标准模块的方法:在模块库中选中模块,按住鼠标右键不放,将模块拖至模型窗口中,松开右键,就完成了复制。

在模型窗口中复制模块有四种方法:

（1）用鼠标选取模块,并按住鼠标右键不放,把该模块拖到目标位置后,松开右键即完成复制。

（2）选中待复制的模块,单击右键后点击出现菜单里的"Copy"命令,然后将光标移至将要粘贴的位置,再单击右键后点击出现菜单里的"Paste"命令完成复制。

（3）选中待复制的模块,运行"Edit"菜单中的"Copy"命令,然后将光标移至将要粘贴的位置,再按一下左键,运行"Edit"菜单中的"Paste"命令完成复制。

（4）用鼠标选取模块后,按住"Ctrl"键不放,把该模块拖到目标位置后,松开左键即完成复制。其中,（1）、（2）介绍的两种方法最为常用。

2. 模块的删除

模块的删除包括:模块的剪切和模块的删除。

模块的剪切是选中待剪切的模块,单击右键后点击出现菜单里的"Cut"命令完成对模块的剪切。

模块的删除可以通过选中待删除模块,按"Delete"键或者单击右键后点击出现菜单里的"Delete"命令完成模块的删除。

创建模型的过程中,若出现增减模块、增减模型注释、编辑模块名称等误操作,选择

"Edit"菜单内的"Undo"命令即可。

4.2.4 SIMULINK 模块几何属性的调整

模块几何属性的调整包括模块外形、姿态、颜色、注释的修改。

1. 模块外形的调整

用鼠标选中待调整的模块,将鼠标移到模块对象四周的尺寸柄处,当指针变成指向四周的小箭头时,按住鼠标左键拖拽至合适大小即可改变模块对象的大小,如图 4.7 所示。

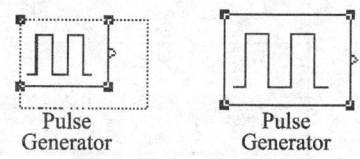

图 4.7 SIMULINK 模块大小的调整

2. 模块姿态的调整

用鼠标选中待调整的模块,用"Format"菜单中的"Flip Block"或"Rotate"命令,或用组合键"Ctrl+I"和"Ctrl+R"来实现模块翻转 180°和 90°。

3. 模块颜色的调整

"Format"菜单中的"Foreground Color"命令可以改变模块的前景颜色,"Background Color"命令可以改变模块的背景颜色,而模型窗口的颜色可以通过"Screen Color"来改变。

4. 模块注释的调整

包括模块名的显示、隐藏以及修改。

(1) 模块名的显示、隐藏:用鼠标选中待调整的模块,选择"Format"菜单中的"Hide Name"命令使模块名隐藏,而使用"Show Name"命令会使隐藏的模块名显示出来。

(2) 模块名的修改:用鼠标左键单击模块名的区域,使光标处于编辑状态,此时便可对模块名进行任意修改。选定模块,然后选择"Format"菜单中的"Font"命令可弹出"字体"对话框,用户可对模块名和模块图标中的字体进行设置。

4.2.5 创建新 SIMULINK 模块

创建新 SIMULINK 模块有两种方式:修改现有的模块参数生成需要的新模块或采用 User-Defined Function 模块里的模块创建自己需要的新模块。

选中已有模块,打开"Edit"菜单中的"Block Properties"可以对模块属性进行设定。相关内容在 4.2.1 节已介绍过,此处不再重复。其中,Callbacks 属性是一个很有用的属性,通过它定制一个函数名,则当该模块被双击后,SIMULINK 就会执行该函数。该函数在 SIMULINK 中称为回调函数。上述操作结果如图 4.8 所示。对经常使用的模块进行组合并封装,可以构建出重复使用的新模块,当然它依然是基于 SIMULINK 原来提供的内置模块。

如果采用 User-Defined Function 模块里的模块创建自己需要的新模块,则需要拖动 S-Function 模块到模型窗口工作空间,然后双击该模块出现"Block Parameters"对话框,填写相关选项后再编写与之对应的 S-函数,并确保该函数能被正确调用,那么就相当于创建了一个新的与 SIMULINK 提供的一样的模块。有关 S-函数的编写在后面章节中讲述。

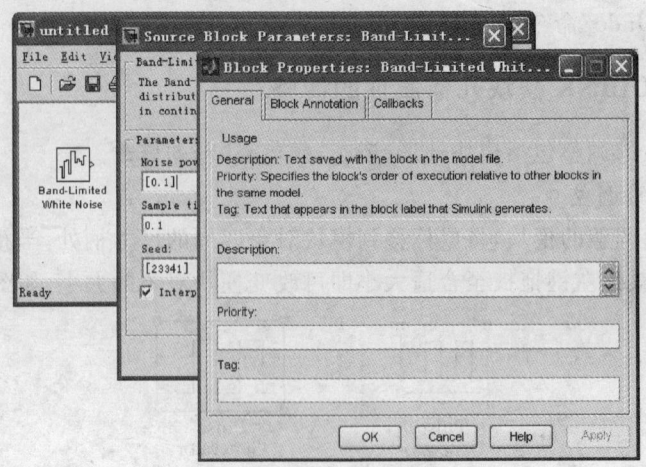

图 4.8 创建新 SIMULINK 模块

4.2.6 SIMULINK 模块的连接

SIMULINK 模型的创建就是通过内嵌模块库(build-in block library)的器件在模型设计模板上采用图标的形式,通过连线连接各功能模块来定量描述系统,并通过可视化技术显示系统效果的过程。SIMULINK 模型的构建是将各种功能模块进行连接。用鼠标可以在功能模块的输入与输出端之间直接连线。可以改变所画线的粗细、为线设定标签,也可以把线弯折、分支。

1. 信号线的使用

模块处理的信号包括标量信号和向量信号。标量信号是一种单一信号,而向量信号为一种复合信号,是多个信号的集合,它对应着系统中几条连线的合成。在默认情况下,大多数模块的输出都为标量信号。对于输入信号,模块都具有一种"智能"的识别功能,能自动进行匹配。某些模块通过对参数的设定,可以输出向量信号。

按住鼠标左键选取模块,点击输入或输出口,当光标变成十字形状后拖拽十字图形符号到另外一个端口,鼠标指针将变为双十字形状,然后放开鼠标左键,于是一根很简单的信号线便将两模块连接起来。箭头表示信号的流向。如果没连接完全,则会显示带箭头的红色虚线,如图 4.9 所示。

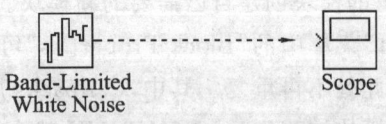

图 4.9 信号线未连接

2. 向量信号线与线型设定

对于向量信号线,在"untitle"模型窗口中选择"Format"菜单中的"Wide Vector Liners"命令,对模型执行"Simulation"下的"Start"命令或"Edit"命令下的"Update Diagram"命令后,传输向量的线会变粗。此变粗了的线段表示连接线上的信号为向量形式。

3. 设置信号线标签

只需双击信号线,即可在信号线下方拉出一个矩形框,在矩形框内的光标处即可输入该信号线的说明标签。

4. 信号线弯折

对选中的信号线,按住"Shift"键,用鼠标左键在要弯折的地方单击一下,就会出现一个小圆圈,即为折点。利用折点可以改变信号线的形状。

5. 信号线分支

对选中的信号线,按住"Ctrl"键,并在要建立分支的地方按住左键拉出即可。按住鼠标右键进行拖拽,也可拉出分支线段。信号线分支如图4.10所示。

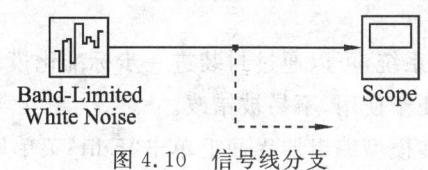

图4.10 信号线分支

4.3 子系统的建立

在进行复杂的SIMULINK仿真时,模型图上会摆放很多模块,使得模型图的阅读变得很困难,因而希望能将一些共同功能的模块合成一个,从而简化模型图,这就需要用到子系统。同时,对于一些在工程实际中频繁使用的复杂模块,如果每一次绘图时都逐一将模块的每个子模块摆放一遍,不但增大了工作量,而且也会使模型图变得不够简洁。因而用户需要建立一个自己的常用模块库,用来存放工作中经常反复使用的模块。

4.3.1 子系统的创建

对于很大的SIMULINK模型,通过创建模块子系统不仅可以简化图形,减少功能模块的个数,还可以独立测试各个模块,重复使用子系统,有利于模型的分层构建。下面介绍两种创建子系统的方法。

1. 通过添加Subsystem模块创建子系统

先创建子系统,在模型中加入Subsystem模块,然后再添加子系统的各个组成模块,形成子系统。其具体操作步骤为:

(1) 从Ports & System库中把Subsystem模块复制到模型中;

(2) 双击打开Subsystem模块;

(3) 在空白的Subsystem窗口内添加子系统的内容模块,用In1模块代表该子系统外部的输入,用Out1模块代表子系统的输出。

2. 通过组合已有的模块创建子系统

如果用户模型中已经包含要组合成子系统的模块,则只需通过组合这些模块来建立子系统。

(1) 用方框把要组合的模块和连线包围起来。注意,不能分别选中各个模块或使用"select all"命令。

（2）从"Edit"菜单中选择"Creat Subsystem"项，选中模块被一个 Subsystem 模型图标代替。调整该 Subsystem 模块的大小，以便于显示端口标签。

双击打开 Subsystem 模块，将显示该子系统的内层结构。SIMULINK 自动添加了输入端子和输出端子，代表子系统从外部模块的输入和向外的输出。

与其他所有模块一样，可以改变子系统模块的名称，也可以使用封装特性为子系统定制图标和对话框。

■ 4.3.2 子系统的封装

对于一个设计成熟的子系统，可以通过封装进一步标准化模块的性能，从而达到模块共用的目的，而且封装的模块便于使用，不易被错改。

先选中封装好的模块，在模型编辑器界面上单击"Edit"菜单里的" Mask Properties"，则弹出图 4.11 所示的"封装编辑器"对话框。

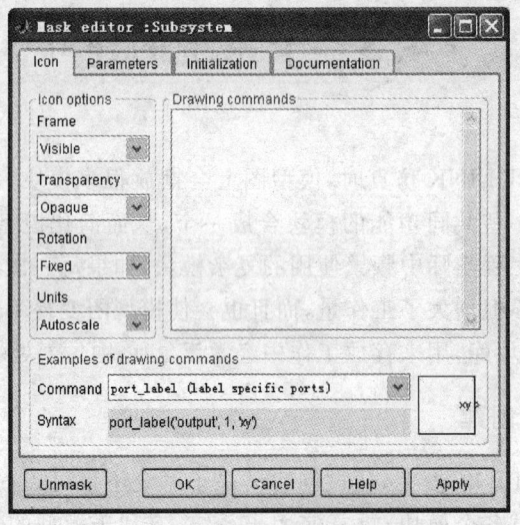

图 4.11 "封装编辑器"对话框

"封装编辑器"对话框中有 4 个选项卡：Icon(图标)、Parameters(参数)、Initialization(初始化)和 Documentation(文档)。单击它们可以打开相应的对话框，进行编修。

1. Icon(图标)选项卡

图 4.11 所示对话框是封装模块编辑器的默认状态，"Icon"选项卡已被激活，显示图标编辑对话框。界面左边的"Icon options(图标选项)"是修饰封装模块图标用的，可根据需要对其下的 4 项内容进行编修：模块的 Frame(边框)、图标的 Transparency(透明度)、图标的 Rotation(旋转性)和 Units(单位)。每项都有可供选择的细目。

图 4.11 所示对话框的右边为"Drawing commands(绘图指令)"编辑栏，可以输入 MATLAB 指令，以便在图标上绘制图形、图像或填写文字。尽管它们与 MATLAB 命令相同，但用法却大不相同。

2. Parameters(参数)选项卡

在封装编辑器界面上单击"Parameters"选项卡，打开"参数"对话框，如图 4.12 所示。

它下设"Dialog parameters(提示内容)"编辑框,供填写模块的 Prompt(提示)、Variable(变量)、Type(类型)、Evaluate(评价)、Tunable(调谐)等资料。单击该界面左边的选择小图标,做增添、删减和上下移动,用于修改。

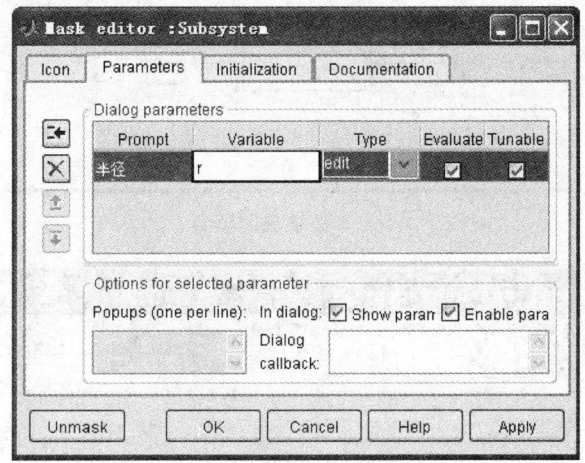

图 4.12 "参数"对话框

3．Initialization(初始化)选项卡

在封装编辑器界面上单击"Initialization"选项卡,打开"初始化"对话框。它提供了一个"Initialization commands"编辑栏,可供填写初始化指令。

4．Documentation(文档)选项卡

在封装编辑器界面上单击"Documentation"选项卡,打开"文档"对话框。它设有"Block Description(模块描述)"和"Block help(模块帮助)"两个编辑栏,用于填写服务性资料等辅助内容。

每编写完一页,单击"OK"按钮,表示认可,即编辑成功。如果对封装的效果不满意,可以单击"Unmask"按钮取消所有封装。对于封装好的模块,可以通过双击它们来取消封装的操作。

■ **4.3.3 条件子系统**

本节通过利用使能原理构成一个半波整流器来演示使能子系统的创建及工作机理。

(1) 打开 SIMULINK 的新建模型窗口,从 SIMULINK 模块库中提取模块 Sine wave、Subsystem、Scope 到新建窗口,然后进行文件的保存操作,并命名文件为 conditions.mdl。

(2) 双击空子系统模块 Subsystem,打开其结构模型窗口,从 SIMULINK 模块库中拷贝 In1 输入口模块、Out1 输出口模块、Enable 使能模块到子系统的结构模型窗口;把 In1 模块的输出直接送到 Out1 模块的输入端;Enable 使能模块无需进行任何连接,采用它的缺省设置即可。连接后的半波整流器模型如图 4.13(a)所示。

(3) 完成窗口中各模块间的连接,创建子系统,如图 4.13(b)所示。

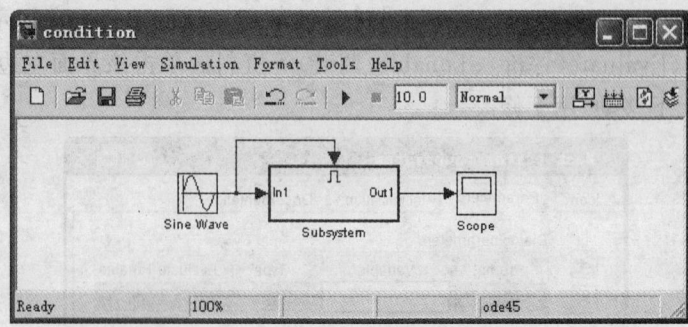

(a) 半波整流器模型

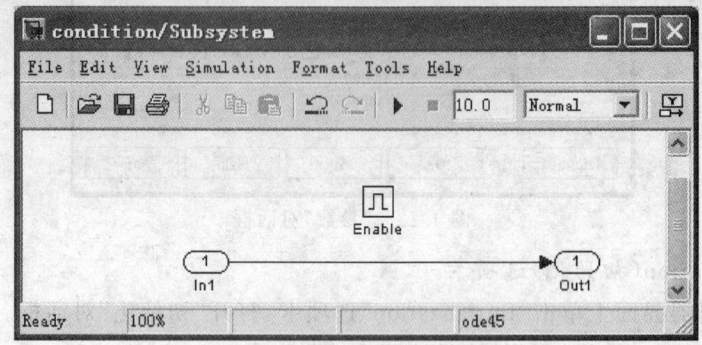

(b) 使能子系统结构

图 4.13

(4) 双击示波器模块,打开显示窗口,然后选择"condition"窗口菜单项"Simulation：Start",就可看到图 4.14 所示的仿真波形。

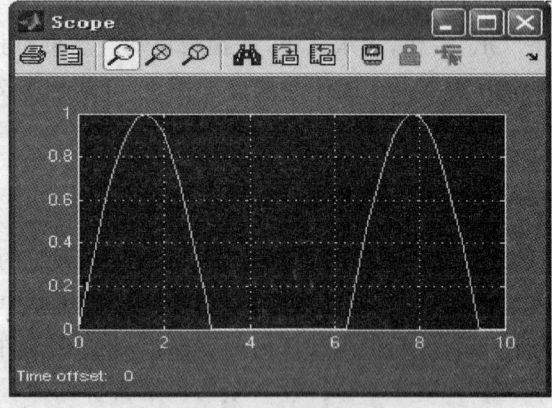

图 4.14 子系统仿真结果

4.3.4 SIMULINK 仿真、调试

系统模型设计好后,就可以对模型进行系统仿真。SIMULINK 模型在本质上就是一个描述被仿真系统微分方程的计算机程序,当进行仿真时,SIMULINK 就采用一种算法来求解方程。

1. 仿真参数设置

在启动仿真之前,首先要设置相关参数。选择"Simulation"菜单中的"Configuration Parameters",则弹出图 4.15 所示的设置页。

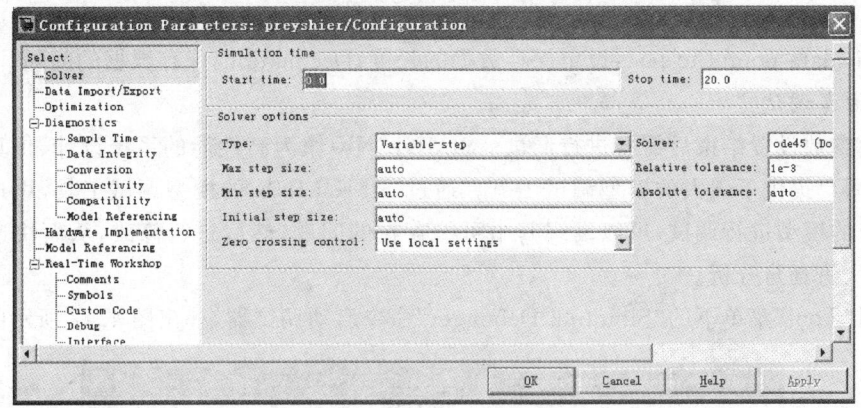

图 4.15　参数设置页面

SIMULINK 仿真参数都有内定的缺省值,也可以对各种仿真参数进行重新配置。

1) 解算器的设置在 Solver 页面

(1) 仿真时间(Simulation time)区域。

Start time:仿真开始时间;Stop time:仿真结束时间。

(2) 解算器选项(Solver options)区域。

Type:解算器类别(定步长和变步长);Solver:算法类型;Max step size:最大步长;Min step size:最小步长;Initial step size:初始步长;Relative tolerance:相对精度;Absolute tolerance:绝对精度;Zero crossing control:零交叉控制。

2) 数据输入输出页面(Data Import/Export)

数据输入输出页面如图 4.16 所示。

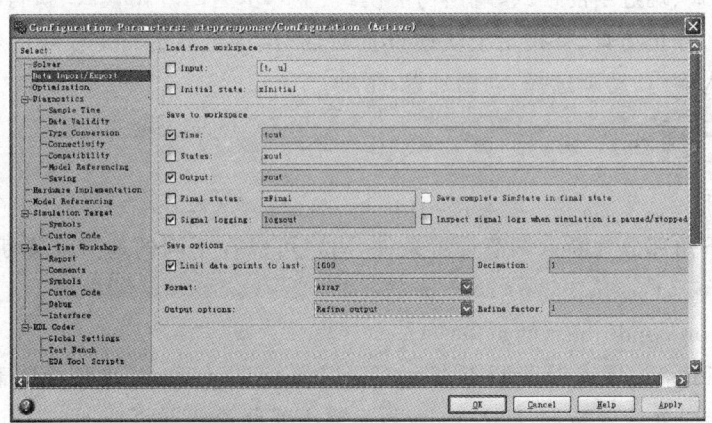

图 4.16　数据输入输出页面

(1) 从工作空间读取区域选择(Load from workspace)。

Input:输入变量名;Initial state:导入数据变量初始值。

(2) 保存数据到工作空间区域(Save to workspace)。

Time:把时间独立变量以指定的变量名存储到工作空间;States:把状态变量以指定的变量名存储到工作空间;Output:把输出变量以指定的变量名存储到工作空间;Final states:把最终状态变量以指定的变量名存储到工作空间;Signal logging:信号对数输出。

(3) 变量存储选项(Save options)。

Limit data points to last:设定保存数据的长度;Decimation:保存数据的间隔。

2. 仿真调试

仿真参数设置结束后需要进行调试。SIMULINK 作为高性能的系统设计、仿真与分析平台,给用户提供了强大的模型调试工具。通过 SIMULINK 的模型调试工具,用户可以对动态系统的模型进行调试,可以发现其中可能存在的问题,然后进行修改,从而快速完成系统的设计、仿真与分析。

使用"Tool"菜单下的"Simulink Debugger"命令启动调试器,弹出图 4.17 所示的页面。

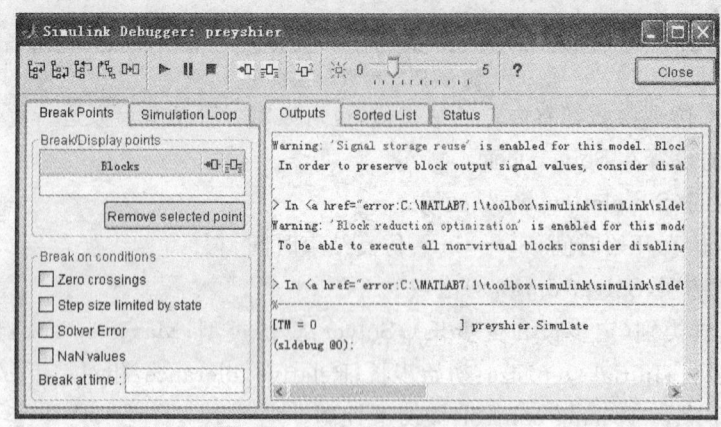

图 4.17 Debugger 调试器

调试器中最上一栏为调试工具栏,如图 4.18 所示,按照从左到右的顺序各个按键依次为:执行当前模式、跳过当前模式、跳出当前模式、下一步返回开始模式、执行下一模块、开始仿真、暂停仿真、停止仿真、在指定模块前设置断点、执行时显示指定模块的输入输出、显示当前模块的输入输出、动画选择、动画延迟、帮助。

图 4.18 Debugger 调试器工具栏

调试器左下角部分为断点调节设置条件,用户可以在不同的地方设置断点对仿真系统进行调试。

(1) Break on conditions(断点条件)。

Zero crossings:过零点设置断点;Step size limited by state:步长受限制处设置断点;Solver Error:错误处设置断点;NaN values:无穷小处设置断点。

(2) Break at time(指定时间设置断点)。

调试器输出窗口中有 Outputs(输出调试结果)、Stored List(存储清单)、Status(输出调试状态)三个选项卡。

4.4 定制函数库和 S-函数

4.4.1 函数库定制

在实际应用中,我们通常会发现有些过程用普通的 SIMULINK 模块是不容易搭建的,这时可以采用 User-Defined Function 模块里的模块创建自己需要的新模块。拖动 S-Function 模块到模型窗口工作空间,然后双击该模块出现"Block Parameters"对话框,填写相关选项,再编写与之对应的 S-函数,并确保该函数能被正确调用,那么就相当于创建了一个新的与 SIMULINK 提供的一样的模块。

S-函数是系统函数(System Function)的简称,它采用计算机语言的方式,是区别于系统模块的一个功能块。实际上,SIMULINK 的许多模块包含的算法都是用 S-函数定制的。S-函数由一种特定的语法构成,用来描述并实现连续系统、离散系统以及复合系统等动态系统。S-函数能够接收来自 SIMULINK 求解器的相关信息,并对求解器发出的命令作出适当的响应。这种交互作用非常类似于 SIMULINK 系统模块与求解器的交互作用。一个结构体系完整的 S-函数包含了描述动态系统所需的全部功能。S-函数模块是整个 SIMULINK 动态系统的核心。

4.4.2 S-函数的建立

S-函数是一个动态系统的计算机语言描述。在 MATLAB 中,用户可以选择用 M 文件编写,也可以用 C 或 Mex 文件编写。在这里只介绍如何用 M 文件编写 S-函数。

S-函数的引导语句为 function[sys,x0,str,ts]=fname[(t,x,u,flag)]。S-函数的设计可以参考 MATLAB 提供的模板文件 sfuntmpl.m,该模板文件位于 MATLAB 根目录 toolbox/simulink/blocks。

S-函数默认的 4 个返回参数为 sys、x0、str 和 ts,它们的次序不能变动,代表的意义如下。

(1) sys:是一个通用的返回参数,它所返回值的意义取决于 flag 的值。

(2) x0:是初始的状态值(没有状态时是一个空矩阵[]),这个返回参数只在 flag 值为 0 时才有效,其他情况都会被忽略。

(3) str:该参数没有意义,是 MathWorks 公司为将来的应用保留的。M 文件 S-函数必须把它设为空矩阵。

(4) ts:是一个 m×2 的矩阵,它的两列分别表示采样时间间隔和偏移。

模板文件里 S-函数的结构十分简单,它只为不同 flag 的值指定要相应调用的 M 文件子函数。比如当 flag=3 时,即模块处于计算输出仿真阶段时,相应调用的子函数为 sys=mdloutputs(t,x,u)。

模板文件使用 switch 语句来完成这种指定。当然这种结构并不唯一,用户也可以使用 if 语句来完成同样的功能。而且在实际运用时,可以根据需要去掉某些值,因为并不是每个模块都需要经过所有的子函数调用。模板文件只是 SIMULINK 为方便用户而提供的一种参考格式,并不是编写 S-函数的语法要求,用户完全可以改变子函数的名称,或者直接把代码写在主函数里,但使用模板文件比较方便,而且条理清晰。

使用模板编写 S-函数,用户只需把 S-函数名换成期望的函数名。如果需要额外的输入参量,还需在输入参数列表后增加这些参数。因为前面的 4 个参数是 SIMULINK 调用 S-函数时自动传入的。对于输出参数,最好不做修改。下面的工作是根据所编写的 S-函数要完成的任务,用相应的代码替代模板里各个子函数的代码。

SIMULINK 在每个仿真阶段都会对 S-函数进行调用。在调用时,SIMULINK 会根据所处的仿真阶段为 flag 传入不同的值,而且还会为返回参数 sys 指定不同的角色。也就是说,尽管是相同的 sys 变量,但在不同的仿真阶段其意义却不相同。这种变化由 SIMULINK 自动完成。

下面就 M 文件 S-函数的子函数作简单说明。

(1) mdlInitializeSizes:定义 S-函数模块的基本特性,包括采样时间、连续或者离散状态的初始条件和 sizes 数组。

(2) mdlDerivatives:计算连续状态变量的微分方程。

(3) mdlUpdate:更新离散状态、采样时间和主时间步的要求。

(4) mdlOutputs:计算 S-函数的输出。

(5) mdlGetTimeOfNextVarHit:计算下一个采样点的绝对时间。此方法仅仅是用户在 mdlInitializeSizes 里说明了一个可变的离散采样时间。

(6) mdlTerminate:实现仿真任务必须的结束。

其中,mdlInitializeSizes、mdlDerivatives、mdlOutputs 是 3 个最基本、最常用的子程序,如果我们能够熟练地掌握它们的用法,将会大大简化仿真过程。

4.5 SIMULINK 仿真实例讲解

本节就前面所讲的内容给出两个实例。

例 4.5.1 食饵-捕食者模型:设食饵(如鱼、兔等)的数量为 $x(t)$,捕食者(如鲨鱼、狼等)的数量为 $y(t)$,它们之间的数量关系在一定程度上满足下面的关系式:

$$\begin{cases} x(t)' = x(t) \cdot (r - ay(t)) \\ y(t)' = y(t) \cdot (-d + bx(t)) \end{cases}$$

其中,r、a、b、d 为常数。已知 $a=0.1, b=0.02, d=0.5, r=1, x(0)=25, y(0)=2$。

1. 建立 SIMULINK 仿真模型,并绘出仿真波形。
2. 创建子系统,简化仿真模型。

1. 建立 SIMULINK 仿真模型,并绘出仿真波形。

(1) 首先打开模型编辑窗口,启动 MATLAB,调出 SIMULINK 界面,点击新建模型快捷键按钮,打开一个名为"untitled"的空白模型窗口,如图 4.19 所示。

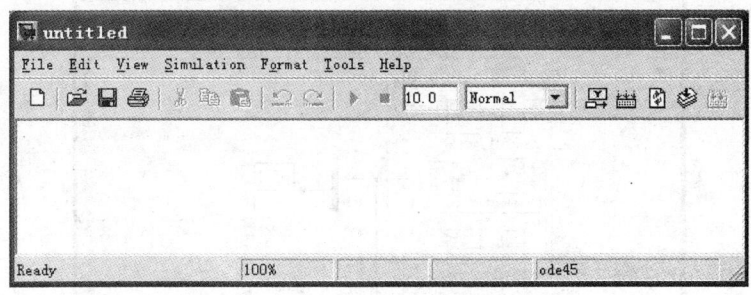

图 4.19 空白模型编辑窗口

（2）从模块子库里把需要的增益模块 Gain、加减模块 Subtract、合成模块 Mux、积分模块 Integrator、乘积模块 Product、常数模块 Constant、显示器模块 Scope 和 XY 图像显示模块 XY Graph 拖到编辑窗口。放入元件后的窗口如图 4.20 所示。

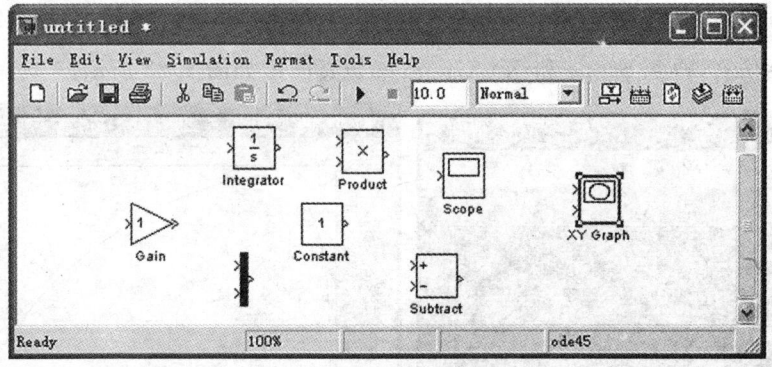

图 4.20 放入元件后的窗口

（3）根据所给的微分方程判断很多模块需要两个，采用前面介绍的复制方法对它们进行复制，如图 4.21 所示。

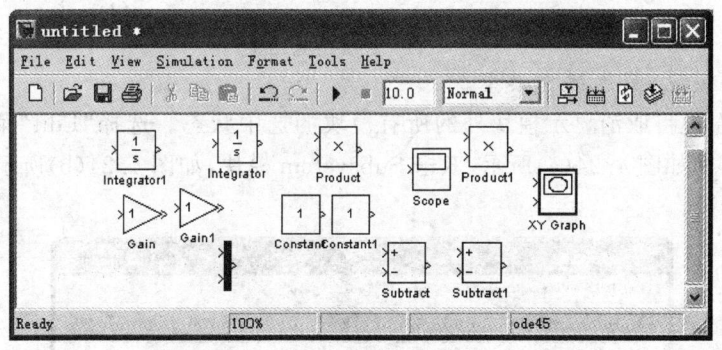

图 4.21 复制模块后的窗口

（4）根据所给的微分方程将各个模块的大小和位置安排好，然后用线将各个模块连接好，并存盘，文件名为 preyshier.mdl，如图 4.22 所示。

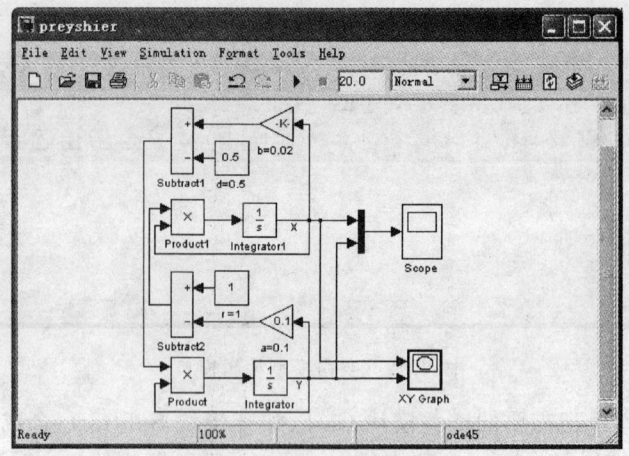

图 4.22 连接好的线路图

(5) 设置好模块参数,将 X 所属的积分模块的初始值设为 25,将 Y 所属的积分模块的初始值设为 2,双击 XY Graph 模块设置 X=[0 110],Y=[0 30],将 Scope 仿真时间设置为 20。

(6) 开始仿真,得到 Scope 和 XY Graph 的仿真图形如图 4.23 所示。

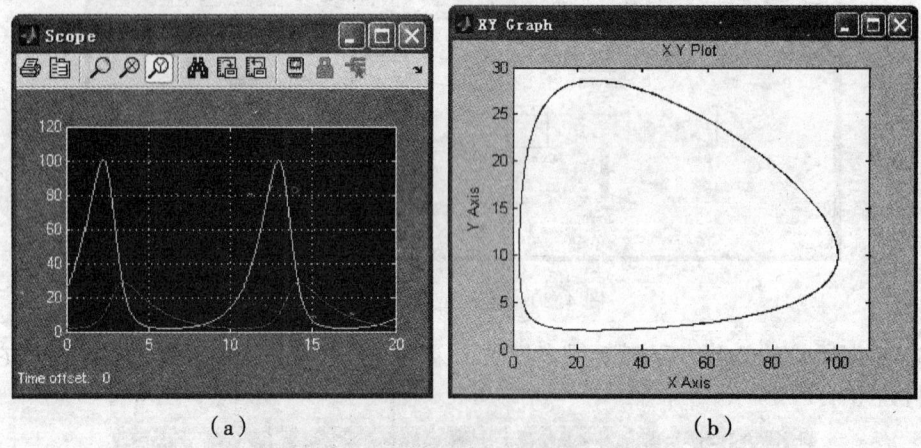

(a)   (b)

图 4.23 系统仿真结果

2. 创建子系统,简化仿真模型。

单击鼠标左键将取消显示模块外的所有模块的选中状态。选择"Edit"菜单中的"Creat Subsystem",界面如图 4.24(a)所示,双击 Subsystem 模块,如图 4.24(b)所示。创建的子系统如图 4.25 所示。

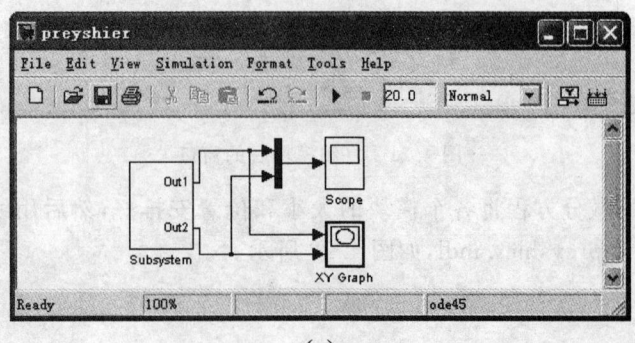

(a)

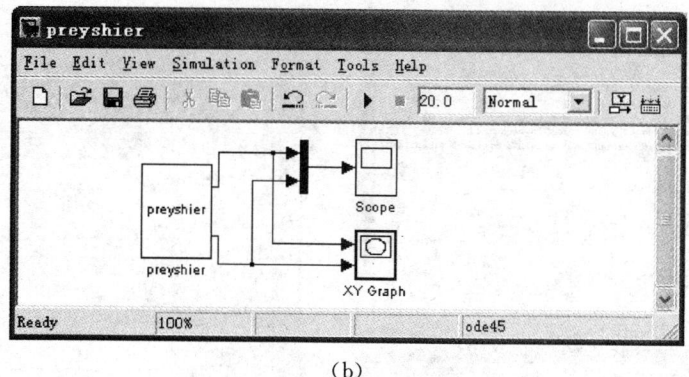

(b)

图 4.24 Subsystem 模块

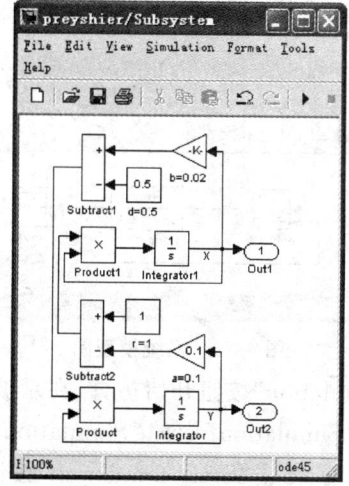

图 4.25 子系统以及显示

例 4.5.2 已知单位反馈系统的开环传递函数为 $\dfrac{s+0.2}{s^2+0.5s}$。

1. 建立 SIMULINK 仿真模型,显示该系统的阶跃响应曲线。

2. 在传递函数前面串联一个积分环节 $\dfrac{1}{s+0.2}$,重新显示新系统的阶跃响应曲线。

1. 建立 SIMULINK 仿真模型,显示该系统的阶跃响应曲线。

(1) 在"Sources"模块库中选择"Step"模块,在"Continuous"模块库中选择"Transfer Fcn"模块,在"Math Operations"模块库中选择"Sum"模块,在"Sinks"模块库中选择"Scope"。

(2) 连接各模块,从信号线引出分支点,构成闭环系统。

(3) 设置模块参数,打开"Sum"模块参数设置对话框,如图 4.26 所示,将"Icon shape"设置为"rectangular",将"List of signs"设置为"|+-"。其中,"|"表示上面的入口为空。打开"Transfer Fcn"模块参数设置对话框,如图 4.27 所示,将分子多项式"Numerator coefficient"设置为"[1 0.2]",分母多项式"Denominator to coefficient"设置为"[1 0.5 0]"。打开"Step"模块的参数设置对话框,将"Step time"修改为 0。

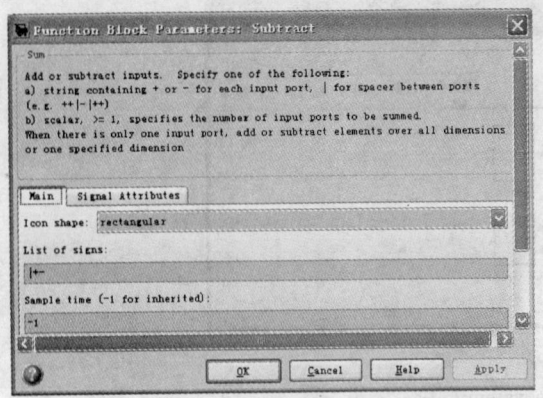
图 4.26 "Sum"模块参数设置对话框

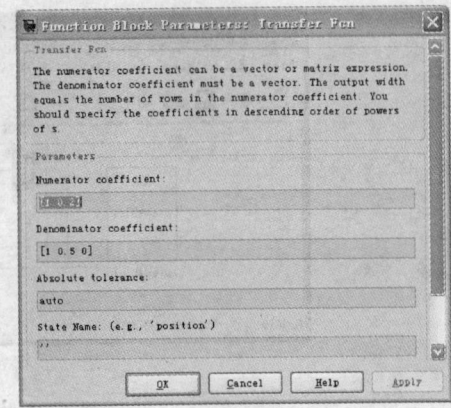
图 4.27 传递函数参数设置对话框

(4) 仿真并分析,最终形成图 4.28 所示的系统模型图。

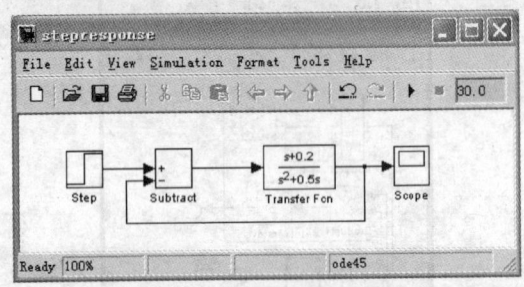

图 4.28 系统模型图

单击工具栏上的"Start simulation"按钮开始仿真,在示波器上显示阶跃响应。在 SIMULINK 模型窗口中选择菜单"Simulation"中的"Simulation parameters..."命令,在"Solver"页将"Stop time"设置为 30 后,单击"Start simulation"按钮,示波器显示到 30 秒结束,如图 4.29(a)所示。

2. 在传递函数前面串联一个积分环节 $\frac{1}{s+0.2}$,重新显示新系统的阶跃响应曲线。

继续在"Continuous"模块库中选择"Transfer Fcn"模块,按照上述的方法接入 $\frac{1}{s+0.2}$ 环节,再次开始仿真,结果如图 4.29(b)所示。

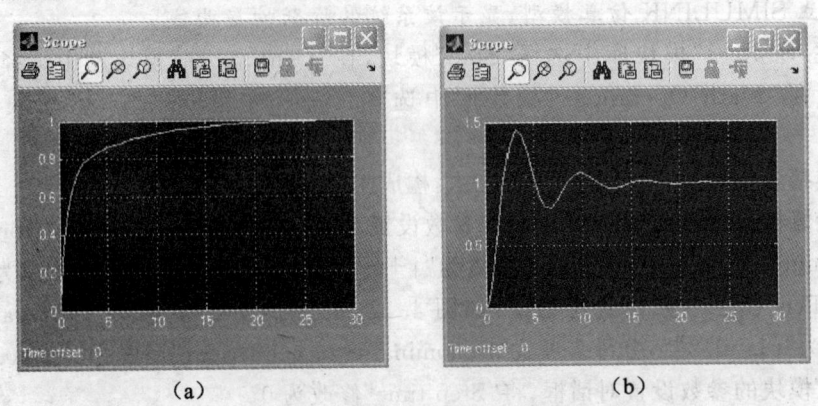

图 4.29 示波器显示阶跃响应曲线

习题

4.1 复习 SIMULINK 中模块的查找、选定、移动、复制、删除等操作。

4.2 经济模型。设某产品的供给函数 $\varphi(p_n)$ 与需求函数 $f(p_n)$ 皆为线性函数，即
$$\varphi(p_n)=5p_n+6 \quad f(p_n)=-8p_n+7$$
其中，p_n 为 n 个单位时间常数 ε 时刻的商品单价。试建立供给与需求的模型，采用合适的 Scope 仿真时间，绘制当常数 $\varepsilon=1$ 时 p_n 的曲线。（注：市场供求平衡时，供给由上一时刻的需求决定。）

4.3 控制模型。建立图 4.30 所示控制系统的 SIMULINK 模型，对其进行仿真分析，绘制不同阶跃输入幅值 $r=1、2、4$ 下的输出曲线。

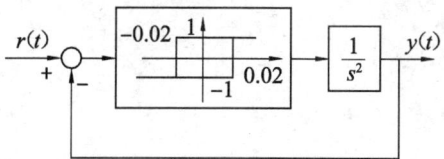

图 4.30 SIMULINK 模型

4.4 物理模型。图 4.31 所示为弹簧-质量系统的运动状态。单个小车系统的运动方程为
$$\ddot{x}=\frac{1}{m}[k_n(x_{n-1}-x_n)+k_{n-1}(x_{n+1}-x_n)]$$
请建立单个小车的子系统并封装，然后取合适的数值进行系统仿真。

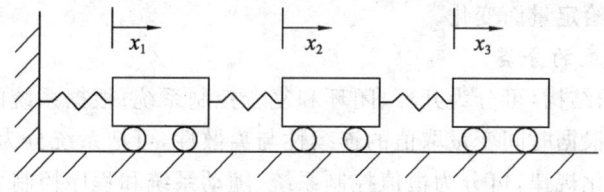

图 4.31 弹簧-质量系统

4.5 电路模型。图 4.32 所示的二阶电路的微分方程为 $LC\dfrac{d^2 u_C}{dt}+RC\dfrac{du_C}{dt}+u_C=U_s$。假设各元件的初始状态为 $u_C(0-)=0, i_L(0-)=0$，电感为 1 mH，电容为 0.04 F。试绘制电阻取 9 Ω、10 Ω、11 Ω 不同数值时，电容的输出电压 u_C 的响应曲线。

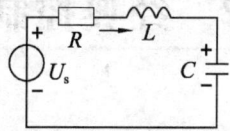

图 4.32 二阶电路模型

4.6 请用 MATLAB 语言编写题 4.4 子系统的 S-函数。

第五章 控制系统仿真研究

本章主要从经典控制理论、现代控制理论两个方面进行阐述,并结合 MATLAB 相应的命令对控制系统的时域、根轨迹、频域、校正等进行分析。通过本章的学习,设计者能较好地掌握 MATLAB 中相应的命令以及在控制系统仿真中的应用。

本章内容设置如下:
◇ 控制理论的基本概念
◇ 经典控制理论
◇ 现代控制理论
◇ 控制系统的仿真

5.1 控制理论的基本概念

1. 自动控制系统的概念

在无人参与的情况下,通过控制器自动地操纵受控对象,系统按照预先设定的目标完成控制任务,具有此控制功能的系统称为自动控制系统。自动控制系统的目标是排除扰动量的影响,使被控量随给定量而变化。

2. 自动控制系统的分类

根据控制系统的结构,可分为开环、闭环和复合控制系统;根据系统的性能,可分为线性系统和非线性系统;根据时间变量取值的连续性与离散性,可把系统分为连续系统和离散系统;根据设定值的变化规律,可分为恒值控制系统、随动系统和程序控制系统。

3. 对控制系统的要求

在自动控制理论中,对控制系统的性能要求,主要从稳定性、暂态性能和稳态性能等方面来考虑,即要求控制系统具有稳、快、准等性能。

5.2 经典控制理论

5.2.1 控制系统的数学模型

1. 连续系统

对于单输入单输出的线性连续控制系统,其时域数学模型(微分方程)为

$$a_n \frac{d^n c(t)}{dt^n} + a_{n-1} \frac{d^{n-1} c(t)}{dt^{n-1}} + \cdots + a_1 \frac{dc(t)}{dt} + a_0 c(t)$$
$$= b_m \frac{d^m r(t)}{dt^m} + b_{m-1} \frac{d^{m-1} r(t)}{dt^{m-1}} + \cdots + b_1 \frac{dr(t)}{dt} + b_0 r(t)$$

式中，$m \leqslant n$；a_i 和 $b_j (i=0,1,2,\cdots,n; j=0,1,2,\cdots,m)$ 均为实数，是由系统本身的结构参数所决定的；$r(t)$ 为系统输入量；$c(t)$ 为系统输出量。

控制系统传递函数的一般表达形式为

$$\frac{C(s)}{R(s)} = \frac{\text{num}(s)}{\text{den}(s)} = \frac{b_m s^m + b_{m-1} s^{m-1} + \cdots + b_1 s + b_0}{a_n s^n + a_{n-1} s^{n-1} + \cdots + a_1 s + a_0}$$

典型环节表达形式为

$$\frac{C(s)}{R(s)} = \frac{K(\tau_1 s + 1)(\tau_2 s + 1) \cdots (\tau_m s + 1)}{s^v (T_1 s + 1)(T_2 s + 1) \cdots (T_{n-v} s + 1)}$$

零、极点表达形式为

$$\frac{C(s)}{R(s)} = \frac{K_r (s + z_1)(s + z_2) \cdots (s + z_m)}{s^v (s + p_{v+1})(s + p_{v+2}) \cdots (s + p_n)}$$

其中，z_i 为系统的零点；p_j 为系统的零点。

2. 离散系统

线性离散系统差分方程的一般形式为

$$a_0 c(k+n) + a_1 c(k+n-1) + \cdots + a_{n-1} c(k+1) + a_n c(k)$$
$$= b_0 r(k+m) + b_1 r(k+m-1) + \cdots + b_{m-1} r(k+1) + b_m r(k)$$

式中，$m \leqslant n$，n 为差分方程的次数；a_i 和 $b_j (i=0,1,2,\cdots,n; j=0,1,2,\cdots,m)$ 均为实数；$r(k)$ 和 $c(k)$ 分别为输入和输出采样序列。

5.2.2 线性系统的时域分析

当控制系统模型建立后，可以进行控制系统的性能分析。线性系统的时域分析是一种直接在时间域对系统进行分析的方法，且可以提供系统时间响应的全部信息，主要研究系统的动态性能和稳态性能。在一般情况下，控制系统的外加输入信号具有随机性，因此需要选择若干典型输入信号，如单位阶跃信号、单位斜坡信号、单位加速度信号、单位冲激信号等。动态性能可以通过典型输入信号控制系统的过渡性能来评价，稳态性能则是根据在典型输入信号作用下系统的稳态误差来评价的。

1. 稳定性分析

稳定性是系统的重要性能指标之一。当控制系统受到外界因素干扰而偏离平衡状态，若干扰消失，系统能够自动恢复到原平衡状态，则称系统是稳定的。

线性系统稳定的充分必要条件是：闭环系统特征方程的所有根均具有负实部；或者说，闭环传递函数的极点均严格位于左半 s 平面。

劳思-赫尔维茨稳定判据用来判断线性系统的稳定性，其以线性系统特征方程系数为依据。

2. 暂态性能分析

暂态性能分析又称为动态性能分析，指系统在单位阶跃作用下的各种动态性能指标，有上升时间、峰值时间、调节时间及超调量等。上升时间是指响应从稳态值的10%上升到稳态值的 90% 所需的时间。峰值时间是指稳态值到达第一个峰值所需的时间。调节时间是指响应到达并保持在 ±5% 或 ±2% 误差带所需的最短时间。超调量是指响应的最大偏离量与稳态值之差的百分比，即

$$\delta\% = \frac{h(t_p) - h(\infty)}{h(\infty)} \times 100\%$$

3. 稳态性能分析

当系统的动态过程结束后，便进入了稳态运行状态。稳态性能指标用稳态误差来描述，其表征了系统控制精度及抗干扰能力。稳态误差一般在阶跃信号输入、斜坡信号输入、加速度信号输入作用下测定或计算。

(1) 阶跃信号输入。

稳态位置误差系数：

$$K_p = \lim_{s \to 0} G(s)H(s)$$

(2) 斜坡信号输入。

稳态速度误差系数：

$$K_v = \lim_{s \to 0} sG(s)H(s)$$

(3) 加速度信号输入。

稳态加速度误差系数：

$$K_a = \lim_{s \to 0} s^2 G(s)H(s)$$

■ 5.2.3 线性系统的根轨迹

线性系统的暂态性能取决于系统的闭环极点和零点的分布。系统的开环零、极点容易获取，但是对于高阶系统，其闭环的极点求解比较困难。如何按照希望的性能确定闭环极点合适的位置，且当系统的某些参数(如开环增益)变化时反复求解？

1948 年，W. R. Evans 提出了一种确定系统特征方程根的方法，即根轨迹法。该方法是将系统的某一个参数(比如开环放大系数)的全部值与闭环特征根的关系表示在一张图上。

根轨迹法通过已知的开环零、极点的位置及某一变化参数来求取闭环极点的分布，方便求取闭环特征根。同时，根轨迹图不仅可以直接给出闭环系统时间响应的全部信息，而且可以指明开环零、极点应该怎样变化才能满足给定闭环系统的性能指标要求。

1. 根轨迹方程

闭环系统的特征方程为

$$1 + G(s)H(s) = 0$$

当系统有 m 个开环零点和 n 个开环极点时，可用下面的根轨迹方程来描述

$$K^* \frac{\prod_{i=1}^{m}(s - z_i)}{\prod_{j=1}^{n}(s - p_j)} = -1$$

相角条件为

$$\sum_{i=1}^{m} \angle(s - z_i) - \sum_{j=1}^{n} \angle(s - p_j) = (2k+1)\pi \quad (k = 0, 1, 2, \cdots)$$

模值条件为

$$K^* = \frac{\prod\limits_{j=1}^{n} |s - p_j|}{\prod\limits_{i=1}^{m} |s - z_i|}$$

K^* 是系统的根轨迹增益,与开环增益 K 成正比;z_i 是开环传递函数的零点;p_j 是开环传递函数的极点。绘制根轨迹时,只需要使用相角条件;确定根轨迹上各点的 K^* 值时,需要使用模值条件。

2. 根轨迹的绘制原则

(1) 根轨迹起于开环的极点(包括无限极点),终于开环的零点(包括无限零点)。

(2) 根轨迹的分支数等于开环极点数 $n(n>m)$ 或开环的零点数 $m(m>n)$,根轨迹对称于实轴。

(3) 根轨迹的渐近线:当 $n>m$ 时,有 $(n-m)$ 条根轨迹分支终止于无限远零点。

其中,渐近线与实轴的夹角为

$$\varphi_a = \frac{\pm(2k+1)\pi}{n-m} \quad (k=0,1,2,\cdots)$$

渐近线与实轴交点的坐标值为

$$\sigma_a = \frac{\sum\limits_{j=1}^{n} p_j - \sum\limits_{i=1}^{m} z_i}{n-m}$$

(4) 实轴上的根轨迹:如果实轴上某一区段的右边的实数开环零点、极点个数之和为奇数,则该区段实轴必是根轨迹。

(5) 根轨迹的分离点和分离角。

分离点(或会合点):根轨迹在 s 平面某一点相遇后又立即分开。

l 条根轨迹分支相遇,其分离点坐标为

$$\sum_{i=1}^{m} \frac{1}{d-z_i} = \sum_{j=1}^{n} \frac{1}{d-p_j}$$

分离角为

$$(2k+1)\pi/l \quad (k=1,2,3,\cdots)$$

(6) 根轨迹的起始角和终止角。

起始角 φ_p:从开环复数极点出发的一条根轨迹,在该极点处根轨迹的切线与实轴之间的夹角,即

$$\angle \varphi_{pj} = \pm(2k+1)\pi + \sum_{i=1}^{m} \angle(p_j - z_i) - \sum_{\substack{i=1 \\ i \neq j}}^{n} \angle(p_j - p_i)$$

终止角 φ_z:进入开环复数零点处根轨迹的切线与实轴之间的夹角,即

$$\angle \varphi_{zj} = \pm(2k+1)\pi + \sum_{i=1}^{n} \angle(z_j - p_i) - \sum_{\substack{i=1 \\ i \neq j}}^{m} \angle(z_j - z_i)$$

(7) 根轨迹与虚轴的交点。

用劳斯判据求出系统处于稳定边界的临界值 K^*,由 K^* 值求出相应的 ω 值。

(8) 根之和。

当$(n-m) \geqslant 2$时,根之和与根轨迹增益K^*无关,是个常数,且有

$$\sum_{i=1}^{n} s_i = \sum_{j=1}^{n} p_j$$

式中,s_i为系统的闭环极点;p_j为系统的开环极点。

■ 5.2.4 线性系统的频域分析

对于一阶、二阶系统,通过求解微分方程分析时域性能是十分有用的,但对于高阶系统,这种方法就比较繁琐。另外,当方程已经求解而系统的响应不能满足控制的技术要求时,也不易确定应该如何调整系统的结构和参数。对于控制系统的设计,希望不必求解微分方程就可以选择系统的结构和参数来确定控制系统的性能。频域分析法是研究控制系统的一种经典方法,它是在频域内应用图解法分析、评价系统性能的一种方法。频率特性可以由传递函数求得,也可以用实验方法测定。频域分析法不必直接求解系统的微分方程,根据系统的频率性能间接地揭示系统的动态特性和稳态特性,可以简单迅速地判断某些环节或参数对系统性能的影响,指出系统改进的方向。对于难以建立动态模型的系统,可用实验方法求出系统的频率特性,从而对系统进行准确而有效的分析。

1. 频域特性的概念

(1) 频域特性的定义。

在正弦信号的作用下,系统的输出稳态分量与输入量的复数之比,定义为系统的频域特性。稳态输出量与输入量的频率相同,仅振幅和相位不同,记作

$$G(j\omega) = A(\omega) e^{j\varphi(\omega)} = U(\omega) + jV(\omega)$$

频率特性与传递函数的关系为

$$G(j\omega) = G(s)|_{s=j\omega}$$

幅频特性为

$$A(\omega) = |G(\omega)| = \sqrt{U^2(\omega) + V^2(\omega)}$$

相频特性为

$$\varphi(\omega) = \angle G(\omega) = \arctan \frac{V(\omega)}{U(\omega)}$$

实频特性为

$$U(\omega) = A(\omega) \cos \varphi(\omega)$$

虚频特性为

$$V(\omega) = A(\omega) \sin \varphi(\omega)$$

(2) 频域响应。

正弦输入信号作用下线性定常系统的稳态响应称为系统的频域响应。

(3) 最小与非最小相位系统。

如果系统的传递函数在s平面的右半平面没有极点和零点,且不包含滞后环节,称为最小相位系统;反之,称为非最小相位系统。

2. 频域特性的分析法

频域法是一种图解法,主要有Nyquist曲线、Bode图和Nichols图三种方法。

(1) Nyquist曲线(幅相频率特性)。

当频率 ω 从 0 到无穷大变化时,向量 $G(j\omega)$ 的端点在复平面上的运动轨迹,即为 Nyquist 曲线。

规定极坐标图的实轴正方向为相角零度线,逆时针转过的角度为正,顺时针转过的角度为负。

(2) Bode 图(对数频率特性)。

Bode 图由两张图组成:一张是对数幅频特性,另一张是对数相频特性。这两条特性曲线采用同一个横坐标作为频率轴。横坐标采用对数分度,但标写的却是 ω 的实际值,单位为弧度/秒(rad/s)。对数幅频特性图的纵坐标标度为 $20\lg|G(j\omega)|$,其中对数以 10 为底均匀分度,单位为分贝(dB);对数相频特性图的纵坐标为角度,单位为度(°)。

对于通用系统

$$G(j\omega) = \frac{K\prod_{i=1}^{M}(\tau_i j\omega + 1)\sum_{l=1}^{N}[\tau_l^2(j\omega)^2 + 2\xi\tau_l j\omega + 1]}{(j\omega)^\lambda \prod_{m=1}^{Q}(T_m j\omega + 1)\prod_{n=1}^{P}[T_n^2(j\omega)^2 + 2\xi T_n j\omega + 1]}$$

系统的对数幅频特性为

$$L(\omega) = 20\lg K + \sum_{i=1}^{M}20\lg\sqrt{(\tau_i\omega)^2 + 1} + \sum_{l=1}^{N}20\lg\sqrt{(1-\omega^2\tau_l^2)^2 + (2\xi_l\tau_l\omega)^2}$$
$$- 20\lambda\lg\omega - \sum_{m=1}^{Q}20\lg\sqrt{1+(\omega T_m)^2} - \sum_{n=1}^{P}20\lg\sqrt{(1-\omega^2 T_n^2)^2 + (2\xi_n\omega T_n)^2}$$

系统的对数相频特性为

$$\varphi(\omega) = \sum_{i=1}^{M}\arctan\omega\tau_i + \sum_{l=1}^{N}\arctan\frac{2\xi_l\tau_l\omega}{1-\omega^2\tau_l^2} + \lambda\left(-\frac{\pi}{2}\right)$$
$$+ \sum_{m=1}^{Q}(-\arctan\omega T_m) + \sum_{n=1}^{P}\left[-\arctan\frac{2\xi_n\omega T_n}{1-\omega^2 T_n^2}\right]$$

注意:幅、相频特性的 Bode 图也是由各典型环节的幅、相频特性 Bode 图相叠加而成的。

(3) Nichols 图。

Nichols(尼柯尔斯)图由两簇曲线组成:一簇是对应于闭环频率特性的幅值($20\lg M$)为定值时的轨迹;另一簇则是对应于闭环频率特性的相角(φ)为定值时的轨迹。两簇曲线是在对数幅相平面上绘制等幅值、等相角轨迹而得到的。

尼柯尔斯图是在对数幅相坐标中绘出的,其横坐标是开环频率特性的相角 $\varphi(\omega)$,单位为度;纵坐标是开环对数频率特性的幅值 $L(\omega)$,单位是 dB。尼柯尔斯图对称于 $-180°$ 的轴线,每隔 $360°$,等幅值图线和等相角图线重复一次。

3. 频域稳定判据

(1) 奈奎斯特稳定判据。

在 s 平面上,如果映射曲线不穿过 $(-1, j0)$ 点且逆时针包围 $(-1, j0)$ 点的圈数 N 等于开环传递函数的正实部极点数 P,则系统是稳定的,且有

$$Z = P - N$$

P 为 $G(s)H(s)$ 位于 s 右半平面的极点数;N 为 $G(j\omega)H(j\omega)$ 曲线逆时针绕 $(-1, j0)$ 点的圈数;Z 为闭环系统位于 s 右半平面的零点数。

(2) 对数频率稳定判据。

若系统开环传递函数有 m 个位于右半 s 平面的特征根,则当在 $L(\omega)>0$ 的所有频率范围内,对数相频特性曲线 $\varphi(\omega)$(含辅助线)与 $-180°$ 线的正负穿越次数之差等于 $m/2$ 时,系统闭环稳定,否则,系统闭环不稳定。

4. 稳定裕度

(1) 相角裕度。

增益剪切频率 ω_c:指开环频率特性 $G(j\omega)H(j\omega)$ 的幅值等于 1 时的频率,即

$$|G(j\omega_c)H(j\omega_c)|=1$$

在控制系统的增益剪切频率 ω_c 上,使闭环系统达到临界稳定状态所需附加的相移(超前或滞后相移)量,称为系统的相角裕度,记作 γ。

(2) 增益裕量。

在系统的相位剪切频率 $\omega_g(\omega_g>0)$ 上,开环频率特性的倒数,称为控制系统的增益裕量,记作 K_g,即

$$K_g=\frac{1}{|G(j\omega_g)H(j\omega_g)|}$$

以分贝表示时

$$K_g(dB)=20\lg K_g=-20\lg|G(j\omega_g)H(j\omega_g)|(dB)$$

若 K_g 大于 1,则增益裕量为正值,系统稳定;若 K_g 小于 1,则增益裕量为负值,系统不稳定。一般来说,为了得到满意的性能,相角裕度应当在 $30°\sim 60°$ 之间,而增益裕量应当大于 6 dB。

5.2.5 线性系统的校正方法

时域分析和频域分析都是基于已知系统的结构和参数对系统的性能指标进行分析的,如果已知系统所需的性能指标,可以调整控制器的参数。如果通过调整控制器的参数仍无法满足系统性能指标的要求,则必须在系统中加入一些机构和装置,使整个系统的特性发生变化,从而满足给定的各项性能指标。通过改变系统结构,或在系统中增加附加装置或元件对已有系统(固有部分)进行再设计,使之满足性能指标的要求,称为系统校正。

1. 校正的基本概念

对于时域分析,时域指标有静态和动态两种指标。系统的静态性能指标主要包括系统的型别、稳态误差(e_{ss})、静态位置误差系数(K_p)、静态速度误差系数(K_v)和静态加速度误差系数(K_a)。动态性能指标包括超调量($\delta\%$)、上升时间(t_r)、峰值时间(t_p)和调整时间(t_s)等。

对于频域分析,频域指标有谐振峰值 M_r、增益剪切频率 ω_c、谐振频率 ω_r,有反映系统相对稳定性的增益裕量 K_g、相角裕度 γ,有抑制干扰能力的带宽 ω_b 等。

2. 常用校正装置及特点

根据校正装置本身是否有电源,可分为无源校正装置和有源校正装置。无源校正装置通常是由电阻和电容组成的二端口网络,可分为无源超前网络、无源滞后网络、无源滞后-超前网络。

无源校正装置线路简单、组合方便,无需外供电源,但本身没有增益,只有衰减,且输入阻抗低,输出阻抗高,因此在应用时要增设放大器或隔离放大器。

实际控制系统中采用无源网络进行串联校正,但在放大器级间接入无源校正网络后,由

于负载效应问题,效果不理想,难以实现期望的效果。因此,需要采用有源校正装置,其主要是在无源网络结构中加入运算放大器。有源校正网络带有放大器,增益可调,使用方便,但易漂移。

3. 串联校正

串联校正装置接在系统误差测量点和放大器之间,串接于系统前向通道中,其连接方式如图5.1所示。

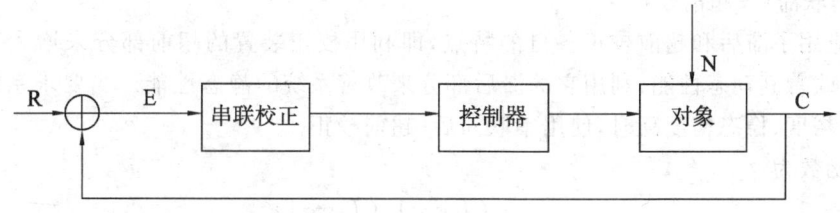

图 5.1 串联校正

(1) 串联超前校正。

利用超前网络进行串联校正的基本原理和超前网络的相角超前特性,将超前网络的两个交界频率设置在待校正系统截止频率的两边,保证被校正系统的截止频率和相角裕度满足性能指标的要求,从而达到改善系统动态性能的目的。串联超前校正主要是对未校正系统在中频段的频率特性进行校正,可以加快系统的反应速度,其对提高稳态精度作用不大,主要应用于稳态精度已经满足,但瞬态性能不满足要求的系统。

校正传递函数为

$$G_c(s) = K_c \alpha \frac{Ts+1}{\alpha Ts+1} \quad (0 < \alpha < 1)$$

设计串联相位超前校正装置的步骤:

① 根据稳态性能指标确定系统的开环增益。

② 绘制在确定 K_c 值下的开环 Bode 图,计算其相角裕度 γ_0。

③ 由要求的相角裕度 γ,计算所需的超前相角:

$$\varphi_0 = \gamma - \gamma_0 + \varepsilon \quad (\varepsilon = 5° \sim 20°)$$

④ 计算校正网络系数:

$$\varphi_m = \varphi_0 \quad \alpha = \frac{1 - \sin \varphi_m}{1 + \sin \varphi_m}$$

⑤ 确定校正后系统的剪切频率:

未校正系统 Bode 图曲线上的增益为 $-10\lg \alpha$ 对应的频率。

⑥ 确定校正装置的交界频率:

$$\omega_1 = \frac{1}{T} = \frac{\omega_m}{\sqrt{\alpha}} \quad \omega_2 = \frac{\alpha}{T} = \omega_m \sqrt{\alpha}$$

⑦ 画出校正后的 Bode 图,验算相角稳定裕度是否达到要求。

⑧ 验算其他性能指标,不满足要求则重新设计。

⑨ 写出校正装置的传递函数。

(2) 串联滞后校正。

利用滞后网络进行串联校正的原理,使高频幅值衰减,使被校正系统的截止频率下降,保证系统获得足够的相角裕度。滞后校正是通过其低频积分特性来改善系统的品质,通过降低系统的截止频率(剪切频率)来增大相角裕度的。滞后校正可以改善系统的稳态精度,适用于瞬态性能指标已经满足、且需提高稳态精度的系统,但却降低了系统的快速性。

传递函数为

$$G_c(s) = K_c \beta \frac{Ts+1}{\beta Ts+1} \quad (\beta > 1)$$

(3) 串联滞后-超前校正。

综合应用了滞后和超前校正各自的特点,即利用校正装置的超前部分来增大系统的相角裕度,以改善其动态性能,利用它的滞后部分来改善系统的静态性能。当要求系统的响应速度、相角裕度、稳态精度高时,使用串联滞后-超前校正。

传递函数为

$$G_c(s) = \frac{(T_1 s+1)(T_2 s+1)}{(\beta T_1 s+1)\left(\frac{T_2}{\beta}s+1\right)}$$

4. 反馈校正

反馈校正是利用反馈结构,通过改变未校正系统的结构及参量,来达到改善系统性能的目的的。其连接形式如图 5.2 所示。

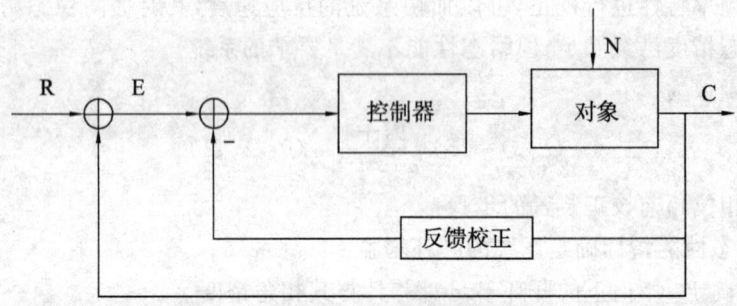

图 5.2 反馈校正

反馈校正能够削弱非线性的影响,减小系统的时间常数,降低系统对参数变化的影响,抑制系统的噪声。

5. 复合校正

如果控制系统中存在强扰动,或者系统的控制精度和动态响应速度要求很高,单纯的反馈控制可能不满足要求。为了提高控制的精度,需要采用前馈控制和反馈控制相结合的方法,即复合校正。它是在闭环控制回路的基础上,附加一个输入信号或扰动信号(是破坏系统输入量和输出量之间预定规律的信号)的前馈通路,用来提高系统的控制精度。复合校正的主要特点:具有很高的控制精度;可以抑制几乎所有的可量测扰动,其中包括低频强扰动;补偿器的参数有较高的稳定性。

5.2.6 线性离散系统的分析与校正

1. 离散系统的概念

(1) 离散系统:若系统中有一处或几处信号是一串脉冲或数码,则称之为离散系统。

(2) 采样过程:按照一定的时间间隔对连续信号进行采样,将其变换为时间上离散的脉冲序列的过程。

(3) 采样定理(Shannon 定理)：为了使信号得到很好的复现,采样频率应大于等于原始信号最大频率的两倍。

(4) 采样保持器：其输入一个模拟信号,在极短的时间内给一个采样脉冲,采样门打开,输出将保持模拟信号的大小,并且可以保持很长时间。

(5) 信号保持器：把数字信号转换成连续信号的装置,称为信号保持器。

(6) 脉冲传递函数：零初始条件下,离散系统输出脉冲序列 z 变换与输入脉冲序列 z 变换之比,即

$$G(z)=\frac{C(z)}{R(z)}$$

2. 离散系统的稳定性分析

在 z 变换中,定义给出了 s 域到 z 域的关系,即

$$z=e^{sT}$$

其中, $s=\delta+j\omega$,则

$$z=e^{(\delta+j\omega)T}=e^{\delta T}e^{j\omega T}$$

若 $\delta>0$,则 $|z|=e^{\delta T}>1$；若 $\delta=0$,则 $|z|=e^{\delta T}=1$；若 $\delta<0$,则 $|z|=e^{\delta T}<1$。根据 s 域到 z 域的对应关系可知, s 左半平面映射到 z 平面的单位圆内, s 右半平面映射到 z 平面的单位圆外, s 平面的虚轴对应 z 平面的圆周,对应临界稳定。设离散系统的特征方程为

$$D(z)=1+GH(z)=0$$

则在 z 域中,线性离散系统的稳定的充分必要条件为：当且仅当离散系统的特征方程的根全部分布在 z 平面的单位圆内,或者特征根的模均小于 1 时,系统是稳定的。

5.3 现代控制理论

5.3.1 状态空间模型

状态空间模型包括两个：一是状态方程模型,反映动态系统在输入变量作用下某时刻所转移到的状态；二是输出或量测方程模型,它将系统在某时刻的输出和系统的状态及输入变量联系起来。

线性连续时间系统动态方程的一般形式为

$$\dot{x}(t)=A(t)x(t)+B(t)u(t)$$
$$y(t)=C(t)x(t)+D(t)u(t)$$

其中, $A(t)$ 为 $n\times n$ 矩阵, $B(t)$ 为 $n\times r$ 矩阵, $C(t)$ 为 $m\times n$ 矩阵, $D(t)$ 为 $m\times r$ 矩阵,它们的各元素都不依赖于状态变量和输入变量。即 $A(t)$、$B(t)$、$C(t)$、$D(t)$ 可表示为

$$A(t)=\begin{bmatrix}a_{11}(t)&a_{12}(t)&\cdots&a_{1n}(t)\\a_{21}(t)&a_{22}(t)&\cdots&a_{2n}(t)\\\vdots&\vdots&\cdots&\vdots\\a_{n1}(t)&a_{n2}(t)&\cdots&a_{nn}(t)\end{bmatrix}\quad B(t)=\begin{bmatrix}b_{11}(t)&b_{12}(t)&\cdots&b_{1r}(t)\\b_{21}(t)&b_{22}(t)&\cdots&b_{2r}(t)\\\vdots&\vdots&\cdots&\vdots\\b_{n1}(t)&b_{n2}(t)&\cdots&b_{nr}(t)\end{bmatrix}$$

$$C(t)=\begin{bmatrix} c_{11}(t) & c_{12}(t) & \cdots & c_{1n}(t) \\ c_{21}(t) & c_{22}(t) & \cdots & c_{2n}(t) \\ \vdots & \vdots & & \vdots \\ c_{m1}(t) & c_{m2}(t) & \cdots & c_{mn}(t) \end{bmatrix} \qquad D(t)=\begin{bmatrix} d_{11}(t) & d_{12}(t) & \cdots & d_{1r}(t) \\ d_{21}(t) & d_{22}(t) & \cdots & d_{2r}(t) \\ \vdots & \vdots & & \vdots \\ d_{m1}(t) & d_{m2}(t) & \cdots & d_{mr}(t) \end{bmatrix}$$

线性离散形式为

$$x(k+1)=Gx(k)+Hu(k)$$
$$y(k)=Cx(k)+Du(k)$$

线性系统的 A、B、C、D 或 G、H、C、D 中的各元素全部是常数。

线性连续系统和离散系统的结构图分别如图 5.3(a)和(b)所示。

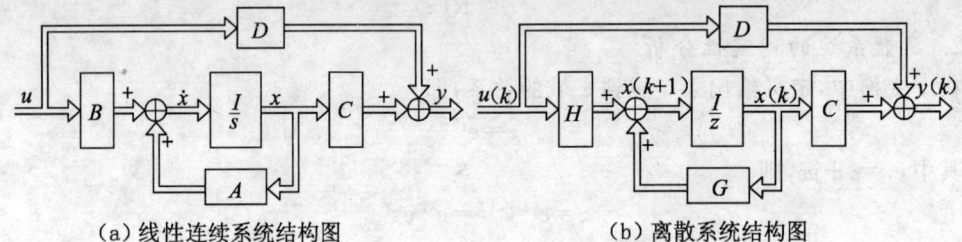

(a) 线性连续系统结构图　　　　　　　(b) 离散系统结构图

图 5.3　线性连续系统和离散系统的结构图

图中,I 为 $n \times n$ 单位矩阵;s 是拉普拉斯算子;z 为单位延时算子。

在 MATLAB 中建立状态空间模型的函数主要为 ss( ),即根据系统的传递函数模型建立状态空间模型。

■ 5.3.2　系统的能控性和能观性

1960 年,卡尔曼(Kalman)提出了能控性与能观性两个基本概念。能控性是指控制作用对状态变量的支配能力;能观性是指系统的输出量(或观测量)能否反映状态变量。系统的能控性和能观性研究一般都基于系统的状态空间表达式。

1. 线性定常连续系统的能控性

对于单输入 n 阶线性定常连续系统

$$\dot{x}=Ax+Bu \tag{5.3.1}$$

若存在一个分段连续的控制函数 $u(t)$,使系统能够从任意初始状态 $x(t_0)$ 转移到任意指定的终态 $x(t_p)$,那么就称式(5.3.1)描述的系统是状态完全可控的。反之,只要有一个状态不可控,我们就称系统不可控。

n 阶系统能控的充要条件为:能控判别阵 $M=[B \quad AB \quad \cdots \quad A^{n-1}B]$ 的秩等于 n。

2. 线性定常离散系统的能控性

设单输入 n 阶线性定常离散系统的状态方程为

$$x(k+1)=Gx(k)+Hu(k) \tag{5.3.2}$$

其中,$x(k)$ 为 n 维状态向量;$u(k)$ 为一维输入向量;G 为 $n \times n$ 系统矩阵;H 为 $n \times 1$ 输入矩阵。如果存在有限步的控制信号序列 $u(k), u(k+1), \cdots, u(N-1)$,使得系统第 k 步上的状态 $x(k)$ 能在第 N 步到达零状态,即 $x(N)=0$,其中 N 为大于 k 的有限正整数,那么就说系统第 k 步上的状态 $x(k)$ 是能控的;如果系统的每一步都是可控的,那么称式(5.3.2)描述的系统完全可控。

单输入 n 阶离散系统能控的充要条件为：$M=[H \quad GH \quad \cdots \quad G^{n-1}H]$ 的秩等于 n。

3. 线性定常连续系统的能观性

线性定常连续系统的方程为

$$\begin{cases} \dot{x}=Ax+Bu \\ y=Cx \end{cases} \tag{5.3.3}$$

若对任意给定的输入 $u(t)$，在 $[t_0,t_p]$ 内，根据系统观测 $y(t)$，能唯一地确定时刻 t_0 的每一状态 x_0，那么就称系统在 t_0 时刻是状态可观测的。若系统在每一时刻都能观测，则称系统是完全能观测的。

线性定常连续系统完全能观的充要条件为：$N=\begin{bmatrix} C \\ CA \\ \vdots \\ CA^{n-1} \end{bmatrix}$ 的秩为 n。

4. 线性定常离散系统的能观性

线性定常离散系统的方程为

$$\begin{cases} x(k+1)=Gx(k)+Hu(k) \\ y(k)=Cx(k) \end{cases} \tag{5.3.4}$$

如果第 k 步及以后有限步的输出观测 $y(k),y(k+1),\cdots,y(N)$，就能唯一地确定第 k 步的状态 $x(k)$，则称式(5.3.4)描述的系统是能观的。

线性定常离散系统完全能观的充要条件为：$N=\begin{bmatrix} C \\ CG \\ \vdots \\ CG^{n-1} \end{bmatrix}$ 的秩为 n。

5.3.3 李雅普诺夫稳定性

自动控制系统的稳定性是其重要特性之一，不稳定的系统是不能在实际工程中实施的。在线性定常系统中，劳斯判据和奈奎斯特判据给出了极为实用的判别稳定性的方法。对于多输入多输出系统，这些稳定判据就不能直接使用。1892 年，俄国数学家李雅普诺夫提出了稳定性的判断依据，适用于状态向量表示的系统，即李雅普诺夫第一方法和李雅普诺夫第二方法。李雅普诺夫第一方法又称间接法，由于它是根系数矩阵 A 的特征值来判别系统的稳定性的，因此又称为特征值判据。李雅普诺夫第二方法的基本思想是用能量变化的观点分析系统的稳定性的。

1. 李雅普诺夫第一方法

设 $\dot{x}=f(x)$，x_e 为孤立平衡点，令 $y=x-x_e$，则 $\dot{y}=f(y+x_e)$。$f(y+x_e)$ 在原点展开得 $\dot{y}=Ay+G(y)y$。

其中，$A=\begin{bmatrix} \dfrac{\partial f_1}{\partial y_1} & \cdots & \dfrac{\partial f_1}{\partial y_n} \\ \vdots & \cdots & \vdots \\ \dfrac{\partial f_n}{\partial y_1} & \cdots & \dfrac{\partial f_n}{\partial y_n} \end{bmatrix}_{y=0}$，$G(y)=o(y^2)$。

线性化为
$$\dot{y} = Ay$$
如果 $\mathrm{Re}(\lambda_i(A)) > 0$，则 x_e 渐进稳定；若 $\mathrm{Re}(\lambda_i(A)) < 0$，则 x_e 不稳定。

2. 李雅普诺夫第二方法

假设系统的状态方程为 $\dot{x} = f(x,t)$，$f(0,t) = 0$，$\forall t$，如果存在一个具有连续偏导数的标量函数 $V(x,t)$，且 $V(x,t)$ 是正定的，$\dot{V}(x,t)$ 是负定的，那么系统在原点处的平衡状态是一致渐近稳定的。

5.4 控制系统的仿真

5.4.1 控制系统的参数模型

1. 传递函数模型

在 MATLAB 中，传递函数是通过传递函数分子和分母关于 s 降幂排列的多项式系数来表示的，用向量 num 和 den 表示，即

$$G(s) = \frac{b_m s^m + b_{m-1} s^{m-1} + \cdots + b_1 s^1 + b_0}{a_n s^n + a_{n-1} s^{n-1} + \cdots + a_1 s^1 + a_0} \tag{5.4.1}$$

式中，num $= [b_m \quad b_{m-1} \quad \cdots \quad b_1 \quad b_0]$；den $= [a_n \quad a_{n-1} \quad \cdots \quad a_1 \quad a_0]$。

MATLAB 中用函数 tf( ) 来建立传递函数模型，或将其他模型转化为传递函数模型。

例 5.4.1 已知控制系统的传递函数 $G(s) = \dfrac{2s+1}{s^4 + 2s^3 + 3s^2 + s + 2}$，请用 MATLAB 表示该传递函数。

程序代码：
```
>> num=[2 1];den=[1 2 3 1 2];
>> sys=tf(num,den)
```
运行结果：
Transfer function：
2s+1
----
s^4+2 s^3+3 s^2+s+2

其中，num 和 den 分别表示由系统传递函数的分子多项式和分母多项式的系数构成的向量。

要查看传递函数的详细信息，可在上述程序的基础上再增加下面的一条指令：
```
>> get(sys)
```
运行结果：
num：{[0 0 0 2 1]}
den：{[1 2 3 1 2]}
ioDelay：0

Variable：'s'
Ts：0
InputDelay：0
OutputDelay：0
InputName：{''}
OutputName：{''}
InputGroup：[1x1 struct]
OutputGroup：[1x1 struct]
Name：''
Notes：{}
UserData：[]

例 5.4.2 已知控制系统的传递函数 $G(z)=\dfrac{z+1}{z^3+3z^2+4z+5}$，求采样周期 T 分别为 1 s，2 s，4 s 时的传递函数。

程序代码：

```
>> num=[1 1];den=[1 3 4 5];
>> for i=1:3
T=2^(i-1);
sys=tf(num,den,T)
end
```

运行结果：

Transfer function：

z+1

----

z^3+3 z^2+4 z+5

Sampling time：1

Transfer function：

z+1

----

z^3+3 z^2+4 z+5

Sampling time：2

Transfer function：

z+1

----

z^3+3 z^2+4 z+5

Sampling time：4

例 5.4.3 给定一 MIMO（多输入多输出）系统，其传递函数 $G(s)=\begin{bmatrix}\dfrac{s+1}{s+4} & \dfrac{3}{s+1} \\ \dfrac{s+2}{s+3} & \dfrac{s+3}{s^2+s+1}\end{bmatrix}$，

请用 MATLAB 表示该传递函数。

程序代码：

```
>> num={[1 1] 3;[1 2] [1 3]};
>> den={[1 4] [1 1];[1 3] [1 1 1]};
>> sys=tf(num,den)
```

运行结果：

Transfer function from input 1 to output...

   s+1
#1: ········
   s+4

   s+2
#2: ········
   s+3

Transfer function from input 2 to output...

   3
#1: ········
   s+1

   s+3
#2: ········
   s^2+s+1

例 5.4.4 给定一离散 MIMO 系统，其传递函数 $H(z)=\begin{bmatrix}\dfrac{z+1}{z+4} & \dfrac{3}{z+1}\\ \dfrac{z+2}{z+3} & \dfrac{z+3}{z^2+z+1}\end{bmatrix}$，求采样周期为 $T=0.5$ s 时的传递函数。

程序代码：

```
>> num={[1 1] 3;[1 2] [1 3]};
>> den={[1 4] [1 1];[1 3] [1 1 1]};
>> sys=tf(num,den,0.5)
```

运行结果：

Transfer function from input 1 to output...

   z+1
#1: ········
   z+4

   z+2
#2: ········
   z+3

Transfer function from input 2 to output...

   3
#1: ········

```
        z+1
       ─────
        z+3
 #2: ........
       z^2+z+1
```
Sampling time: 0.5

2. 零极点增益模型

系统的传递函数还可以表示为

$$G(s) = k\frac{\sum_{i=1}^{m}(s-z_i)}{\sum_{j=1}^{n}(s-p_j)} = k\frac{(s-z_1)(s-z_2)\cdots(s-z_m)}{(s-p_1)(s-p_2)\cdots(s-p_n)} \quad (5.4.2)$$

即系统的零极点增益模型。

在 MATLAB 中,用函数 zpk( ) 来建立系统的零极点增益模型,或将其他模型转化为零极点增益模型。

例 5.4.5 已知一控制系统的传递函数 $G(s)=\dfrac{2(s+1)}{(s+2)(s+3)}$,试用 MATLAB 建立其零极点增益模型。

程序代码:
```
>> z=[-1];
>> p=[-2 -3];
>> k=2;
>> sys=zpk(z,p,k)
```
运行结果:
```
zero/pole/gain:
   2(s+1)
 ----------
 (s+2)(s+3)
```

例 5.4.6 已知一离散控制系统的传递函数 $G(z)=\dfrac{2(z+1)}{(z+2)(z+3)(z+4)}$,求采样周期 $T=0.2$ s 时系统传递函数的零极点增益模型。

程序代码:
```
>> z=-1;
>> p=[-2 -3 -4];
>> k=2;
>> sys=zpk(z,p,k,0.2)
```
运行结果:
```
zero/pole/gain:
   2(z+1)
 --------
```

(z+2)(z+3)(z+4)

Sampling time: 0.2

例 5.4.7 已知一控制系统的传递函数 $G(s)=\dfrac{s^3+2s^2+3s+4}{s^4+2s^3+4s^2+5s+10}$，试用 MATLAB 建立其零极点增益模型。

程序代码：

```
>> num=[1 2 3 4];
>> den=[1 2 4 5 10];
>> G=tf(num,den);
>> sys=zpk(G)
```

运行结果：

zero/pole/gain：

$(s+1.651)(s^2+0.3494s+2.423)$

$(s^2+2.835s+3.557)(s^2-0.8353s+2.811)$

其中，命令"G=tf(num, den); sys=zpk(G)"用于将系统的传递函数模型转化为零极点增益模型。

3. 状态空间模型

线性定常系统的特性可以用一组一阶微分方程组来描述，其矩阵形式即为现代控制理论中常用的状态空间表示法，其模型为

$$\begin{cases} \dot{X}=AX+BU \\ Y=CX+DU \end{cases} \quad (5.4.3)$$

式中，X 为状态向量，U 为输入向量，Y 为输出向量。

在 MATLAB 中，用函数 ss( ) 来建立系统的状态空间模型，或将其他模型转化成状态空间模型。

例 5.4.8 建立给定系统

$$\begin{cases} \dot{X}=\begin{bmatrix} 1 & 0 & 0 \\ 3 & 2 & 4 \\ -5 & 0 & 1 \end{bmatrix}X+\begin{bmatrix} 1 \\ 1 \\ 1 \end{bmatrix}U \\ Y=\begin{bmatrix} 1 & 2 & 1 \end{bmatrix}X \end{cases}$$

的状态空间模型。

程序代码：

```
>> A=[1 0 0;3 2 4;-5 0 1];
>> B=[1;1;1];
>> C=[1 2 1];
>> D=0;
>> sys=ss(A,B,C,D)
```

运行结果：
a=
```
       x1   x2   x3
x1     1    0    0
x2     3    2    4
x3    −5    0    1
```
b=
```
       u1
x1     1
x2     1
x3     1
```
c=
```
       x1   x2   x3
y1     1    2    1
```
d=
```
       u1
y1     0
```
Continuous-time model.

4. 系统不同模型之间的转换

同一个系统具有不同的模型表达形式，但是它们的实质内容是等价的，因此人们在对系统进行分析时，往往根据实际要求选择不同形式的模型。这也是研究不同模型之间转换的意义所在。

MATLAB 实现模型转换的方法有两种：

(1) 简单的模型转换。

首先生成任意指定类型的模型，然后将该模型作为输入，调用待转换的模型函数，比如例 5.4.7。

(2) 直接调用模型转换函数。

MATLAB 提供了 8 个用于模型间相互转换的函数，分别是 tf2ss( )、tf2zp( )、ss2tf( )、ss2zp( )、zp2tf( )、zp2ss( )、ss2ss( ) 和 residue 函数。它们之间的转换关系如图 5.4 所示。

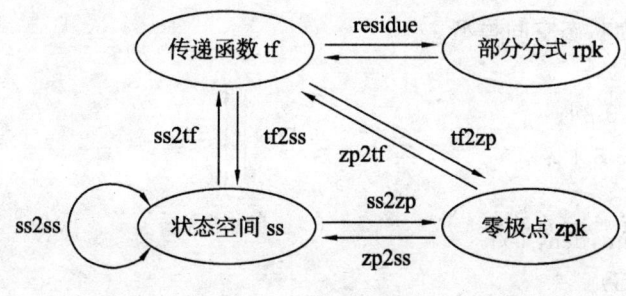

图 5.4　模型转换图

例 5.4.9 已知某控制系统的传递函数 $G(s)=\dfrac{s^2+s+1}{s^3+2s^2+3s+1}$，试将其转换为零极点增益模型。

程序代码：
```
>> num=[1 1 1];
>> den=[1 2 3 1];
>> G=tf(num,den);
>> sys=zpk(G)
```
运行结果：

zero/pole/gain：

$$\frac{(s^2+s+1)}{(s+0.430\,2)(s^2+1.57s+2.325)}$$

或者
```
>> num=[1 1 1];
>> den=[1 2 3 1];
>> [z,p,k]=tf2zp(num,den)
```
运行结果：

z =
 0
 −0.5000+0.8660i
 −0.5000−0.8660i

p =
 −0.7849+1.3071i
 −0.7849−1.3071i
 −0.4302

k =
 1

例 5.4.10 已知离散控制系统的传递函数 $G(z)=\dfrac{z^2+3z+2}{z^3+3z^2+6z+1}$，采样周期 $T=0.1\,\text{s}$，试将其转换为状态空间模型。

程序代码：
```
>> num=[1 3 2];
>> den=[1 3 6 1];
>> T=0.1;
>> G=tf(num,den,T);
>> sys=ss(G)
```
运行结果：

a =

```
              x1      x2      x3
    x1       -3      -3     -0.5
    x2        2       0       0
    x3        0       1       0
b=
              u1
    x1        2
    x2        0
    x3        0
c=
              x1      x2      x3
    y1       0.5    0.75    0.5
d=
              u1
    y1        0
```
Sampling time: 0.1
Discrete-time model.

或者
>> num=[1 3 2];
>> den=[1 3 6 1];
>> [A B C D]=tf2ss(num,den)

运行结果:
```
A=
    -3    -6    -1
     1     0     0
     0     1     0
B=
     1
     0
     0
C=
     1     3     2
D=
     0
```

例 5.4.11 已知系统的零极点增益模型 $G(s)=\dfrac{s+3}{(s+2)(s+4)(s+5)}$,求其传递函数模型和状态空间模型。

程序代码:
>> z=-3;

```
>> p=[-2 -4 -5];
>> k=1;
>> G=zpk(z,p,k);
>> systf=tf(G), sysss=ss(G)
```
运行结果:
Transfer function:
s+3
....
s^3+11 s^2+38s+40

a=

	x1	x2	x3
x1	-2	1	0
x2	0	-4	1
x3	0	0	-5

b=

	u1
x1	0
x2	0
x3	2

c=

	x1	x2	x3
y1	0.5	0.5	0

d=

	u1
y1	0

Continuous-time model.

或者

```
>> z=-3;
>> p=[-2 -4 -5];
>> k=1;
>> [num,den]=zp2tf(z,p,k),[A B C D]=zp2ss(z,p,k)
```
运行结果:
num=
    0   0   1   3
den=
    1   11 38 40
A=

```
    −2.0000      0          0
    1.0000      −9.0000    −4.4721
    0           4.4721      0
```
B=

```
    1
    1
    0
```
C=

```
    0   0   0.2236
```
D=

```
    0
```

5. 系统模型的连接

上述传递函数、零极点增益、状态空间等模型一般用来描述简单的模型,但在实际应用中,系统一般比较复杂,无法用单一的模型来描述,而往往要由多个简单模型组合实现。模型间的组合方式有串联连接、并联连接和反馈连接三种。MATLAB中涉及模型连接的函数有 append( )、parallel( )、series( )、feedback( )、lft( ) 和 connect( ) 等。下面以 series( ) 和 parallel( ) 为例介绍其用法。

(1) 串联连接。

MATLAB 中使用 series( ) 函数实现两个子系统的串联连接,具体调用格式为

$$sys=series(sys1,sys2)$$

$$sys=series(sys1,sys2,outputs1,inputs2)$$

命令 sys=series(sys1,sys2) 中输入为 sys1 和 sys2 两个串联的子系统,输出为两个子系统串联后的系统 sys,该命令适用于 SISO(单输入单输出)系统;命令 sys=series(sys1, sys2,outputs1,inputs2) 中输入包括子系统 sys1 和 sys2,sys1 的输出 outputs1 及 sys2 的输入 inputs2,该命令适用于 MIMO 系统。

例 5.4.12 给定两系统的传递函数 $G_1(s)=\dfrac{s+3}{s^2+3s+4}$,$G_2(s)=\dfrac{s^2+s+1}{s^3+2s^2+3s+1}$,求其串联后的系统的传递函数。

程序代码:

```
>> num1=[1 3];
>> den1=[1 3 4];
>> G1=tf(num1,den1);
>> num2=[1 1 1];
>> den2=[1 2 3 1];
>> G2=tf(num2,den2);
>> G=series(G1,G2)
```

运行结果:

Transfer function:

s^3+4 s^2+4 s+3

$s^5+5\ s^4+13\ s^3+18\ s^2+15\ s+4$

(2) 并联连接。

对于 SISO 系统而言,并联连接指两系统输入相同,输出叠加,即 $u_1=u_2=u$,$y=y_1+y_2$。

MATLAB 中使用 parallel( )函数实现两系统的并联,其调用格式为

$$sys=parallel(sys1,sys2)$$

该函数输入为子系统 sys1 和 sys2,输出为并联后的系统 sys。

例 5.4.13 求例 5.4.12 中两系统并联后的传递函数。

程序代码:

```
>> num1=[1 3];
>> den1=[1 3 4];
>> G1=tf(num1,den1);
>> num2=[1 1 1];
>> den2=[1 2 3 1];
>> G2=tf(num2,den2);
>> G=parallel(G1,G2)
```

运行结果:

Transfer function:

$2s^4+9s^3+17s^2+17s+7$

―――――――――――――――

$s^5+5s^4+13s^3+18s^2+15s+4$

5.4.2 控制系统的分析

1. 线性系统的时域分析

对控制系统而言,不管其用微分方程表示,还是用传递函数或状态空间表示,都可以从给定的初始值开始,通过某种算法逐步求出系统在每一时刻的响应,及系统的总体时间响应,并绘制系统的响应曲线,由此来分析系统的性能,此即系统的时域分析。本节将详细介绍系统时域分析的相关函数及其用法。

对控制系统进行时域分析时经常要用到一些函数,如表 5.1 所示。

表 5.1 时域响应函数及说明

函数名称	功能说明
gensig	产生输入信号
impulse	连续系统的脉冲响应
dimpulse	离散系统的脉冲响应
initial	连续系统的零输入响应
dinitial	离散系统的零输入响应
lsim	连续系统对任意输入的响应
dlsim	离散系统对任意输入的响应
step	连续系统的单位阶跃响应

续表

函数名称	功能说明
dstep	离散系统的单位阶跃响应
ltiview	LTI 观测器
filter	数字滤波器

利用表 5.1 所列函数可以很方便地对系统进行仿真和分析。下面简要介绍一些主要函数的功能和应用。

1) gensig

功能：用于产生输入信号。

用法：[u,t]＝gensig(type,T)

　　　[u,t]＝gensig(type,T,Tf,Ts)

调用该函数可以产生一个类型为 type(type 可以是 sin、square 或 pulse)的信号 $u(t)$，周期为 T。Tf 和 Ts 分别为信号持续时间和采样时间。

例 5.4.14　生成一个周期为 2 s,持续时间为 10 s,采样周期为 0.1 s 的正弦波。

程序代码：

＞＞[u,t]＝gensig('sin',2,10,0.1);

＞＞plot(t,u)

运行结果如图 5.5 所示。

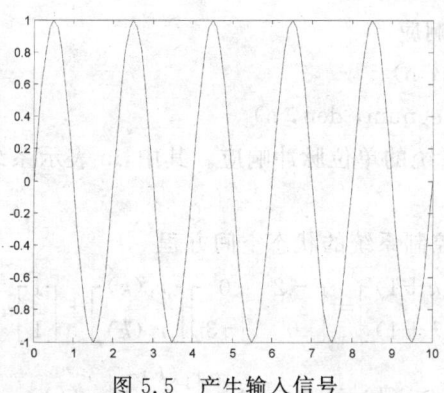

图 5.5　产生输入信号

2) impulse

功能：连续系统的脉冲响应。

用法：impulse(sys)

　　　[y,t]＝impulse(sys,t)

该函数用于计算线性系统的单位脉冲响应。当不带输出变量时,可在当前窗口中直接绘制系统的单位脉冲响应曲线。

例 5.4.15　已知一单位反馈控制系统的开环传递函数 $G(s)=\dfrac{s+1}{s^3+2s^2+3s+4}$,求系统的开环和闭环单位脉冲响应。

程序代码：

```
>> num=[1 1];
>> den=[1 2 3 4];
>> G=tf(num,den);
>> H=tf(1,1);
>> GG=feedback(G,H);
>> impulse(G);
>> figure,impulse(GG)
```
运行结果如图 5.6 所示。

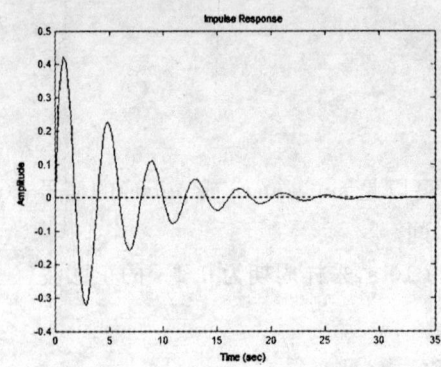 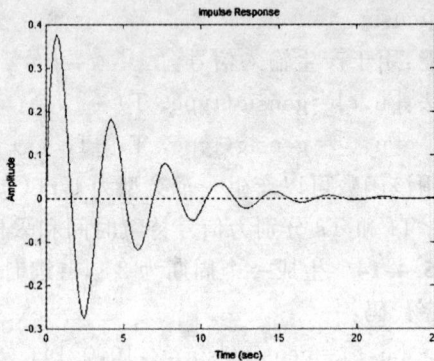

图 5.6 系统的单位脉冲响应

3) dimpulse

功能：离散系统的脉冲响应。

用法：dimpulse(sys, iu, n)

[y, x]=dimpulse(num, den, n)

该函数用于计算离散系统的单位脉冲响应。其中，iu 表示系统的输入，n 为要计算的脉冲响应的点数。

例 5.4.16 已知离散控制系统的状态空间方程

$$\begin{bmatrix}x_1(k+1)\\x_2(k+1)\end{bmatrix}=\begin{bmatrix}-2 & 0\\0 & -3\end{bmatrix}\begin{bmatrix}x_1(k)\\x_2(k)\end{bmatrix}+\begin{bmatrix}1\\1\end{bmatrix}u(k)$$

$$y(k)=\begin{bmatrix}1 & -4\end{bmatrix}\begin{bmatrix}x_1(k)\\x_2(k)\end{bmatrix}+u(k)$$

求系统的脉冲响应。

程序代码：

```
>> A=[-2 0;0 -3];
>> B=[1;1];
>> C=[1 -4];
>> D=1;
>> y=dimpulse(A,B,C,D,1,10);
>> plot(y)
>> xlabel('采样序列 n')
```

```
>> ylabel('脉冲响应 y')
```
运行结果如图 5.7 所示。

4) initial

功能:求系统的零输入响应。

用法:initial(sys,x0)

[y,t,x]=initial(sys,x0,t)

该函数用于计算线性系统的零输入响应。当不带输出变量时,可在当前窗口中直接绘制系统的零输入响应曲线。

例 5.4.17 已知控制系统的状态空间方程

$$\dot{x}=\begin{bmatrix}-2 & -2.5 & -1\\1 & 0 & 0\\0 & 1 & 0\end{bmatrix}x+\begin{bmatrix}1\\0\\0\end{bmatrix}u$$

$$y=\begin{bmatrix}0 & 1.5 & 1\end{bmatrix}x$$

当初始状态为 $x_0=\begin{bmatrix}1 & 0 & 2\end{bmatrix}$ 时,求系统的零输入响应。

程序代码:

```
>> A=[-2 -2.5 -1;1 0 0;0 1 0];
>> B=[1;0;0];
>> C=[0 1.5 1];
>> sys=ss(A,B,C,0);
>> x0=[1 0 2];
>> initial(sys,x0)
```

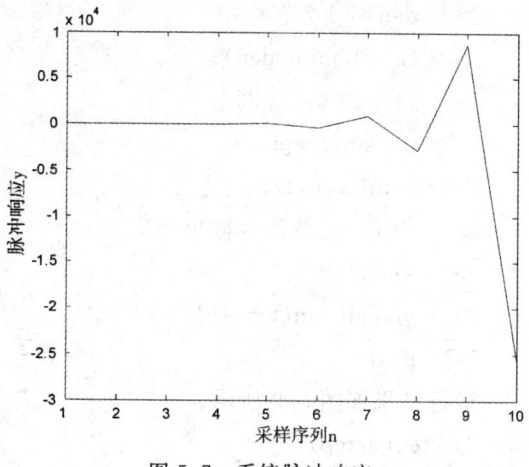

图 5.7 系统脉冲响应

运行结果如图 5.8 所示。

5) isim(disim)

功能:连续(离散)系统对任意输入的响应。

用法(以连续系统为例):

isim(sys,u,t)

[y,t]=isim(sys,u,t,x0)

该函数用于计算连续(离散)线性系

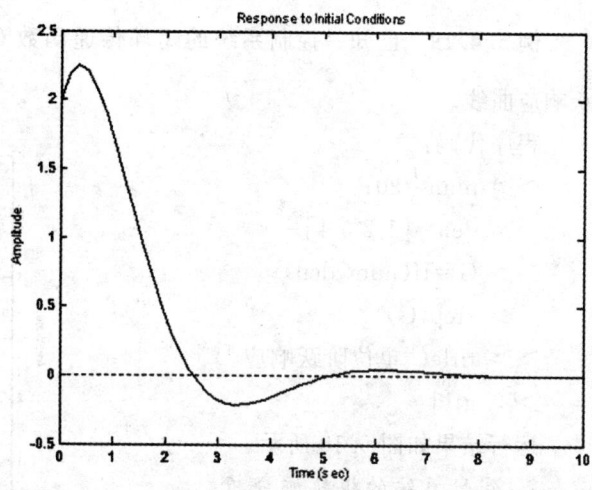

图 5.8 系统零输入响应

统对任意输入的响应。当不带输出变量时,可在当前窗口中直接绘制系统的输出响应曲线。

例 5.4.18 已知控制系统的传递函数 $G(s)=\dfrac{s+3}{s^3+2s^2+3s+4}$,当输入信号为 $u(t)=\sin\left(t+\dfrac{\pi}{3}\right)$ 时,求系统的输出响应曲线。

程序代码:

```
>> num=[1 3];
```

```
>> den=[1 2 3 4];
>> G=tf(num,den);
>> t=[0:0.1:20];
>> u=sin(t+pi/3);
>> lsim(G,u,t);
>> title('正弦信号输出响应');
>> xlabel('t');
>> ylabel('sin(t+pi/3)');
>> grid
```

运行结果如图5.9所示。

6) step(dstep)

功能：连续(离散)系统的单位阶跃响应。

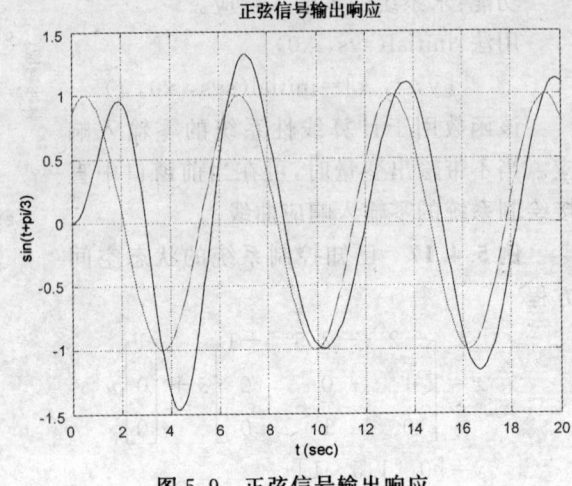

图5.9 正弦信号输出响应

用法(以连续系统为例)：

step(sys, t)

[y, t, x]=step(sys, t)

该函数用于计算线性系统的单位阶跃响应。当不带输出变量时，可在当前窗口中直接绘制系统的单位阶跃响应曲线。

例5.4.19 已知一控制系统的闭环传递函数 $G(s)=\dfrac{20}{s^3+2s^2+5s+4}$，试绘制其单位阶跃响应曲线。

程序代码：

```
>> num=20;
>> den=[1 2 5 4];
>> G=tf(num,den);
>> step(G)
>> title('单位阶跃响应')
>> grid
```

运行结果如图5.10所示。

2. 线性系统的根轨迹分析

反馈控制系统的全部性质取决于系统的闭环传递函数。闭环传递函数对系统性能的影响可以用其闭环零极点来表示。系统的闭

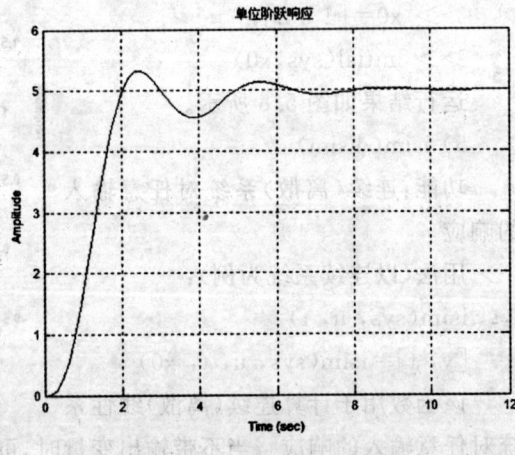

图5.10 单位阶跃响应曲线

环零点由其开环传递函数前向通道的零点和反馈通道的极点两部分组成，一般比较容易求得。系统的闭环极点是其闭环特征方程的根，对于高阶系统而言，采用解析法求解其闭环极点通常是比较困难的。为了避开这个问题，在实践中提出了一种直接由系统的开环传递函数确定系统闭环特征根的图解法，即工程上广泛应用的根轨迹法。所谓根轨迹是指，当系统的某一个(或几个)参数发生变化时，闭环特征方程的根在复平面上变化形成的曲线。在根

轨迹法中,一般取系统的开环放大倍数 K 作为可变参数,称为常规根轨迹。

通过对系统根轨迹的分析,可以得到系统参数和结构已定的系统的时域响应特性,也可以得到参数变化时对系统性能的影响,而且可以根据对系统时域响应特性的要求确定可变参数或调整开环零极点的位置,从而实现对系统的校正。

MATLAB 中一般用 rlocus( )函数来绘制根轨迹,用 pzmap( )函数来绘制系统的零极点。

1) pzmap

功能:绘制系统的零极点。

用法:pzmap(sys1, sys2, ..., sysN)
　　　[p, z]=pzmap(sys)

该函数用于绘制系统的零极点图。当不带输出变量时,可在当前窗口中直接绘制系统的零极点图,其中,极点用"×"表示,零点用"o"表示;当带输出变量时,该函数返回系统的零极点值,不在窗口显示图形。对于 MIMO 系统,返回系统的特征向量,其中,p 为极点列向量,z 为零点列向量。

例 5.4.20 已知一控制系统的传递函数 $G(s)=\dfrac{10(s+2)(s+4)}{s(s+1)(s+3)(s+5)}$,试绘制其零极点图。

程序代码:
```
>> z=[-2 -4];
>> p=[0 -1 -3 -5];
>> k=10;
>> G=zpk(z,p,k);
>> pzmap(G)
>> grid
```

运行结果如图 5.11 所示。

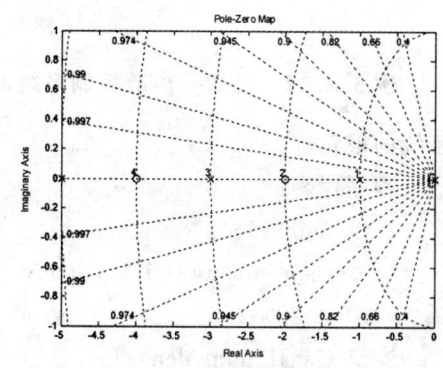

图 5.11　系统的零极点图

2) rlocus

功能:绘制系统的根轨迹图。

用法:rlocus(sys)
　　　[r, k]=rlocus(sys)
　　　r=rlocus(sys, k)

该函数用于求 SISO 系统的开环根轨迹图。当系统不带输出变量时,可直接在当前窗口中绘制系统的根轨迹图;当带输出变量时,该函数返回系统的增益及其对应的闭环特征方程的根,不在窗口显示图形。即执行[r, k]=rlocus(sys)和 r=rlocus(sys, k)时,将根据开环增益矢量 k 返回系统的闭环特征根 r。

例 5.4.21 已知控制系统的开环传递函数 $G(s)=\dfrac{2}{s^3+3s^2+2s}$,绘制系统的根轨迹图。

程序代码:
```
>> num=2;
>> den=[1 3 2 0];
```

```
>> G=tf(num,den);
>> rlocus(G)
```
运行结果如图 5.12 所示。

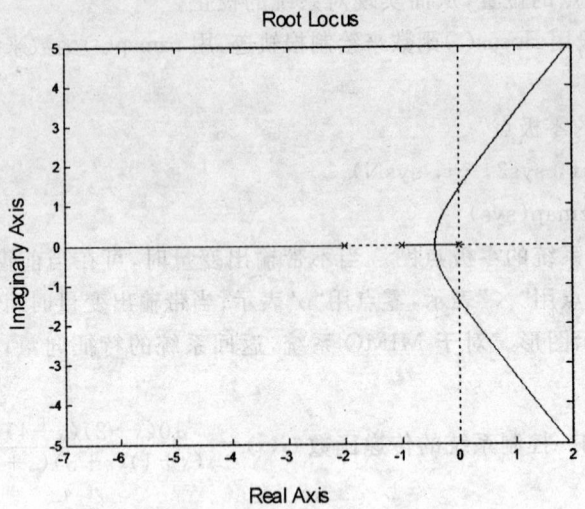

图 5.12 系统的根轨迹图

例 5.4.22 已知一离散控制系统的开环传递函数 $G(z)=\dfrac{1}{z(z+3)(z^2+2z+2)}$，绘制此系统的根轨迹。

程序代码：
```
>> num=1;
>> den = conv([1 0],conv([1 3],[1 2 2]));
>> G=tf(num,den);
>> rlocus(G);
>> zgrid
>> axis([-4 2 -3 3])
```
运行结果如图 5.13 所示。

其中，函数 zgrid 用来在离散时间系统根轨迹平面上绘制阻尼比的固有频率网格。阻尼比为 0.1～1，间隔为 0.1；固有频率为 0～π，间隔为 1 rad/s。与其对应的是函数 sgrid，用来在绘制连续时间系统根轨迹和零极点图中的阻尼系数与自然频率网格。

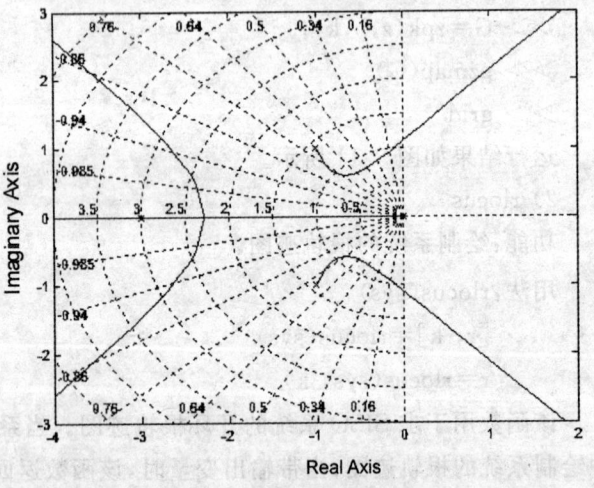

图 5.13 系统的根轨迹图

3. 线性系统的频域分析

频域分析法是应用频率特性研究线性系统的一种经典方法。它以控制系统的频率特性作为数学模型，以 Bode 图或其他图表作为分析工具，来研究控制系统的动态性能和稳态性能。频域分析法使用方便，对问题的分析明确，便于掌握，因此和时域法一样，在自动控制系统的分析和综合中获得了广泛应用。

频率响应主要研究系统的频率特性,如带宽、增益、转折频率、闭环稳定性等系统特征。MATLAB控制工具箱提供了很多用于频率特性分析的函数和工具,如表5.2所示。利用这些函数可以绘制系统的Nyquist曲线、Bode图、Nichols曲线等,从而对系统进行分析。

表5.2 频域分析函数及说明

函数名	功能说明
bode(dbode)	绘制连续(离散)系统的Bode图
bodemag	计算并绘制Bode幅频特性图
evalfr	计算系统单频点的频率响应
freqresp	计算系统的频率响应
margin	计算系统的增益和相角稳定裕度及对应的转折频率
ngrid	Nichols网格线绘制
nichols(dnichols)	绘制连续(离散)系统的Nichols图
nyquist(dnyquist)	绘制连续(离散)系统的Nyquist图
sigma	系统的奇异值Bode图绘制

1) bode(dbode)

功能:求连续(离散)系统的Bode图。

用法:bode(sys)

  bode(sys,w)

  [mag,phase,w]=bode(sys)

  [mag,phase]=bode(sys,w)

该函数用于计算并显示系统的幅频和相频特性曲线(即Bode图)。当不带输出变量时,可在当前窗口中直接绘制系统的Bode图;当带输出变量时,该函数返回Bode图数据,而不在当前窗口显示图形。即执行[mag,phase,w]=bode(sys)和[mag,phase]=bode(sys,w)时,返回Bode图相应的参数。其中,mag为Bode图的幅值,phase为Bode图的相位值,w为Bode图的频率点。

例5.4.23 绘制一阶微分环节 $G(s)=2s+1$ 的Bode图。

程序代码:

```
>> num=[2 1];
>> den=1;
>> G=tf(num,den);
>> bode(G)
>> grid
```

运行结果如图5.14所示。

2) bodemag

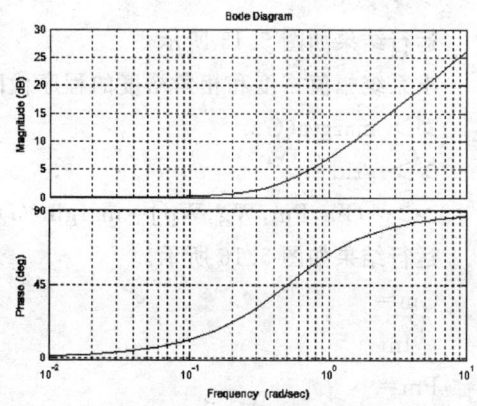

图5.14 一阶微分环节的Bode图

功能:计算并绘制 Bode 频率响应的振幅。
用法:bodemag(sys),bodemag(sys,w)
该函数用于绘制线性系统的幅频特性曲线。w 为用户定义的频率向量,不定义 w 时,系统自动选择频率范围和所取的点。

3) evalfr
功能:计算系统单频率点的频率响应。
用法:frsp=evalfr(sys, f)

4) margin
功能:计算系统的增益和相角稳定裕度。
用法:[Gm, Pm, Wg, Wp]=margin(sys)
　　　[Gm, Pm, Wg, Wp]=margin(mag, phase, w)

该函数可从频率响应数据中计算系统的幅值裕度、相角裕度及其对应的转折频率。幅值裕度和相角裕度是针对开环 SISO 系统而言的,它可以显示系统闭环时的相对稳定性。当不带输出变量时,可在当前窗口中直接绘制系统的 Bode 图;当带输出变量时,即执行[Gm, Pm, Wg, Wp]=margin(sys)时,该函数返回系统 sys 的幅值裕度和相角裕度及其对应的转折频率。其中,Gm 对应系统的幅值裕度;Wg 对应其转折频率;Pm 对应系统的相角裕度;Wp 对应其转折频率。命令[Gm, Pm, Wg, Wp]=margin(mag, phase, w)可根据 Bode 图给出的数据 mag、phase 和 w 来计算系统的幅值裕度和相角裕度。其中,mag、phase 和 w 分别为给定的幅值、相位和频率向量。

例 5.4.24 已知一系统的开环传递函数 $G(s)=\dfrac{1}{s^2+s+1}$,试绘制系统的 Bode 图,并求系统的幅值裕度和相角裕度。

程序代码:
```
>> num=1;
>> den=[1 1 1];
>> G=tf(num,den);
>> bode(G);
>> grid
```
运行结果如图 5.15 所示。
求系统幅值裕度和相角裕度的程序代码:
```
>> margin(G)
>> grid
>> [Gm,Pm,Wg,Wp]=margin(G)
```
运行结果如图 5.16 所示。
Gm=
　Inf
Pm=

90

Wg=
  Inf
Wp=
1.0000

由程序运行结果可知,幅值裕度为 0,对应的转折频率为 0 rad/s;相角裕度为 90°,对应的转折频率为 1 rad/s。

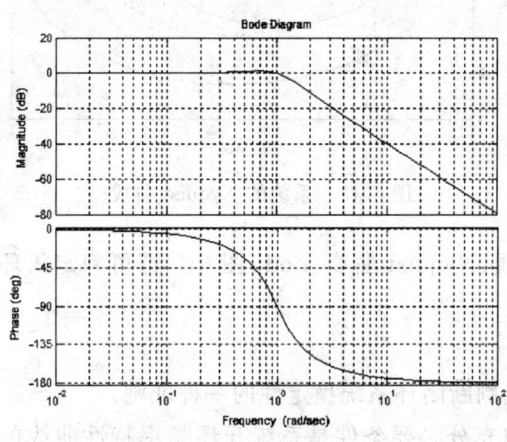

图 5.15　系统的 Bode 图　　　　图 5.16　系统裕度的 Bode 图

5) nichols

功能:绘制 Nichols 曲线。

用法:同 bode 函数。

例 5.4.25　绘制例 5.4.24 中系统的 Nichols 曲线。

程序代码:

```
>> num=1;
>> den=[1 1 1];
>> G=tf(num,den);
>> nichols(G)
>> ngrid
```

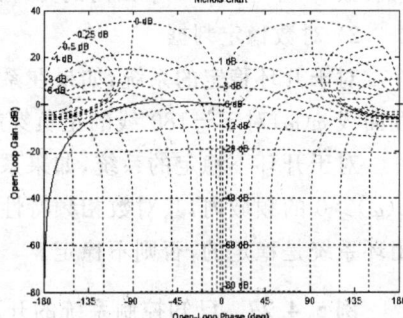

图 5.17　系统的 Nichols 曲线

运行结果如图 5.17 所示。

6) nyquist

功能:绘制系统的 Nyquist 曲线。

用法:同 bode 函数。

例 5.4.26　已知一控制系统的传递函数 $G(s)=\dfrac{k}{s^3+2s^2+3s+1}$,绘制 $k=1,3,5$ 时系统的 Nyquist 曲线。

程序代码:

```
for k=1:2:5
```

```
num=k;
den=[1 2 3 1];
G=tf(num,den);
nyquist(G);
hold on;
end
grid
```

运行结果如图 5.18 所示。

4. 频域稳定分析

控制系统的闭环稳定性是系统分析和设计所需解决的首要问题。Nyquist 稳定性判据和对数频率稳定性判据是常用的两种频域稳

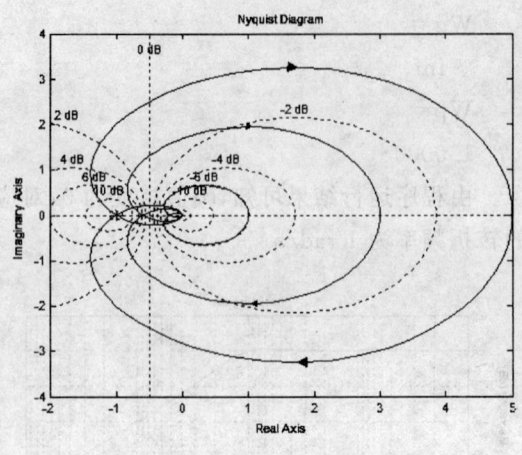

图 5.18 系统的 Nyquist 曲线

定判据。将稳定判据用于开环系统频率特性曲线(Nyquist 曲线、Bode 图)上,即可判定闭环系统的稳定性。

1) Nyquist 稳定判据

Nyquist 稳定判据是根据开环频率特性曲线判断闭环系统稳定性的一种准则。

对于开环稳定的系统而言,闭环系统稳定的充分必要条件是系统开环频率特性曲线的 Nyquist 图不包含(-1, j0)点。

对于开环不稳定的系统而言,假设其有 P 个开环极点在右半 s 平面,闭环系统稳定的充分必要条件是当 ω 由 $-\infty \to +\infty$ 时,开环频率特性曲线 $G(j\omega)H(j\omega)$ 逆时针包围(-1, j0)点的次数 N 等于右半 s 平面内的开环系统极点数 P。

2) 对数稳定判据

对于开环稳定的系统,如果在系统开环对数频率特性 $L(\omega) > 0$ 的频域内,其对数相频特性曲线 $\varphi(\omega)$ 对于 $-180°$ 线的正负穿越次数相等,则系统是稳定的。

对于开环不稳定的系统,如果系统有 P 个开环极点在右半 s 平面,在开环对数频率特性 $L(\omega) > 0$ 的频域内,其对数相频特性曲线 $\varphi(\omega)$ 对于 $-180°$ 线的正负穿越次数之差为 $P/2$,则闭环系统是稳定的,否则不稳定。

例 5.4.27 已知控制系统的开环传递函数 $G(s) = \dfrac{10}{(s+2)(s+3)}$,试用 Nyquist 稳定判据判断系统的稳定性。

程序代码:

```
>> num=10;
>> den=conv([1 2],[1 3]);
>> G=tf(num,den);
>> nyquist(G)
>> grid
```

运行结果如图 5.19 所示。

由 Nyquist 图可知,曲线不包围(-1, j0)点,系统是闭环稳定的。

5. 控制系统的综合校正

1) 超前校正

例 5.4.28 已知单位反馈系统的开环传递函数 $G_k(s) = \dfrac{K_0}{(s+1)(s+3)}$。试设计系统的相位超前校正,使系统:

① 在斜坡信号 $r(t) = v_0 t$ 的作用下,系统的稳定误差 $e_{ss} \leqslant 0.001 v_0$;

② 校正系统的相角裕度 γ 满足: $55° < \gamma < 62°$。

步骤:① 求 K_0。

在斜坡信号的作用下,由系统的稳态误差 $e_{ss} = \dfrac{v_0}{K_v} = \dfrac{v_0}{K} = \dfrac{v_0}{K_0} \leqslant 0.001$ 可得:

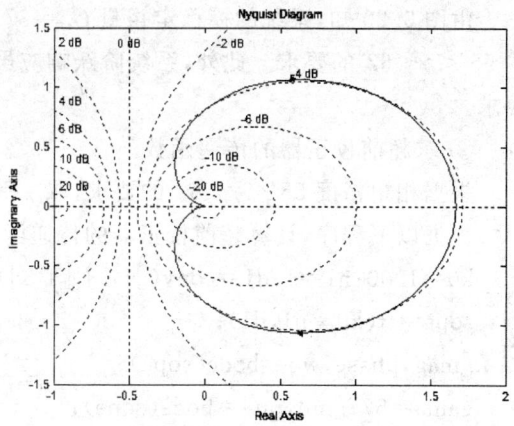

图 5.19 系统的 Nyquist 图

$K_v = K = K_0 \geqslant 1\,000 s^{-1}$,取 $K_0 = 1\,000 s^{-1}$,即被控对象的传递函数为

$$G_0(s) = 1\,000 \frac{1}{(s+1)(s+3)}$$

② 绘制原系统的 Bode 图与阶跃响应曲线,检查是否满足题目要求。在 M 文件中输入:

k0=1000;n1=1;d1=conv([1 1],[1 3]);
[mag,phase,w]=bode(k0*n1,d1);
figure(1);
margin(mag,phase,w);%求幅值、相角裕值、穿越频率
hold on
figure(2);
s1=tf(k0*n1,d1);
sys=feedback(s1,1);
step(sys)

未校正系统的 Bode 图如图 5.20 所示,阶跃响应曲线图如图 5.21 所示。

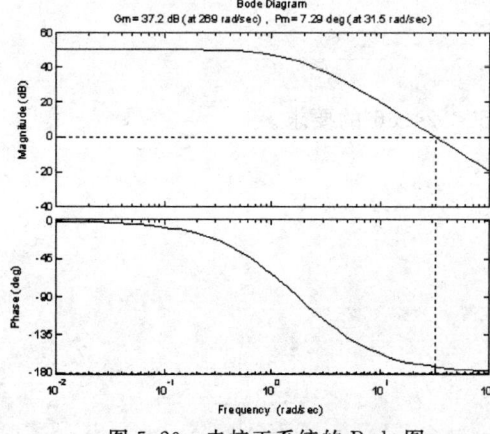

图 5.20 未校正系统的 Bode 图

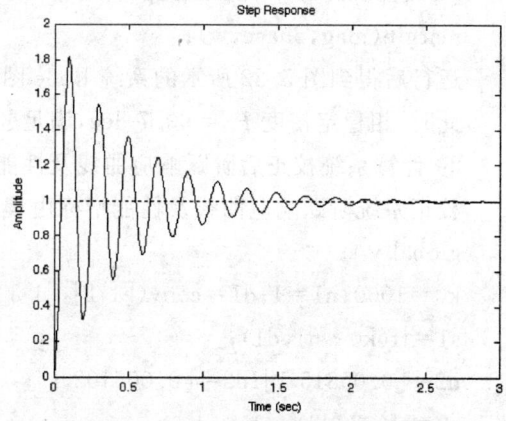

图 5.21 未校正系统的阶跃响应曲线

由图 5.20 知,系统的模稳定裕量 $G_m=37.2$ dB,相稳定裕量 $P_m=7.29$ deg,未满足题目中 $55°<\gamma<62°$ 的要求。此外,系统阶跃响应虽然衰减,但振荡较剧烈,同样说明系统不符合要求。

③ 求超前校正器的传递函数。

根据相角裕度 $55°<\gamma<62°$ 的要求,取 $\gamma=57°$。

根据以下程序,计算超前校正器的传递函数。

```
k0=1000;n1=1;d1=conv([1 1],[1 3]);
sope=tf(k0*n1,d1);
[mag,phase,w]=bode(sope);
gama=57;[mu,pu]=bode(sope);
gam=gama*pi/180;
alfa=(1-sin(gam))/(1+sin(gam));
adb=20*log10(mu);am=10*log10(alfa);
ca=adb+am;wc=spline(adb,w,am);
T=1/(wc*sqrt(alfa));
alfat=alfa*T;
Gc=tf([T 1],[alfat 1])
```

超前校正传递函数为

$$G(s)=\frac{0.05815s+1}{0.005102s+11}$$

④ 检验系统校正后是否满足要求。

根据校正后系统的结构与参数,给出以下程序:

```
k0=1000;n1=1;d1=conv([1 1],[1 3]);
s1=tf(k0*n1,d1);
n2=[0.05815 1];d2=[0.005102 1];
s2=tf(n2,d2);
sope=s1*s2;
[mag,phase,w]=bode(sope);
margin(mag,phase,w);
```

运行后得到图 5.22 所示的系统 Bode 图。

此时,相稳定裕度 $P_m=60.7$ deg,满足题目 $55°<\gamma<66°$ 的要求。

⑤ 计算系统校正后阶跃响应曲线及性能指标。

校正系统阶跃响应曲线及性能指标由程序给出:

```
global y t;
k0=1000;n1=1;d1=conv([1 1],[1 3]);
s1=tf(k0*n1,d1);
n2=[0.05815 1];d2=[0.005102 1];
s2=tf(n2,d2);
```

```
sope=s1*s2;
sys=feedback(sope,1);
step(sys)           %绘制阶跃响应曲线
[y,t]=step(sys);    %求出阶跃响应的函数值及其对应时间
```
运行后的结果如图 5.23 所示。

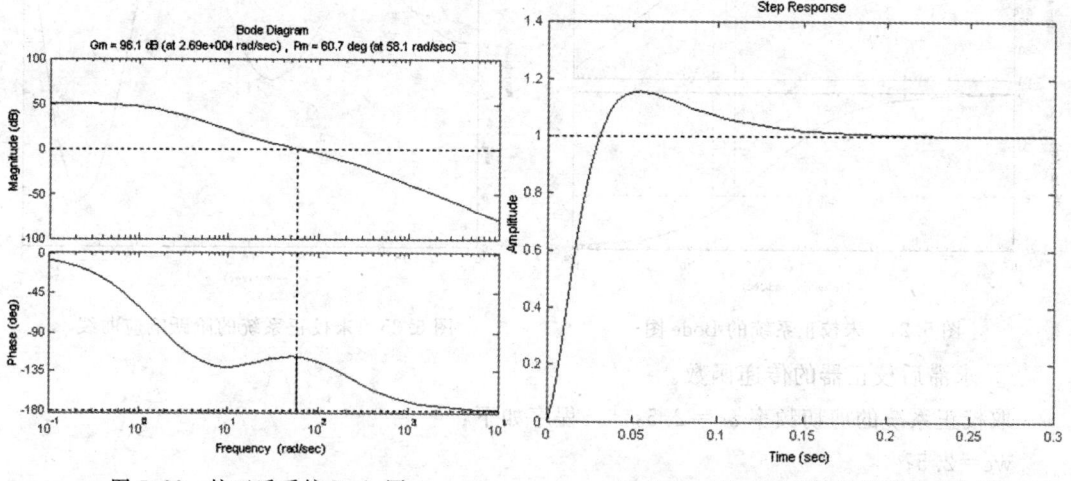

图 5.22　校正后系统 Bode 图　　　　图 5.23　校正后系统的阶跃响应曲线

2) 滞后校正

例 5.4.29　已知单位负反馈系统被控对象的传递函数

$$G_0(s)=30\frac{1}{(s+1)(0.3s+1)(0.5s+1)}$$

试用 Bode 图设计方法对系统进行滞后校正设计,使系统满足:

① 系统校正后剪切频率 $\omega_c \geqslant 2.5s^{-1}$;

② 系统校正后相角稳定裕度 $\gamma > 15°$。

步骤: ① 绘制原系统的 Bode 图与阶跃响应曲线。

在 MATLAB 命令栏中输入以下程序:

```
k0=30;
n1=1;d1=conv(conv([1 1],[0.3 1]),[0.5 1]);
[mag,phase,w]=bode(k0*n1,d1);
figure(1);
margin(mag,phase,w);hold on
figure(2);
s1=tf(k0*n1,d1);
sys=feedback(s1,1);
step(sys)
```

运行后得到图 5.24 和图 5.25 所示的 Bode 图和阶跃响应曲线。

由图 5.24 所示曲线可以得到未校正系统的频域性能指标。

模稳定裕量:$G_m = -9.11$ dB;$-\pi$ 穿越频率:$\omega_{cg} = 3.47$ rad/sec;相稳定裕量:$P_m =$

-27.2 deg；剪切频率：$\omega_c=5.39$ rad/sec。

由于系统的稳定裕量均为负值,此系统无法工作。其阶跃响应曲线发散,系统不稳定。

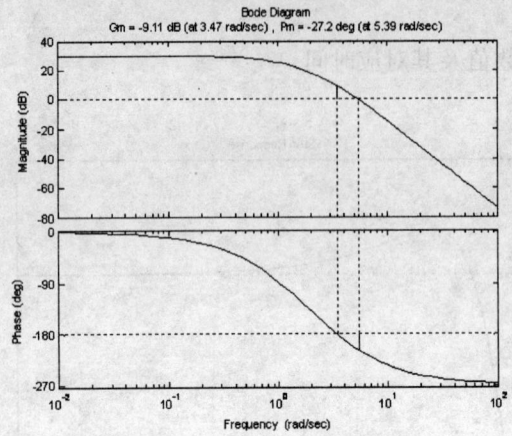

图 5.24　未校正系统的 Bode 图

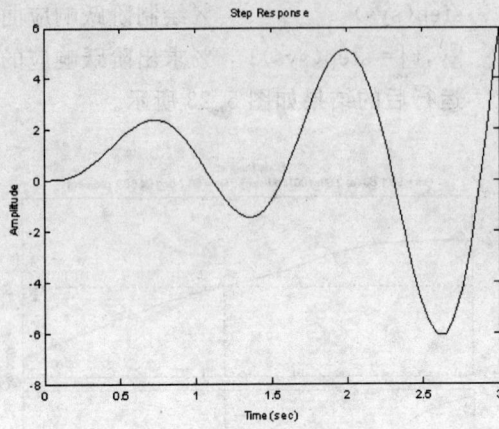

图 5.25　未校正系统的阶跃响应曲线

② 求滞后校正器的传递函数。

取校正系统的剪切频率 $\omega_c=2.5 s^{-1}$。程序如下：

```
wc=2.5;
k0=30;
n1=1;d1=conv(conv([1 1],[0.3 1]),[0.5 1]);
n2=polyval(k0*n1,j*wc);
d2=polyval(d1,j*wc);
g=abs(n2/d2);
h=20*log10(g);
beta=10^(h/20);
T=1/(0.1*wc);
bt=beta*T;
Gc=tf([T 1],[bt 1])
```

得到校正器传递函数为：

Transfer function：

$$\frac{4s+1}{22.27s+1}$$

③ 校正系统的频域性能。

绘制 Bode 图的程序：

```
k0=30;n1=1;d1=conv(conv([1 1],[0.3 1]),[0.5 1]);
s1=tf(k0*n1,d1);
n2=[4 1];d2=[22.27 1];
s2=tf(n2,d2);
```

```
sope=s1*s2;
[mag,phase,w]=bode(sope);
margin(mag,phase,w);
```
运行的结果如图 5.26 所示。

由图可知,校正后系统的频域性能指标。

模稳定裕量:G_m=4.87 dB;$-\pi$ 穿越频率:ω_{cg}=3.3 rad/sec;相稳定裕量:P_m=19.3 deg;剪切频率:ω_c=2.49 rad/sec。

④ 计算系统校正后的阶跃响应。

程序如下:

```
global y t;
k0=30;
n1=1;d1=conv(conv([1 1],[0.3 1]),[0.5 1]);
%s1=tf(k0*n1,d1);
s1=tf(k0*n1,d1);
n2=[4 1];d2=[22.27 1];
s2=tf(n2,d2);
sope=s1*s2;
sys=feedback(sope,1);
step(sys)                %绘制阶跃响应曲线
[y,t]=step(sys);         %求出阶跃响应的函数值及其对应时间
```

系统的阶跃响应曲线如图 5.27 所示。

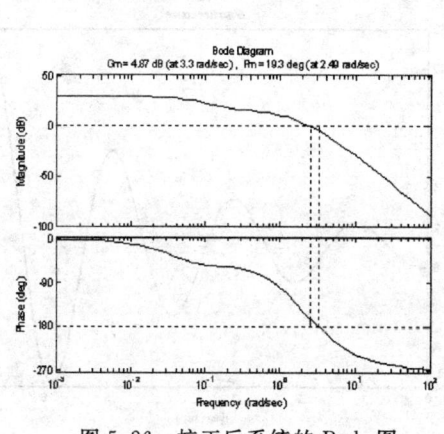

图 5.26 校正后系统的 Bode 图

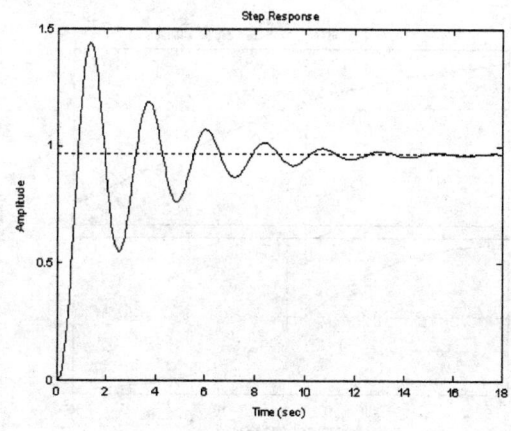

图 5.27 校正后系统的阶跃响应曲线

3) 滞后-超前校正

例 5.4.30 设单位反馈系统的开环传递函数

$$G(s)=\frac{K_0}{s(0.5s+1)(0.3s+1)}$$

试用 Bode 图设计法设计滞后-超前校正装置,使校正系统满足如下性能指标:

① 在单位斜坡信号的作用下,系统的速度误差系数 $K_v=10s^{-1}$;
② 系统校正后剪切频率 $\omega_c \geqslant 1.5 s^{-1}$;
③ 系统校正后相角稳定裕度 $\gamma \geqslant 40°$。

步骤:① 求 K_0。

根据自动控制理论,单位斜坡响应的速度误差系数 $K_v=K=10s^{-1}$,根据速度误差的定义 $K_v=\lim\limits_{s\to 0}s \cdot \dfrac{K_0}{s(0.5s+1)(0.3s+1)}=10$,可得 $K_0=10s^{-1}$。

被控对象的传递函数为

$$G(s)=\frac{10}{s(0.5s+1)(0.3s+1)}$$

② 绘制原系统的 Bode 图与阶跃响应曲线。

在 MATLAB 命令栏中输入:

```
k0=10;
n1=1;d1=conv(conv([1 0],[0.5 1]),[0.3 1]);
[mag,phase,w]=bode(k0*n1,d1);
figure(1);
margin(mag,phase,w);hold on
figure(2);
s1=tf(k0*n1,d1);
sys=feedback(s1,1);
step(sys)
```

运行结果如图 5.28 和图 5.29 所示。

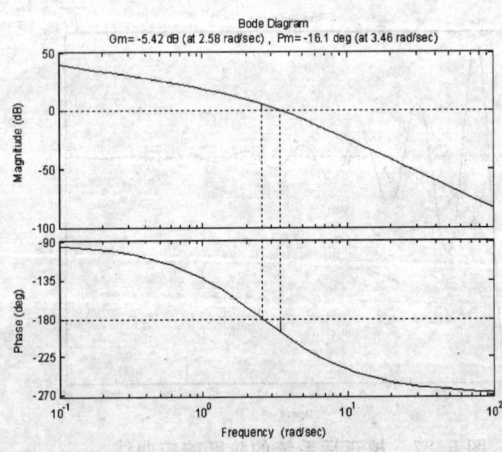

图 5.28　未校正系统的 Bode 图

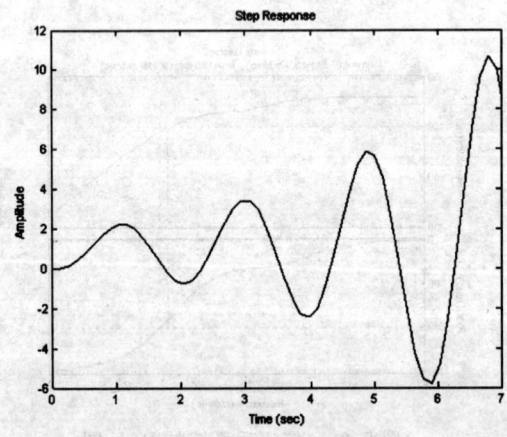

图 5.29　未校正系统的阶跃响应曲线

由图 5.28 可以得到未校正系统的频域性能指标。

模稳定裕量:$G_m=-5.42$ dB;$-\pi$ 穿越频率:$\omega_{cg}=2.58$ rad/sec;相稳定裕量:$P_m=-16.1$ deg;剪切频率:$\omega_c=3.46$ rad/sec。

可见,系统不稳定,需要校正。

③ 校正器的传递函数。

根据题目的要求,取校正后的剪切频率 $\omega_c = 2.5 s^{-1}$,$\beta = 9$。根据滞后校正的原理,给出如下程序:

```
wc=2.5;k0=10;n1=1;
d1=conv(conv([1 0],[0.5 1]),[0.3 1]);
beta=9;
T=1/(0.1*wc);
beta=beta*T;
Gc1=tf([T 1],[beta 1])
Transfer function:
4s+1
--------
36s+1
```

④ 求超前校正器的传递函数。

串联滞后校正器的系统传递函数为

$$G_0(s)G_{c1}(s) = \frac{10}{s(0.5s+1)(0.3s+1)} \cdot \frac{4s+1}{36s+1}$$

程序如下:

```
n1=conv([0 10],[4 1]);
d1=conv(conv(conv([1 0],[0.5 1]),[0.3 1]),[36 1]);
sope=tf(n1,d1);
wc=2.5;
num=sope.num{1};
den=sope.den{1};
n2=polyval(num,j*wc);
d2=polyval(den,j*wc);
g=n2/d2;
g1=abs(g);
h=20*log10(g1);
a=10^(h/10);
T=1/(wc*(a)^(1/2));
alphat=a*T;
Gc=tf([T 1],[alphat 1])
```

超前校正器的传递函数为

```
Transfer function:
1.792s+1
-----------
0.08928s+1
```

⑤ 校验系统的频域性能。

包含滞后-超前校正器的系统传递函数为

$$G_0(s)G_{c1}(s)G_{c2}(s) = \frac{10}{s(0.5s+1)(0.3s+1)} \cdot \frac{4s+1}{36s+1} \cdot \frac{1.792s+1}{0.08928s+1}$$

程序如下：

```
n1=10;d1=conv(conv([1 0],[0.5 1]),[0.3 1]);
s1=tf(n1,d1);
s2=tf([4 1],[36 1]);
s3=tf([1.792 1],[0.08928 1]);
sope=s1*s2*s3;
[mag,phase,w]=bode(sope);
margin(mag,phase,w)
```

程序运行后,得到校正后系统的 Bode 图,如图 5.30 所示。

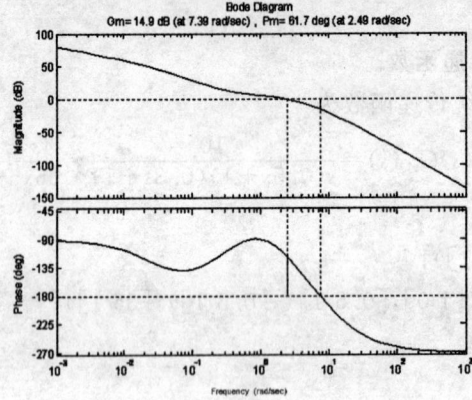

图 5.30　校正后系统的 Bode 图

由图可知,校正后系统的频域性能指标。

模稳定裕量：$G_m = 14.9$ dB；$-\pi$ 穿越频率：$\omega_{cg} = 7.39$ rad/sec；相稳定裕量：$P_m = 61.7$ deg；剪切频率：$\omega_c = 2.49$ rad/sec。

已满足题目要求。

⑥ 计算系统校正后阶跃响应曲线及性能指标。

程序如下：

```
global y t;
n1=50;conv(conv([1 1],[0.5 1]),[0.3 1]);
s1=tf(n1,d1);
s2=tf([4 1],[36 1]);
s3=tf([1.792 1],[0.08928 1]);
sope=s1*s2*s3;
sys=feedback(sope,1);
step(sys)                %绘制阶跃响应曲线
[y,t]=step(sys);         %求出阶跃响应的函数值及其对应时间
```

校正后系统的单位阶跃响应曲线如图 5.31 所示。

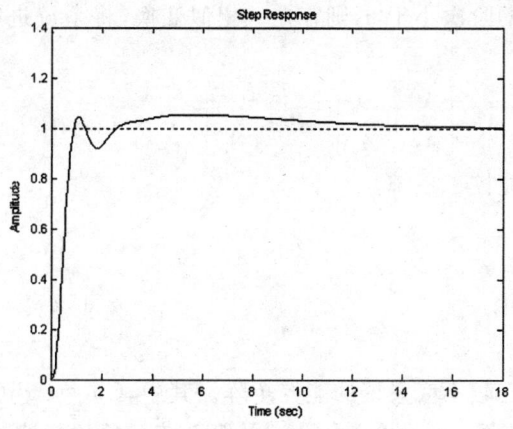

图 5.31 校正后系统的阶跃响应曲线

6. 线性系统的状态空间分析

下面简单介绍在 MATLAB 中如何使用控制工具箱来对系统进行状态空间分析。表 5.3 给出了状态空间分析中经常用到的一些函数。

表 5.3 状态空间实现函数

函数名	功能说明
ctrb	能控矩阵计算
ctrbf	系统的能控与不能控分解
obsv	能观矩阵计算
obsvf	系统的能观与不能观分解
gram	求系统的能观与能控 Gram 矩阵
canon	状态空间的正则实现
ss2ss	相似变换
ssbal	状态空间的对角均衡实现
minreal	状态空间的最小实现
modred	模型降阶
balreal	状态空间的均衡实现

经典控制理论中用传递函数描述系统的输入输出特性,输出量即被控量,只要系统是因果系统并且是稳定的,输出量便可以受控,且输出量总是可以被测量的,因而不需要提出能控性与能观性的概念。而在现代控制理论中,用状态方程和输出方程描述系统,输入和输出构成系统的外部变量,状态为系统的内部变量,这就存在着系统内的所有状态是否可受输入影响和是否可由输出反映的问题。这就是能控性和能观性问题。

1) 能控性分析

设线性时不变系统的状态空间模型为

$$\begin{cases} \dot{X} = AX + BU \\ Y = CX + DU \end{cases}$$

则系统的能控性可通过 Gram 矩阵判据或秩判据来决定。

系统是完全状态能控的充分必要条件为矩阵

$$C_m = [B, AB, A^2B, \cdots, A^{n-1}B]$$

的秩为 n。其中,C_m 称为系统的能控矩阵。

若系统的能控矩阵的阶次小于 n,则存在一相似变换,将系统进行能控部分与不能控部分的分解。

$$\overline{A} = \begin{bmatrix} A_{uc} & 0 \\ A_{21} & A_c \end{bmatrix} \quad \overline{B} = \begin{bmatrix} 0 \\ B_c \end{bmatrix} \quad \overline{C} = (C_{nc} \quad C_c)$$

其中,(A_c, B_c) 构成能控子系统。

(1) ctrb

功能:能控矩阵计算。

用法:Cm=ctrb(A,B)

　　　Cm=ctrb(sys)

该函数用于计算线性时不变系统的能控矩阵。其中,Cm=ctrb(A,B)计算由矩阵 A 和 B 给出的系统的能控矩阵 Cm;Cm=ctrb(sys)计算系统对象的能控矩阵 Cm。

(2) ctrbf

功能:系统的能控部分与不能控部分的分解。

用法:[Abar, Bbar, Cbar, T, k]=ctrbf(A, B, C)

该函数将系统分解为能控和不能控两部分。其中,T 为相似变换矩阵;k 是长度为 n 的矢量,其元素为各个部分的秩;[Abar, Bbar, Cbar]对应转换后系统的[A, B, C]。

例 5.4.31 已知控制系统的状态空间模型

$$\begin{cases} \dot{X} = \begin{bmatrix} 1 & 0 & 0 \\ 3 & 2 & 4 \\ -5 & 0 & 1 \end{bmatrix} X + \begin{bmatrix} 1 \\ 1 \\ 1 \end{bmatrix} U \\ Y = \begin{bmatrix} 1 & 2 & 1 \end{bmatrix} X \end{cases}$$

判断系统的能控性,并进行能控性分解。

能控性判定程序代码:

```
>> A=[1 0 0;3 2 4;-5 0 1];
>> B=[1;1;1];
>> C=[1 2 1];
>> Cm=ctrb(A,B);
>> rank(Cm)
```

运行结果:

ans=

　　3

能控性分解代码:

[Abar,Bbar,Cbar,T,k]=ctrbf(A,B,C)

运行结果:

Abar=

　　　2.9767　　−0.4028　　−0.0000
　　−2.7122　　−0.9767　　−5.3541
　　−2.2645　　 0.9339　　 2.0000

Bbar=

```
        0.0000
        0.0000
       -1.7321
Cbar=
       0.3113    0.7548   -2.3094
T=
      -0.8093    0.3113    0.4981
      -0.1078    0.7548   -0.6470
      -0.5774   -0.5774   -0.5774
k=
       1   1   1
```

2) 能观性分析

设线性时不变系统的状态空间模型为

$$\begin{cases} \dot{X}=AX+BU \\ Y=CX+DU \end{cases}$$

则系统的能控性可通过 Gram 矩阵判据或秩判据来决定。

系统是完全状态能控的充分必要条件为矩阵

$$O_m = \begin{bmatrix} C \\ CA \\ CA^2 \\ \vdots \\ CA^{n-1} \end{bmatrix}$$

的秩为 n。其中,O_m 称为系统的能观矩阵。

若系统的能观矩阵的阶次小于 n,则存在一相似变换,将系统进行能观部分与不能观部分的分解。

$$\overline{A} = \begin{bmatrix} A_{n0} & A_{12} \\ 0 & A_0 \end{bmatrix} \quad \overline{B} = \begin{bmatrix} B_{n0} \\ B_0 \end{bmatrix} \quad \overline{C} = (0 \quad C_0)$$

其中,(A_0, C_0) 构成能观子系统。

(1) obsv

功能:能观矩阵计算。

用法:Ob=obsv(A,C)

　　　Ob=obsv(sys)

该函数用于计算线性时不变系统的能观矩阵。其中,Ob=obsv(A,C)计算由矩阵 A 和 C 给出的系统的能观矩阵 Ob;Ob=obsv(sys)计算系统对象的能观矩阵 Ob。

(2) obsvf

功能:系统的能观部分与不能观部分的分解。

用法:[Abar, Bbar, Cbar, T, k]=obsvf(A, B, C)

该函数将系统分解为能观和不能观两部分。其中,T 为相似变换矩阵;k 是长度为 n 的矢量,其元素为各部分的秩;[Abar,Bbar,Cbar]对应于转换后系统的[A,B,C]。

例 5.4.32 判断例 5.4.31 中系统的能观性,并进行能观性分解。

能观性判定程序代码:

```
>> A=[1 0 0;3 2 4;-5 0 1];
>> B=[1;1;1];
>> C=[1 2 1];
>> Ob=obsv(A,C);
>> rank(Ob)
```

运行结果:

ans=

    3

能控性分解代码:

[Abar,Bbar,Cbar,T,k]=obsvf(A,B,C)

运行结果:

Abar=

0.0000	−1.2247	−1.6432
−4.8990	0.8333	−3.2050
−0.0000	2.6087	3.1667

Bbar=

    −0.4472
    −0.3651
    −1.6330

Cbar=

    −0.0000   0   −2.4495

T=

−0.8944	0.4472	0.0000
0.1826	0.3651	−0.9129
−0.4082	−0.8165	−0.4082

k=

    1   1   1

(3) gram 函数

功能:求系统的能控与能观 Gram 矩阵。

用法:Wc=gram(sys,'c')

       Wo=gram(sys,'o')

gram 函数用于计算系统的能控与能观 Gram 矩阵。该矩阵可用于研究系统的能控性与能观性。

7. PID 控制系统仿真

在模拟系统中,其过程控制方式就是将被测参数,如温度、压力、流量、成分、液位等,由传感器变换成统一的标准信号送入调节器;在调节器中与给定值进行比较,然后把比较的差值经 PID 运算后送到执行机构,改变进给量,以达到自动调节的目的。在数字控制系统中,则是用数字调节器来代替模拟调节器。其调节过程是:首先把过程参数采样,然后通过 A/D 转换变成数字量,再由计算机按照一定算法对其进行处理,最后将处理后的结果经 D/A 转换成模拟量输出来控制执行机构,以达到调节的目的。

计算机控制的主要任务是设计一个数字调节器。在工程实际中,应用最广泛的调节器是比例-积分-微分调节器,简称 PID 调节器。PID 控制是现在应用最广泛、最成熟的技术,其控制结构简单,参数容易调整,不必求出被控对象的数学模型便可进行调节。因此,无论模拟调节器还是数字调节器,大都采用 PID 控制。

1) PID 调节算法

PID 调节是 Proportional(比例)、Integral(积分)、Differential(微分)三者的缩写,是模拟调节系统中技术最成熟、应用最为广泛的一种调节方式。PID 调节的实质就是根据输入的偏差值,按比例、积分、微分的函数关系进行运算,用运算结果控制输出。其原理图如图 5.32 所示。

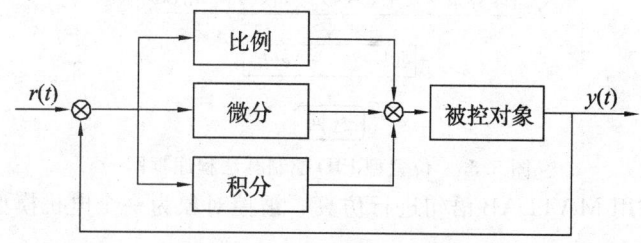

图 5.32 PID 控制系统原理图

PID 控制器是一种线性控制器,它根据给定值 $r(t)$ 与实际输出值 $y(t)$ 构成偏差信号 $e(t)$,即 $e(t)=r(t)-y(t)$。PID 的控制规律为

$$u(t) = k_P \left[e(t) + \frac{1}{T_I} \int e(t) dt + T_D \frac{de(t)}{dt} \right] \tag{5.4.4}$$

式中,k_P 为比例系数,T_I 为积分时间常数,T_D 为微分时间常数。

PID 控制系统各校正环节的作用如下。

① 比例环节:成比例地反映控制系统的偏差信号 $e(t)$,偏差一旦产生,控制器立即产生控制作用,以减小偏差。

② 积分环节:用于消除静态误差,提高系统的无差度。积分作用的强弱取决于积分时间常数 T_I。T_I 越大,积分作用越弱,反之则越强。

③ 微分环节:反映偏差信号的变化趋势,并能在偏差信号变得太大之前,在系统中引入一个有效的早期修正信号,从而加快系统的动作速度,减少调节时间。

2) 数字 PID 控制

前面介绍的 PID 调节算法适用于模拟调节系统。由于计算机系统只能接收数字量,因此要想在计算机系统中实现 PID 控制,还必须把 PID 算法数字化,然后才能用计算机实现。

在模拟系统中,PID 算法的表达式为式(5.4.4),即

$$u(t) = k_P \left[e(t) + \frac{1}{T_I} \int e(t) dt + T_D \frac{de(t)}{dt} \right]$$

由于计算机控制是一种采样控制,它只能根据采样时刻的偏差来计算控制量,因此,必

须首先对上式进行离散化处理。我们以一系列的采样时刻点 kT 代表时间 t，以矩阵法数值积分代替近似积分，以一阶后向差分近似代替微分，则可得离散 PID 表达式为

$$u(k)=k_P\left[e(k)+\frac{T}{T_I}\sum_{j=0}^{k}e(j)+\frac{T_D}{T}(e(k)-e(k-1))\right] \quad (5.4.5)$$

式(5.4.5)称为位置型 PID 控制算式，其算法程序框图如图 5.33 所示。

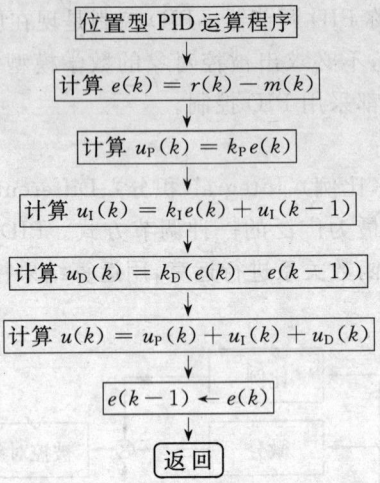

图 5.33　位置型 PID 控制算法程序框图

例 5.4.33　采用 MATLAB 语句进行仿真。被控对象为一个电机模型传递函数，即

$$G(s)=\frac{1}{Js^2+Bs}$$

式中，$J=0.0054$，$B=0.1$。

采用 M 函数的形式，利用 ode45 的方法求解连续对象方程，输入指令信号为 $\text{rin}(k)=\sin(2\pi t)$。采用 PID 控制方法设计控制器，其中，$k_P=25$，$k_D=0.4$。程序如下：

```
% Discrete PID control for continuous plant
clear all;
close all;
ts=0.001;%sampling time
xk=zeros(2,1);
e_1=0;
u_1=0;
for k=1:1:2000
time(k)=k*ts;
rin(k)=sin(1*2*pi*k*ts);
para=u_1;
tSpan=[0 ts];
[tt,xx]=ode45('m54_1f',tSpan,xk,[],para);
xk=xx(length(xx),:);
yout(k)=xk(1);
e(k)=rin(k)-yout(k);
```

```
de(k)=(e(k)-e_1)/ts;
u(k)=25*e(k)+0.4*de(k);
% control limit
if u(k)>10.0
u(k)=10.0;
end
if u(k)<-10.0
u(k)=-10.0;
end
u_1=u(k);
e_1=e(k);
end
figure(1);
plot(time,rin,'r',time,yout,'b');
xlabel('time(s)'),ylabel('rin,yout');
figure(2);
plot(time,rin-yout,'r');
xlabel('time(s)'),ylabel('error');
```

连续对象函数模型如下：

```
function dy=m54_1f(t,y,flag,para)
u=para;
J=0.0054;B=0.1;
dy=zeros(2,1);
dy(1)=y(2);
dy(2)=-(B/J)*y(2)+(1/J)*u;
```

运行后得到的结果如图 5.34 和图 5.35 所示。

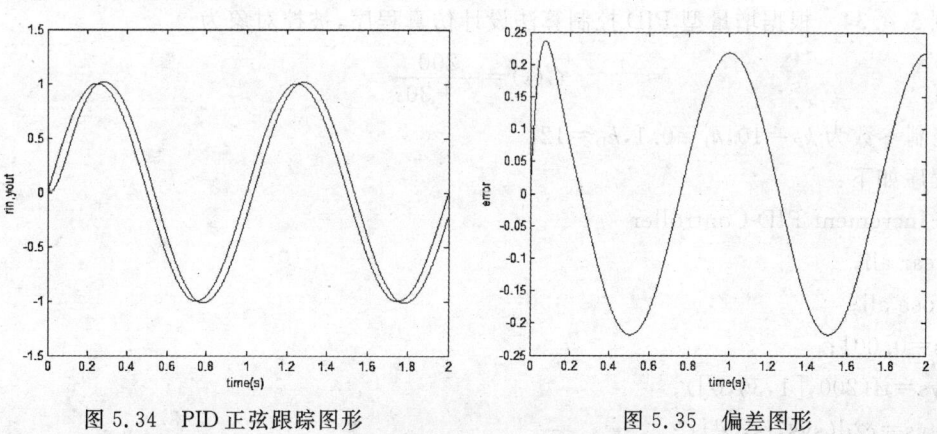

图 5.34　PID 正弦跟踪图形　　　　图 5.35　偏差图形

由于位置型 PID 控制算法采用全量输出，每次输出均与过去的状态有关，因此需要对 $e(k)$ 进行累加，而且计算机的任何故障都会引起 $u(k)$ 大幅度变化，对生产不利。为避免发生上述情况，可以对位置型 PID 控制算法进行改进，这就是增量型 PID 控制算法。

增量型 PID 控制虽然改动不大,但却有很多优点:

① 由于输出是增量,所以误动作影响小,必要时可用逻辑判断的方式去掉。

② 在位置型控制算法中,由手动到自动切换时,必须首先使计算机的输出值等于阀门的原始开度,即 $e(k-1)$,才能保证手动/自动的无扰动切换,这将给程序设计带来困难。而增量设计只与本次的误差值有关,与阀门原来的位置无关,因而增量算法易于实现手动/自动的无扰动切换。

③ 不产生积分失控,所以容易获得较好的调节品质。

增量型 PID 的控制算法为

$$\Delta u(k)=k_P(e(k)-e(k-1))+k_I e(k)+k_D(e(k)-2e(k-1)+e(k-2)) \quad (5.4.6)$$

式中,$k_I=k_P/T_I$;$k_D=k_P T_D$;T_I、T_D 为采样周期。

增量型 PID 控制算法的流程图如图 5.36 所示。

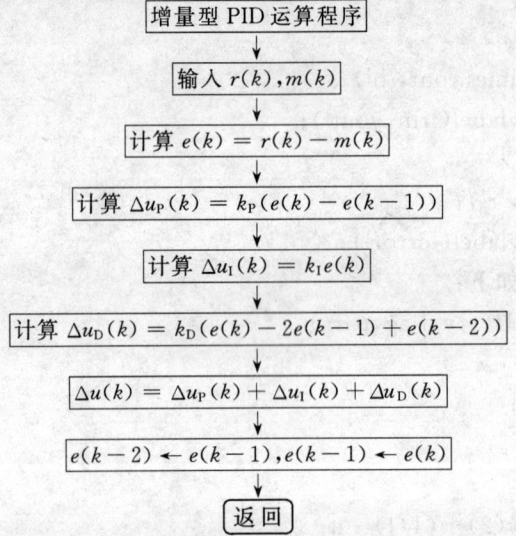

图 5.36 增量型 PID 控制算法程序框图

例 5.4.34 根据增量型 PID 控制算法设计仿真程序,被控对象为

$$G(s)=\frac{200}{s^2+30s}$$

PID 控制参数为 $k_P=10, k_I=0.1, k_D=12$。

程序如下:

```
%Increment PID Controller
clear all;
close all;
ts=0.001;
sys=tf(200,[1,30,0]);
dsys=c2d(sys,ts,'z');
[num,den]=tfdata(dsys,'v');
u_1=0.0;u_2=0.0;u_3=0.0;
y_1=0;y_2=0,y_3=0;
```

```
x=[0,0,0]';
error_1=0;
error_2=0;
for k=1:1:1000
time(k)=k*ts;

rin(k)=1.0;
kp=10;
ki=0.1;
kd=12;

du(k)=kp*x(1)+kd*x(2)+ki*x(3);
u(k)=u_1+du(k);

if u(k)>10
   u(k)=10;
end
if u(k)<-10
u(k)=-10;
end
yout(k)=-den(2)*y_1-den(3)*y_2+num(2)*u_1+num(3)*u_2;

error=rin(k)-yout(k);
u_3=u_2;u_2=u_1;u_1=u(k);
y_3=y_2;y_2=y_1;y_1=yout(k);

x(1)=error-error_1;
x(2)=error-2*error_1+error_2;
x(3)=error;

error_2=error_1;
error_1=error;
end
plot(time,rin,'b',time,yout,'r');
xlabel('time(s)');ylabel('rin,yout');
grid;
```
增量型 PID 阶跃跟踪的结果如图 5.37 所示。

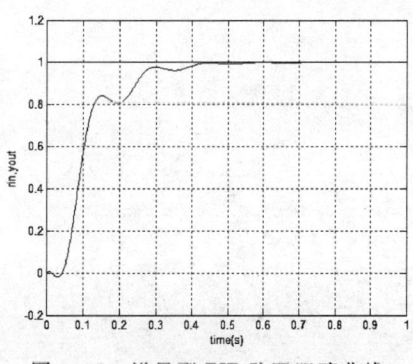

图 5.37 增量型 PID 阶跃跟踪曲线

习 题

5.1 已知控制系统的传递函数为 $G(S)=\dfrac{s^3+3s^2+2s+1}{s^4+3s^3+6s^2+4s+2}$，求：

(1) 试用 MATLAB 表示该传递函数，并给出其零极点增益模型和状态空间模型；
(2) 绘制其零极点图。

5.2 已知控制系统的开环传递函数 $G(s)=\dfrac{K(3s+1)}{s^2+4s+3}$，试绘制其根轨迹图。

5.3 已知某控制系统的开环传递函数 $G(s)=\dfrac{100(s+1)(s+3)}{(s+2)(s+4)(s+6)}$，试用 Nyquist 稳定判据判断系统的稳定性。

5.4 已知某控制系统的开环传递函数 $G(s)=\dfrac{2}{s(1+0.25s)(1+0.1s)}$，设计超前校正，要求静态速度误差系数为 10，相角裕度为 $45°$。

5.5 已知某控制系统的开环传递函数 $G(s)=\dfrac{4}{s(s+3)}$，设计滞后校正，要求静态位置误差系数为 100，剪切频率为 5 rad/s。

5.6 已知自动控制系统的开环传递函数 $G(s)=\dfrac{5}{s(s+0.6)}$，试设计超前-滞后校正环节，要求系统满足静态速度误差系数为 5，相角裕度为 $40°$。

第六章　MATLAB 在信号处理中的应用

本章对信号分析和处理以及滤波器设计的基础知识进行简单介绍。首先从信号和系统分析的时域、频域和变换域三个方面进行阐述，然后介绍滤波器的设计。

本章内容设置如下：
◇ 信号和系统的时域分析
◇ 信号和系统的频域分析
◇ 变换域中的系统
◇ 数字滤波器设计

6.1　信号和系统的时域分析

从信号的概念入手，重点介绍几个重要的信号。由于线性时不变系统最容易分析和处理，所以本节将重点关注。本节的重点内容是信号和系统的 MATLAB 表现与实现，主要包括：信号的表示及 MATLAB 实现；系统的时域分析及 MATLAB 实现。

■ 6.1.1　信号的表示及 MATLAB 实现

自然界中的信号是多种多样的，一般表现为随时间变化的某些物理量。按照自变量和因变量的取值特点，可以分为连续时间(Continuous-Time，CT)信号，写成 $x_a(t)$ 和离散时间(Discrete-Time，DT)信号，写成 $x(n)$。

MATLAB 强大的图形处理功能和符号运算能力，为解决时域分析中信号的可视化提供了强有力的工具。

1. 连续时间信号

连续时间信号是指，自变量可连续取值，对于一切自变量的取值，除若干个不连续点之外都可以给出确定的函数值。从严格意义上讲，MATLAB 并不能处理连续信号。在 MATLAB 中，一般连续信号是用其等间隔采样来近似表示的，这些离散的样值在采样间隔足够小时能够较好地近似连续信号。因此，在 MATLAB 中连续信号可用向量或符号运算来表示。

下面以典型连续时间信号为例，说明如何使用 MATLAB 来表示连续信号。

1) 单位冲激函数

单位冲激函数的定义为

$$\begin{cases} \int_{-\infty}^{\infty} \delta(t)\,\mathrm{d}t = 1 \\ \delta(t) = 0 \quad t \neq 0 \end{cases}$$

$\delta(t)$是信号与系统分析的基本信号之一,是进行信号分析的基础。$\delta(t)$的定义表明该信号除原点以外处处为零,但信号的面积却为 1。从严格意义上说,MATLAB 是不能直接表示单位冲激信号的,但可以把它看成宽度为 Δt(程序中用 dt 表示),幅度为 $\frac{1}{\Delta t}$ 的矩形脉冲。当 Δt 趋近于零时,就较好地近似出冲激信号的实际波形。

2) 单位阶跃信号

单位阶跃信号的定义为

$$u(t) = \begin{cases} 1 & t \geq 0 \\ 0 & t < 0 \end{cases}$$

单位阶跃信号在信号与系统分析中有着十分重要的作用,也是信号分析的基本信号之一,常用于简化时域信号的表示。在 MATLAB 中,得到单位阶跃信号的方法有两种:一种方法是用向量表示样值和对应的时刻;另一种方法是调用 MATLAB 的 Symbolic Math Toolbox 中的单位阶跃函数 Heaviside,但需要在自己的工作目录中创建 Heaviside 的 M 文件。例如:

function f=Heaviside(t)

f=(t>0);%t>0 时 f 为 1,否则为 0

正确定义该函数并保存后,就可以对它进行调用。

3) 正弦信号

正弦信号的定义为

$$x(t) = A\sin(\omega t + \varphi)$$

其中,A 为振幅,ω 为角频率,φ 为初始相位。这三者是决定正弦信号时域特性的关键。

正弦信号是周期信号的一种。其中,角频率 ω、频率 f 和周期 T 之间存在以下关系

$$f = \frac{1}{T} \qquad \omega = 2\pi f$$

4) 指数信号

指数信号的定义为

$$x(t) = A\mathrm{e}^{(a+\mathrm{j}\omega)t}$$

如果 $\omega=0$,则为实指数函数;如果 $a=0$,则为虚指数函数。一般我们需要用两个实信号来表示指数函数,即用模和相角或者采用实部和虚部来表示指数信号随时间变化的规律。

例 6.1.1 给出绘制单位冲激信号、单位阶跃信号、正弦信号 $x(t)=2\sin(\omega t+0.2\pi)$、指数信号 $x(t)=2\mathrm{e}^{(0.2\pi+\mathrm{j}\omega)t}$ 的 MATLAB 程序。

```
clear;close all;
t0=-1;tf=3;t1=0;
dt=0.05;                                %采样间隔
alpha=0.2*pi;w=pi;
```

```
t=[t0:dt:tf];                              %采样点向量
st=length(t);                              %采样点向量长度
k1=floor((t1-t0)/dt);                      %求 t1 时刻对应的样本序号
f1=zeros(1,st);                            %将全部信号初始化为零
f1(k1)=1/dt;                               %在时间 t=t1 处,给样本赋值为 1/dt
x2=[zeros(1,k1-1),ones(1,st-k1+1)];        %产生阶跃信号
x3=2*sin(w*t+alpha);                       %产生正弦信号
x4=exp((alpha+j*w)*t);                     %产生指数信号
subplot(3,2,1);stairs(t,f1); grid on;      %绘图,注意使用 stairs 命令,因为该
%命令一般用于绘制类似楼梯形状的步进图形,在这里使用该命令是因为显示连续信号
%中的不连续点用 stairs 命令的绘图效果较好
axis([t0,tf,0,1.2/dt]);title('单位冲激信号')
subplot(3,2,2);plot(t,x2);                 %绘图
axis([t0,tf,0,2]);title('单位阶跃信号');grid on;
subplot(3,2,3);plot(t,x3); grid on         %绘图
xlabel('t');ylabel('x(t)');title('正弦信号');
subplot(3,2,4);plot(t,real(x4));grid on;
title('指数信号实部');                      %绘图
subplot(3,2,5);plot(t,imag(x4));grid on;
title('指数信号虚部');
```

程序运行结果如图 6.1 所示。

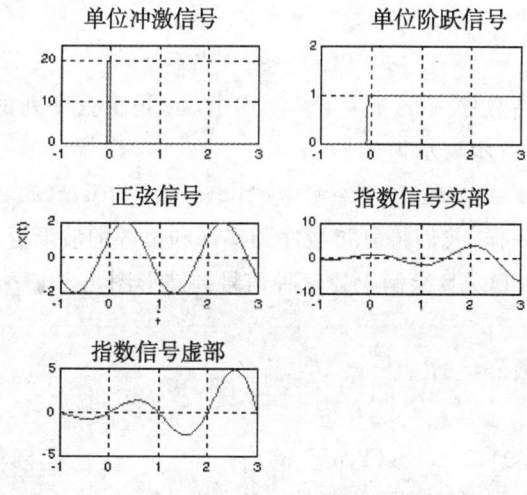

图 6.1 连续时间信号

2. 离散时间信号

离散时间信号是指在一些离散时刻点有定义的信号,是数值的序列,简称离散信号,或者序列。离散时间信号可以由一个连续时间信号的采样来表示,如 $X_a(nT)$、$Y_a(nT)$,也可以直接由一个离散时间过程产生。

离散时间信号的波形绘制在 MATLAB 中一般用 stem 函数。stem 函数的基本用法和 plot 函数一样。由于 MATLAB 中矩阵元素的个数有限,所以 MATLAB 只能表示一定时间范围内有限长度的序列;而对于无限序列,也只能在一定时间范围内表示。类似于连续时间信号,离散时间信号也有一些典型的信号。

1) 单位冲激序列

单位冲激序列的定义为

$$\delta(n)=\begin{cases}1 & (n=0)\\ 0 & (n\neq 0)\end{cases}$$

需要注意,单位冲激序列不是单位冲激函数的简单抽样,它在 $n=0$ 处取确定的值 1。在 MATLAB 中可以利用 zeros() 函数实现。例如:

$$x=\text{zeros}(1,N);$$
$$x(1)=1;$$

也可采用"x=(n==0);"实现。

2) 单位阶跃序列

单位阶跃序列 $u(n)$ 的定义为

$$u(n)=\begin{cases}1 & (n\geqslant 0)\\ 0 & (n<0)\end{cases}$$

在 MATLAB 中可以利用 ones() 函数实现,例如:

$$x=\text{ones}(1,N);$$

也可以采用"y=n>=0;"来实现。

3) 复指数序列

复指数序列的定义为

$$x(n)=e^{(a+j\omega_0)n}$$

当 $a=0$ 时,得到虚指数序列 $x(n)=e^{j\omega_0 n}$。式中,ω_0 是正弦序列的数字域频率。由欧拉公式知,复指数序列可进一步表示为

$$x(n)=e^{(a+j\omega_0)n}=e^{an}e^{j\omega_0 n}=e^{an}[\cos(n\omega_0)+j\sin(n\omega_0)]$$

与连续复指数信号一样,我们将复指数序列实部和虚部的波形分开讨论。

例 6.1.2 利用 MATLAB 绘制上述三种信号的波形图。

程序如下:

```
clear;n0=0;nf=10;ns=3;
n1=n0:nf;
x1=[zeros(1,ns-n0),1,zeros(1,nf-ns)];           %单位脉冲序列
%用逻辑式产生单位脉冲序列更为简洁:n1=n0:nf;x1=[(n1-ns)==0]
n2=n0:nf;x2=[zeros(1,ns-n0),ones(1,nf-ns+1)];   %单位阶跃序列
%用逻辑式产生单位阶跃序列的语句:n1=n0:nf;x1=[(n1-ns)>=0]
n3=n0:nf;x3=exp((-0.2+0.5j)*n3);                %复指数序列
subplot(2,2,1);stem(n1,x1);title('单位脉冲序列');
```

subplot(2,2,3);stem(n2,x2);title(' 单位阶跃序列 ');
subplot(2,2,2);stem(n3,real(x3));line([0,10],[0,0]);
title(' 复指数序列 ');ylabel(' 实部 ');
subplot(2,2,4);stem(n3,imag(x3));line([0,10],[0,10]);   %画横坐标
ylabel(' 虚部 ');

程序的运行结果如图 6.2 所示。

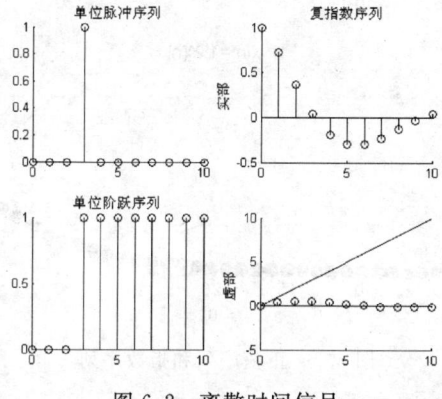

图 6.2　离散时间信号

4）正弦序列

正弦序列的定义为

$$x(n)=\sin(n\omega_0+\varphi)$$

其中，ω_0 是正弦序列的数字域频率；φ 为初相。与连续的正弦信号不同，正弦序列的自变量 n 必须为整数。可以证明，只有当 $\dfrac{2\pi}{\omega_0}$ 为有理数时，正弦序列才具有周期性。

5）单边指数序列

单边指数序列的定义为

$$x(n)=a^n u(n)$$

例 6.1.3　给出 MATLAB 绘制正弦序列 $x(n)=\sin\left(\dfrac{n\pi}{6}\right)$ 和单边指数序列 $x(n)=1.2^n u(n)$ 的程序。

程序如下：

n=0:39; a=1.2;
x1=sin(pi/6*n);
x2=a1.^n;
subplot(2,1,1);stem(n,x1,'fill');xlabel('n');grid on;
title(' 正弦序列 ');axis([0,40,-1.5,1.5]);
subplot(2,1,2);stem(n,x2,'fill');grid on;
xlabel('n');title('x(n)=1.2^[n[');

程序的运行结果如图 6.3 所示。

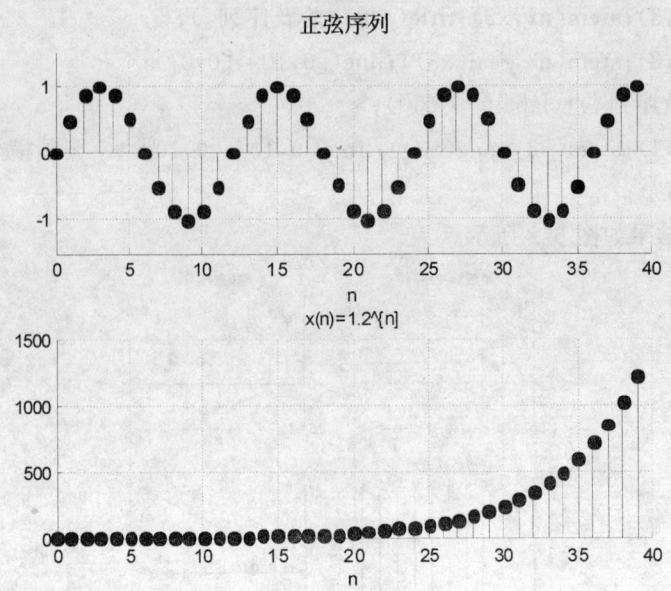

图 6.3 正弦序列和指数序列

6.1.2 系统的时域分析及 MATLAB 实现

1. 连续系统的时域分析

在信号处理过程中,连续时间系统中被广泛采用的是线性时不变系统(LTI)。通常可以使用 n 阶线性常系数微分方程来描述,可表示为

$$\frac{\mathrm{d}^n}{\mathrm{d}t^n}y(t)+a_{n-1}\frac{\mathrm{d}^{n-1}}{\mathrm{d}t^{n-1}}y(t)+\cdots+a_1\frac{\mathrm{d}}{\mathrm{d}t}y(t)+a_0 y(t)$$
$$=b_m\frac{\mathrm{d}^m}{\mathrm{d}t^m}x(t)+b_{m-1}\frac{\mathrm{d}^{m-1}}{\mathrm{d}t^{m-1}}x(t)+\cdots+b_1\frac{\mathrm{d}}{\mathrm{d}t}x(t)+b_0 x(t)$$

式中,$y(t)$ 为响应函数,$x(t)$ 为激励函数,各系数 a 和 b 都为常数。

线性时不变系统的时域分析主要可以采用以下几种方法。

1) 经典时域分析法

经典时域分析法就是求解微分方程。微分方程的解由两部分组成:一部分是齐次解(自然响应),即与该方程相应的齐次方程的通解,一般由齐次方程的特征根确定;另一部分是特解(受迫响应),即满足此非齐次方程的特解,由方程式右边激励函数的形式确定。

2) 卷积法

系统的响应可以划分为零输入响应和零状态响应,即系统的全响应=零输入响应+零状态响应。

系统的零输入响应是指输入激励为零,仅由系统的初始状态单独作用而产生的输出响应。该响应可根据齐次方程的特征根确定零输入响应的形式,然后再由初始条件确定其中的待定系数。

系统的零状态响应是指系统的初始状态为零,仅由系统的输入激励单独作用而产生的输出响应。该响应既可直接求解初始状态为零的非齐次方程,也可以利用卷积法求解,思路为:

(1) 将激励信号分解为单位冲激信号的线性组合；
(2) 求出单位冲激信号作用在系统上的单位冲激响应；
(3) 利用线性时不变系统的特性，即可求出激励信号作用下系统的零状态响应。

在 MATLAB 中对连续的线性时不变系统进行时域分析时，主要就是求解其零输入响应、零状态响应、全响应，以及连续信号的卷积。

例 6.1.4 已知连续系统微分方程 $\dfrac{d^3 y}{dt^3}+7\dfrac{d^2 y}{dt^2}+14\dfrac{dy}{dt}+8=0$ 及初始状态 $y''(0)=0$，$y'(0)=1, y(0)=0$，求系统的输入响应。

程序代码如下：

```
clear;close all;
a=[1,7,14,8];
te=7;dt=0.1;t1=0;
n=length(a)-1;
y0=[0,1,0];
p=roots(a);V=rot90(vander(p));
c=V\y0';
t=[0:dt:te];
y=zeros(1,length(t));
for k=1:n
y=y+c(k)*exp(p(k)*t);end
plot(t,y);grid on;
```

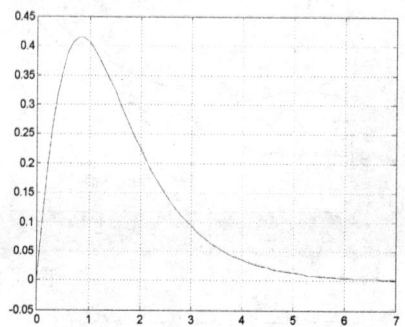

图 6.4 连续时间系统的零输入响应

程序的运行结果如图 6.4 所示。

例 6.1.5 已知连续系统微分方程 $\dfrac{d^2 y}{dt^2}+3\dfrac{dy}{dt}+2y=2t+2t^2$ 及初始条件 $y'(0)=1$，$y(0)=1$，求系统的全解、自由响应、强迫响应、零输入响应和零状态响应。

程序代码如下：

```
clear;close all;
y=dsolve('D2y+3*Dy+2*y=2*t+2*t^2','y(0)=1,Dy(0)=1');   %自由响应和
                                                        %强迫响应
yht=dsolve('D2y+3*Dy+2*y=0');                           %求齐次通解
yt=dsolve('D2y+3*Dy+2*y=2*t+2*t^2');                    %求非齐次通解
yp=yt-yht;                                              %求特解，即强迫响应
yh=y-yp;                                                %求齐次解，即自由响应
                                                        %求零输入响应和零状态响应
yzi=dsolve('D2y+3*Dy+2*y=0','y(0)=1,Dy(0)=1');
yzs=dsolve('D2y+3*Dy+2*y=2*t+2*t^2','y(0)=0,Dy(0)=0');
%用符号画图函数 ezplot( )画各种响应的波形
t=0:0.01:3;figure(1)
ezplot(yzi,[0,3]);hold on;ezplot(yzs,[0,3]);ezplot(y,[0,3]);
```

axis([0,3,-1 5]); hold off;
title('全响应,零输入响应,零状态响应');
figure(2)
ezplot(yh,[0,3]);hold on;ezplot(yp,[0,3]);ezplot(y,[0,3]);
axis([0,3,-1 5]); hold off;
title('全响应,自由响应,强迫响应')
程序运行结果如下,响应曲线如图6.5所示。

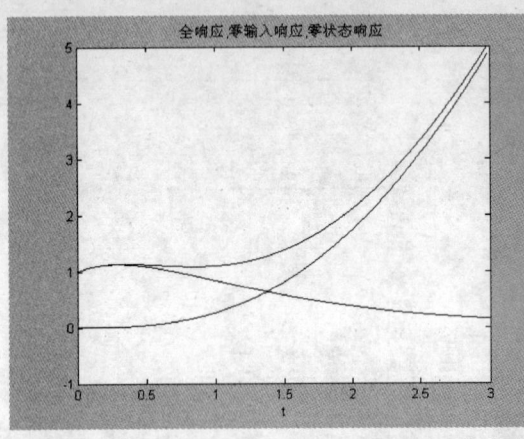
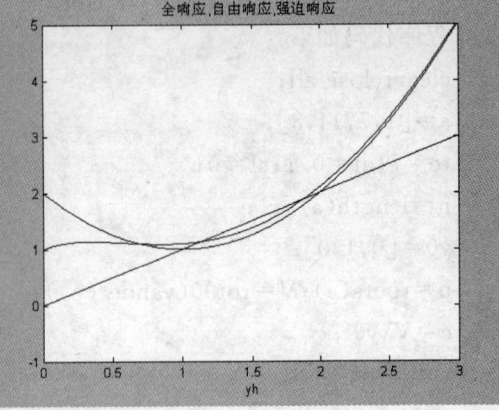

图6.5 连续时间系统的各种响应

y=t^2-2*t+2-2*exp(-2*t)+exp(-t)
yht=C1*exp(-2*t)+C2*exp(-t)
yt=t^2-2*t+2-C1*exp(-2*t)+C2*exp(-t)
yp=t^2-2*t+2-2*C1*exp(-2*t)
yh=-2*exp(-2*t)+exp(-t)+2*C1*exp(-2*t)
yzi=-2*exp(-2*t)+3*exp(-t)
yzs=t^2-2*t+2-2*exp(-t)
y=t^2-2*t+2-2*exp(-2*t)+exp(-t)
yht=C1*exp(-2*t)+C2*exp(-t)
yt=t^2-2*t+2-C1*exp(-2*t)+C2*exp(-t)
yp=t^2-2*t+2-2*C1*exp(-2*t)
yh=-2*exp(-2*t)+exp(-t)+2*C1*exp(-2*t)
yzi=-2*exp(-2*t)+3*exp(-t)
yzs=t^2-2*t+2-2*exp(-t))

例6.1.6 计算连续信号 $f_1(t)=\begin{cases}1,0\leqslant t\leqslant 1\\1,其他\end{cases}$, $f_2(t)=\begin{cases}0.5,1\leqslant t\leqslant 3\\0,其他\end{cases}$ 的卷积。

程序代码如下:
dt=0.01;
t=-1:dt:5;
L=length(t);

```
tp=[2*t(1):dt:2*t(L)];
f1=rectpuls(t-0.5);
f2=0.5*rectpuls(t-2,2);
y=dt*conv(f1,f2);
subplot(3,1,1),plot(t,f1,'linewidth',2),ylabel('f1(t)');
axis([t(1) t(L) -0.2 1.2]);grid on;
subplot(3,1,2),plot(t,f2,'linewidth',2),ylabel('f2(t)');
axis([t(1) t(L) -0.2 1.2]);grid on;
subplot(3,1,3),plot(tp,y,'linewidth',2),ylabel('y(t)');
axis([t(1) t(L) -0.2 1]);grid on;
```
程序的运行结果如图 6.6 所示。

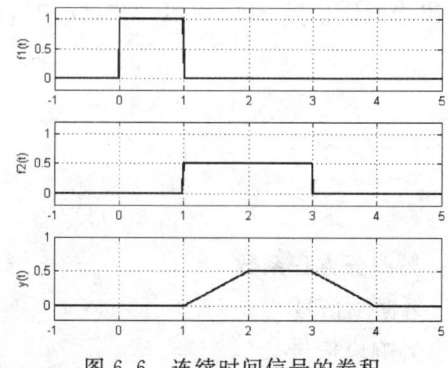

图 6.6 连续时间信号的卷积

2. 离散时间系统的时域分析

离散时间系统可用线性常系数差分方程来描述,即

$$\sum_{i=0}^{N} a_i y(n-i) = \sum_{j=0}^{M} b_j x(n-j)$$

其中,$a_i (i=0,1,\cdots,N)$ 和 $b_j (j=0,1,\cdots,M)$ 为实常数。

由于系统的零状态响应是激励与系统的单位取样响应的卷积,因此也可以用单位冲激响应表示离散时间系统。离散时间信号的卷积定义为

$$y(n) = x(n) * h(n) = \sum_{m=-\infty}^{\infty} x(m) h(n-m)$$

离散线性时不变(LTI)系统的时域分析主要是求解其各种响应。可以在已知输入、初始条件和系数的条件下,根据差分方程求出输出;也可以根据差分方程求系统的冲激响应,再根据卷积和求系统的输出。求系统的冲激响应只需让输入序列为单位冲击序列即可。

在 MATLAB 中,函数 filter 可对差分方程在指定时间范围内的输入序列所产生的响应进行求解。函数 filter 的语句格式为

$$y=filter(b,a,x)$$

其中,x 为输入的离散序列;y 为输出的离散序列,y 的长度与 x 的长度相等;b 与 a 分别为差分方程右端与左端的系数向量。

求解单位取样响应可利用函数 filter,并将激励设为单位冲激函数。MATLAB 的另一

种求单位取样响应的方法是利用控制系统工具箱提供的 impz 函数来实现。impz 函数的常用语句格式为

$$impz(b,a,N)$$

其中,参数 N 通常为正整数,代表计算单位取样响应的样值个数。

MATLAB 求离散时间信号卷积和的命令为 conv,其语句格式为

$$y=conv(x,h)$$

其中,x 与 h 表示离散时间信号值的向量;y 为卷积结果。用 MATLAB 进行卷积和运算时,无法实现无限的累加,只能计算时限信号的卷积。

下面通过例子来分析在 MATLAB 中对离散线性时不变系统进行的时域分析。

例 6.1.7 已知某 LTI 系统的差分方程为

$$3y(n)-4y(n-1)+2y(n-1)=x(n)+2x(n-1)$$

试用 MATLAB 命令绘出当激励信号 $x(n)=(1/2)^n u(n)$ 时,该系统的零状态响应和单位冲激响应。

程序代码为:

```
clear;close all;
N=64;n=0:N-1;
A=[3 -4 2];
B=[1 2];              %差分方程系数
x1=(1/2).^n;          %激励信号
y=filter(b,a,x1);     %响应信号
x2=[n==0];            %单位冲激函数
h=filter(B,A,x1);     %求解单位冲激响应,也可采用 impz(b,a,64)
subplot(2,1,1);stem(n,y,'fill');grid on;
xlabel('n');title('系统响应 y(n)');
subplot(2,1,2);stem(n,h,'fill');grid on;
xlabel('n');title('系统单位取样响应 h(n)');
```

程序运行结果如图 6.7 所示。

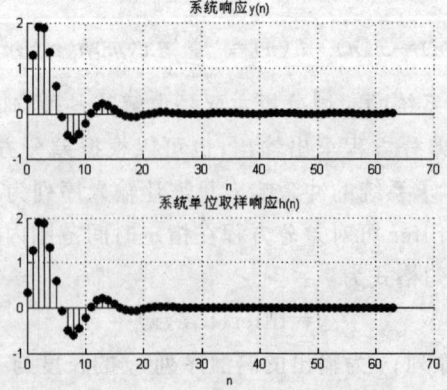

图 6.7 离散时间系统的系统响应和单位取样响应

例 6.1.8 利用 MATLAB 的 conv 命令分别求 $x_1(n)=0.9^n R_{20}(n)$, $x_2(n)=0.9^n R_{25}(n)$ 与 $h(n)=R_{10}(n)$ 的卷积和。

程序代码为：

```
clear;close all;
Nx=20;Nh=10;m=5;
n=0:Nx-1;
x1=(0.9).^n;
n2=0:Nx+m-1;
x2=zeros(1,Nx+m);
for k=m+1:m+Nx
x2(k)=x1(k-m);
end                              %给出信号 x1(n)和 x2(n)
nh=0:Nh-1;h=ones(1,Nh);          %给出信号 h(n)
y1=conv(x1,h);
y2=conv(x2,h);                   %分别求出卷积信号
subplot(3,2,1);stem(n,x1);title('x1');
subplot(3,2,2);stem(n2,x2);title('x2');
subplot(3,2,3);stem(nh,h);
title('h');
subplot(3,2,5);stem(y1);title('y1');
subplot(3,2,6);stem(y2);title('y2');
```

程序运行结果如图 6.8 所示。

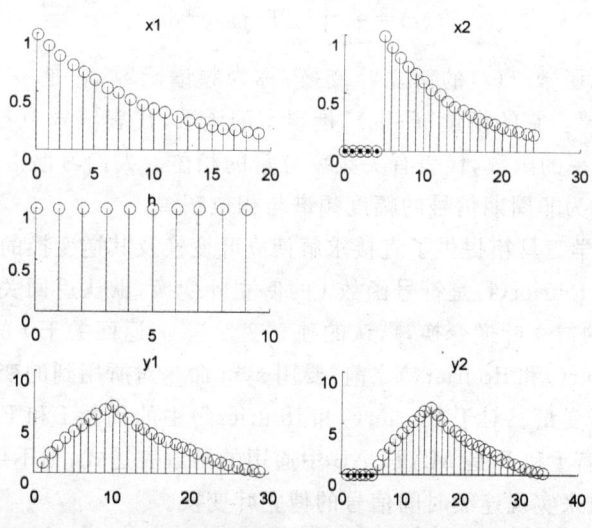

图 6.8 离散时间信号线性卷积

对于给定函数的卷积和，我们应计算卷积结果的起始点及其长度。两个时限序列的卷积和长度一般等于两个序列长度的和减 1。

6.2 信号和系统的频域分析

信号和系统的频域分析法与时域分析法的不同之处主要是信号分解的单元函数不同。在频域分析法中,信号分解成一系列不同幅度、不同频率的等幅正弦函数,首先求取每一单元激励产生的响应,并将响应叠加,然后再转换到时域以得到系统的总响应。所以说,频域分析法是一种变域分析法,主要通过傅立叶变换(Fourier)来实现。傅立叶变换是信号系统分析中的基本数学工具,现已广泛应用到通信工程、自动测量和控制、语言处理和图像处理等工程技术领域。利用傅立叶变换,可实现频谱分析和信号的频域特性分析。随着计算机技术的发展,离散傅立叶变换(DFT)和快速傅立叶变换(FFT)也得到了快速发展。

本节将首先介绍连续信号和离散信号的傅立叶变换,然后重点介绍离散傅立叶变换(DFT)和快速傅立叶变换(FFT)及其 MATLAB 实现,最后介绍连续时间系统和离散时间系统的频域分析方法。

■ 6.2.1 信号的傅立叶变换

1. 连续信号的傅立叶变换

在信号与系统课程中详细讨论了信号的傅立叶分析方法,对于非周期信号 $f(t)$,其傅立叶变换及其反变换的定义为

$$F(j\omega) = \int_{-\infty}^{\infty} f(t) e^{-j\omega t} dt$$

$$f(t) = \frac{1}{2\pi} \int_{-\infty}^{\infty} F(j\omega) e^{j\omega t} d\omega$$

式中,$F(j\omega)$ 是原函数 $f(t)$ 的傅立叶变换,称为频谱函数,它是一个复函数,可以写成 $F(j\omega) = |F(j\omega)| e^{-j\varphi(\omega)}$。它的模量 $|F(j\omega)|$ 是频率的函数,代表信号中各频率分量的相对大小;相角 $\varphi(\omega)$ 也是频率的函数,代表有关频率分量的相位。人们习惯上把 $|F(j\omega)| \sim -\omega$ 与 $\varphi(\omega) \sim \omega$ 曲线分别称为非周期信号的幅度频谱与相位频谱。

MATLAB 的数学工具箱提供了直接求解傅立叶变换及其逆变换的函数 fourier()和 ifourier()。其中,F= fourier(f)是符号函数 f 的傅立叶变换,默认返回关于 ω 的函数;f= ifourier(F)是函数 F 的傅立叶逆变换,默认的独立变量是 ω,返回关于 t 的函数。需要注意的是,在调用函数 fourier()和 ifourier()之前,要用 sym 命令对所用到的变量进行说明,即要将这些变量说明成符号变量。对于 fourier()和 ifourier()中的函数 f 和 F 也要用 sym 命令说明成符号表达式,但若 f 和 F 是 MATLAB 中通用的函数表达式,则不用说明。下面通过例子说明如何调用函数来实现连续时间信号的傅立叶变换。

例 6.2.1 利用符号法求解指数脉冲 $te^{-4t}u(t)$ 的傅立叶变换。

程序代码如下:

```
clear;close all;
sym t;
```

```
f=sym('t * exp(-4 * t) * Heaviside(t)');    %信号的符号表达式
F=fourier(f);                                %得到 Fourier 变换的符号表达式
%对 Fourier 变换的符号表达式进行转换,使其便于画图
FF=maple('convert',F,'radical');
FFF=abs(FF);                                 %得到频谱符号表达式
figure
subplot(1,2,1);
ezplot(f,[-2 * pi,2 * pi]);
title('时域波形 f(t)');
subplot(1,2,2);
ezplot(FFF,[-2 * pi,2 * pi]);
title('频域波形 F(jw)');
```

程序运行结果如图 6.9 所示。

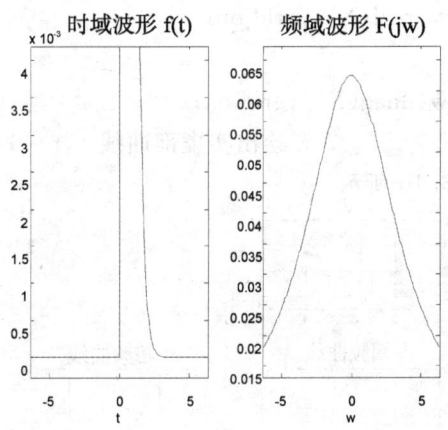

图 6.9 连续时间信号的傅立叶变换

2. 离散信号的傅立叶变换

非周期离散时间信号 $x(n)$ 的傅立叶变换(DTFT)$X(e^{j\omega})$ 可以表示为

$$X(e^{j\omega}) = \sum_{n=-\infty}^{\infty} x(n)e^{-j\omega n}$$

逆变换(IDTFT)为

$$x(n) = \frac{1}{2\pi} \int_{-\pi}^{\pi} X(e^{j\omega}) e^{j\omega n} d\omega$$

在这里,ω 是数字频率,它和模拟角频率的关系为 $\omega=\Omega T$。可以看到,时域的取样对应于频域的周期延拓,而时域函数的非周期性造成频域的离散谱。结论:非周期离散时间函数对应于一周期连续的频域变换函数。

用 MATLAB 计算 DTFT 和 IDTFT 时的问题在于,MATLAB 无法计算连续变量 ω,只能在 $-\pi \leqslant \omega < \pi$ 的范围内,用很密的、长度很长的离散向量来近似连续变量。通常最简单的方法是对 $-\pi \leqslant \omega < \pi$ 进行等间隔采样。下面通过例子说明在 MATLAB 中如何实现离散时间信号的傅立叶变换。

例 6.2.2 利用符号法求有限长序列 $x(n)=[1,2,2,4,2,2,1]$ 的傅立叶变换,画出它在 $\omega=-8\sim 8$ rad/s 范围内的频率特性。

程序代码如下:

```
clear;close all;
x=[1,2,2,4,2,2,1];nx=[-1;5];
w=linspace(-8,8,1000);          %设定频率向量
X=x*exp(-j*nx'*w);              %计算序列的傅立叶变换
subplot(3,2,1);stem(nx,x);grid on;
axis([-2,6,-1,6])               %绘出序列
subplot(3,2,3);plot(w,abs(X));grid on;
title('幅频曲线');
subplot(3,2,4);plot(w,angle(X));grid on;
title('相频曲线');               %绘出幅频、相频曲线
subplot(3,2,5);plot(w,real(X));grid on;
title('实部');
subplot(3,2,6);plot(w,imag(X));grid on;
title('虚部');                   %绘出实虚部曲线
```

程序的运行结果如图 6.10 所示。

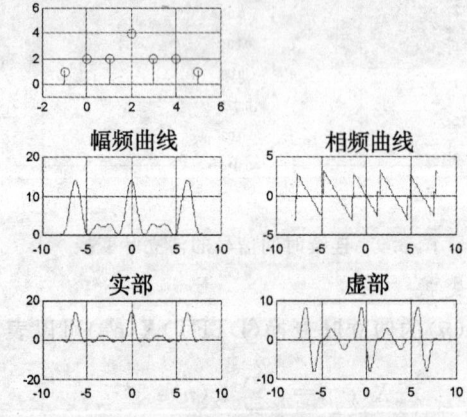

图 6.10 有限长序列的傅立叶变换

6.2.2 序列的离散傅立叶变换和快速傅立叶变换

对于有限长序列,离散傅立叶变换不仅在理论上有着重要的意义,在各种数字信号处理的运算方法中,也起到越来越核心的作用。然而,当 N 很大时,求一个 N 点的 DFT 要完成 $N\times N$ 次复数乘法和 $N(N-1)$ 次复数加法,其计算量相当大。1965 年,J. W. Cooley 和 J. W. Tukey 巧妙地利用 W_N 因子的周期性和对称性,构造了一个离散傅立叶变换(DFT)的快速算法,即快速傅立叶变换(FFT)。下面对离散傅立叶变换、快速傅立叶变换及其 MAT-LAB 函数的应用,结合实际工程实例来说明。

对于一个长度为 N 的有限长序列 $x(n)$,也即 $x(n)$ 只在 $n=0\sim(N-1)$ 个点上有非零值,其余皆为零,即

$$x(n) = \begin{cases} x(n), & 0 \leqslant n \leqslant N-1 \\ 0, & \text{其他} \end{cases}$$

所以,有限长序列 $x(n)$ 的离散傅立叶变换(DFT)为

$$X(k) = \text{DFT}[x(n)] = \sum_{n=0}^{N-1} x(n) W_N^{-kn}, \quad 0 \leqslant n \leqslant N-1$$

逆变换为

$$x(n) = \text{IDFT}[X(k)] = \frac{1}{N} \sum_{n=0}^{N-1} X(k) W_N^{-kn}, \quad 0 \leqslant n \leqslant N-1$$

快速傅立叶变换(FFT)并不是与 DFT 不同的另外一种变换,而是减少 DFT 计算次数的一种快速有效的算法。快速傅立叶变换算法的形式很多,但是基本上可以分为两大类,即按时间抽取(Decimation-In-Time)法和按频率抽取(Decimation-In-Frequency)法。

在 MATLAB 中,计算有限长序列的离散傅立叶变换可以根据离散傅立叶变换的定义直接求解,对形式为 $X(e^{j\omega}) = \dfrac{P(e^{j\omega})}{D(e^{j\omega})} = \dfrac{p_0 + p_1 e^{-j\omega} + \cdots + p_M e^{-jM\omega}}{d_0 + d_1 e^{-j\omega} + \cdots + d_N e^{-jN\omega}}$ 的 DFT 可以用函数 H=Freqz(num,den,w)计算,也可以用快速傅立叶变换的方法来计算。MATLAB 为计算数据的离散快速傅立叶变换提供了一系列丰富的数学函数,主要有 fft、ifft、fft2、ifft2、fftn、ifftn、fftshift、ifftshift 等。当所处理的数据的长度为 2 的幂次时,采用基-2 算法进行计算,计算速度会显著增加。所以,要尽可能使所要处理的数据长度为 2 的幂次或者用添零的方式来添补数据使之成为 2 的幂次。

例 6.2.3 $x(n) = \sin(n\pi/8) + \sin(n\pi/4)$ 是一个 $N=16$ 的有限序列。给出直接计算 DFT 的 MATLAB 程序,画出其结果图。

程序代码如下:

```
clear;close all;
N=16;
n=0:N-1;
xn=sin(n*pi/8)+sin(n*pi/4);
k=n;nk=n*k;
WN=exp(-j*2*pi/N);
Wnk=WN.^nk;
Xk=xn*Wnk;
subplot(2,1,1);
stem(n,xn);grid on;
title('16 点 DFT');
subplot(2,1,2);
stem(k,abs(Xk));grid on;
title('16 点 DFT 实部');
```

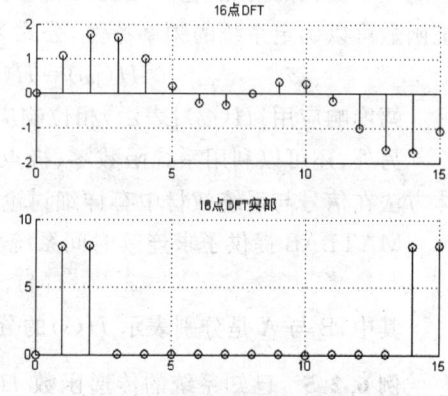

图 6.11 有限长序列的 DFT 结果图

程序的运行结果如图 6.11 所示。

例 6.2.4 计算序列 $x_1(n) = e^{jn\pi/8}$ 的 8 点和 16 点 DFT。要求用调用函数实现。

程序代码如下:

```
clear;close all;
N=16;N1=8;
n=0:N-1;k=0:N1-1;
%产生序列 x1(n),计算 DFT[x1(n)]
x1n=exp(j*pi*n/8);          %产生 x1(n)
x1k=fft(x1n,N);             %计算 N 点 DFT[x1(n)]
xk1=fft(x1n,N1);            %计算 N1 点 DFT[x1(n)]
figure(1)
subplot(2,2,1);stem(n,x1n);grid on;
title('x1(n)');
subplot(2,2,3);stem(n,x1k);grid on;
title('16 点 DFT');
subplot(2,2,2);stem(k,xk1);grid on;
title('8 点 DFT');
hold on
```
程序的运行结果如图 6.12 所示。

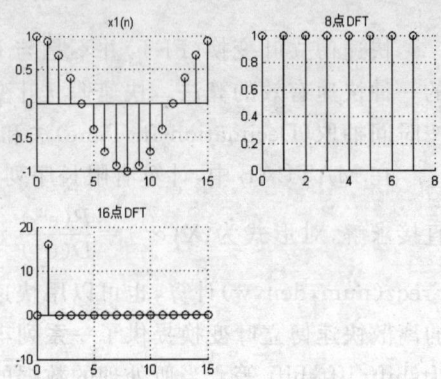

图 6.12 有限长序列的 8 点和 16 点 DFT

6.2.3 系统的频域分析

系统的频域分析是把时域中求解响应的问题通过傅立叶变换转换成频域中的问题,在频域中求解后再转换回时域,从而得到最终结果。然而在实际应用中,连续时间系统的频域分析多借助于另一种变域分析法:复频域分析法,即 Laplace 变换分析法;离散时间系统的频域分析多借助于另一种变域分析法:z 域分析法。

1. 连续时间系统的频域分析

连续时间系统的频域分析就是求解其频率特性,即求解系统在正弦信号激励下稳态响应随频率变化的情况,包括幅度随频率的响应和相位随频率的响应两个方面。一般利用系统函数可以确定系统的频率特性,公式为

$$H(j\omega) = H(s)|_{s=j\omega} = |H(j\omega)|e^{-j\varphi_H(\omega)}$$

幅度响应用 $|H(j\omega)|$ 表示,相位响应用 $\varphi_H(\omega)$ 表示。

另外,还可以利用系统函数零、极点分布,再借助几何作图法确定系统的频率特性。具体方法在信号与系统教材中有详细讨论,这里不再叙述。

MATLAB 提供了求连续时间系统频响特性的函数 freqs。调用 freqs 的格式为

$$[H,w] = freqs(B,A)$$

其中,B 与 A 是分别表示 $H(s)$ 的分子和分母多项式的系数向量。

例 6.2.5 已知系统的传递函数 $H(s) = \dfrac{s^2+2s+1}{2s^4+3s^3+4s^2+s+2}$,绘制其幅频响应对数曲线和相频响应曲线。

程序代码如下:
```
clear;close all;
b=[1,2,1];                          %分子系数向量
```

```
a=[2,3,4,1,2];                      %分母系数向量
printsys(b,a,'s')
[Hz,w]=freqs(b,a);                  %确定系统的频率特性
w=w./pi;
magh=abs(Hz);                       %幅频特性
zerosIndx=find(magh==0);
magh(zerosIndx)=1;
magh=20*log10(magh);                %分贝
magh(zerosIndx)=-inf;
angh=angle(Hz);                     %相频特性
angh=unwrap(angh)*180/pi;           %角度换算
figure
subplot(1,2,1);
plot(w,magh);
grid on;
xlabel('特征角频率(\times\pi rads/sample)');
title('幅频特性曲线 |H(w)| (dB)');
subplot(1,2,2);
plot(w,angh);
grid on;
xlabel('特征角频率 (\times\pi rads/sample)');
title('相频特性曲线 \theta(w) (degrees)');
```
程序的运行结果如图 6.13 所示。

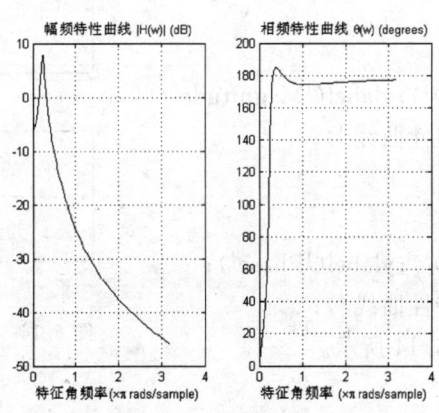

图 6.13　连续时间系统的频域分析

2. 离散时间系统的频域分析

对于离散时间系统,其频率特性可由系统单位冲激响应序列 $h(n)$ 的傅立叶变换 $H(e^{j\omega})$ 完全反映,一般由系统函数 $H(z)$ 求出,关系式为 $H(e^{j\omega})=H(z)|_{z=e^{j\omega}}$。

由 $e^{j\omega}$ 是频率的周期函数可知,$H(e^{j\omega})$ 也是频率的周期函数,且周期为 2π,所以研究系统频率特性只要在 $-\pi\leqslant\omega\leqslant\pi$ 范围内就可以。

$$H(\mathrm{e}^{\mathrm{j}\omega}) = \sum_{n=-\infty}^{\infty} h(n)\mathrm{e}^{-\mathrm{j}\omega} = \sum_{n=-\infty}^{\infty} h(n)\cos(\omega n) - \mathrm{j}\sum_{n=-\infty}^{\infty} h(n)\sin(\omega n)$$

通过上式容易证明，$H(\mathrm{e}^{\mathrm{j}\omega})$ 的实部是 ω 的偶函数，虚部是 ω 的奇函数，其模 $|H(\mathrm{e}^{\mathrm{j}\omega})|$ 是 ω 的偶函数，相位 $\arg|H(\mathrm{e}^{\mathrm{j}\omega})|$ 是 ω 的奇函数。因此，研究系统的幅度特性 $|H(\mathrm{e}^{\mathrm{j}\omega})|$、相位特性 $\arg|H(\mathrm{e}^{\mathrm{j}\omega})|$，只要在 $0 \leqslant \omega \leqslant \pi$ 范围内讨论即可。

MATLAB 提供了求离散时间系统频响特性的函数 freqz。调用 freqz 的格式为

[H,w]=freqz(B,A,N) 或 [H,w]=freqz(B,A,N,'whole')

其中，B 与 A 是分别表示 $H(z)$ 的分子和分母多项式的系数向量；N 为正整数，默认值为 512；返回值 w 包含 $[0,\pi]$ 内的 N 个频率等分点；返回值 H 则是离散时间系统频率响应 $H(\mathrm{e}^{\mathrm{j}\omega})$ 在 $[0,\pi]$ 内的 N 个频率处的值。第二种形式与第一种形式的不同之处在于，角频率的范围由 $[0,\pi]$ 扩展到 $[0,2\pi]$。

例 6.2.6 已知系统的传递函数 $H(z)=\dfrac{z^2-0.96z+0.9028}{z^2-1.56z+0.8109}$，绘制幅频响应对数曲线和相频响应曲线。

利用函数 freqz 计算 $H(\mathrm{e}^{\mathrm{j}\omega})$，然后利用函数 abs 和 angle 分别求出幅频特性与相频特性，最后用 plot 命令绘出曲线。

程序代码如下：

```
clear;close all;
b=[1 -0.96 0.9028];
a=[1 -1.56 0.8109];
[H,w]=freqz(b,a,400,'whole');
Hm=abs(H);
Hp=angle(H);
subplot(2,1,1)
plot(w,Hm);grid on;
xlabel('\omega(rad/s)');ylabel('Magnitude');
title(' 离散系统幅频特性曲线 ');
subplot(2,1,2);
plot(w,Hp);grid on;
xlabel('\omega(rad/s)');ylabel('Phase');
title(' 离散系统相频特性曲线 ');
```

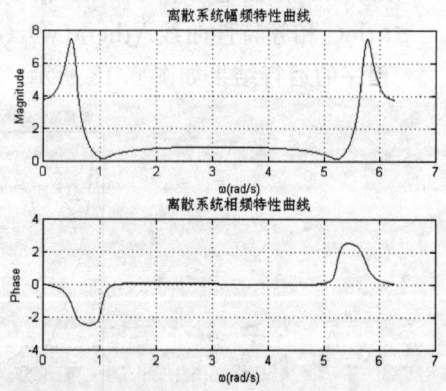

图 6.14 离散时间系统的频域分析

程序的运行结果如图 6.14 所示。

6.3 变换域中的系统

在连续时间系统中，通常拉普拉斯变换（拉氏变换）被看成是傅立叶变换的推广，它将时域的微分方程转换为复频域的代数方程；在离散时间系统中，z 变换也可以看成是离散傅立

叶变换的扩展,它将离散系统的时域方程(差分方程)转换为简单的代数方程。

本节将首先介绍连续时间信号和系统的拉氏变换及其 MATLAB 实现,然后重点介绍离散时间信号和系统的 z 域分析及 MATLAB 实现。

6.3.1 拉普拉斯变换及应用

在连续时间线性系统分析和研究中,常用的变换域分析方法是拉普拉斯变换。拉普拉斯变换可以把时域中求解响应的问题转换成复频域中的问题进行分析;在复频域中求解后再通过拉氏逆变换还原为时间原函数。拉氏变换把时域中输入输出之间的卷积运算转换为变换域中的乘法运算,在此基础上建立了系统函数的概念,即系统单位冲激响应 $h(t)$ 的拉普拉斯变换。

拉普拉斯变换和逆变换的定义为

$$F(s) = \int_0^\infty f(t) e^{-st} dt$$

$$f(t) = \frac{1}{2\pi j} \int_{\sigma-j\infty}^{\sigma+j\infty} F(s) e^{st} ds$$

在 MATLAB 中,实现拉氏变换和其逆变换主要有两种方法:直接调用指令 laplace 和 ilaplace;根据定义式,利用积分指令 int 实现。比较而言,直接利用 laplace 和 ilaplace 指令实现变换要简洁一些。

利用拉氏变换分析系统时,一个重要环节就是把变换域(s 域)中得到的解还原到原来的时域中,即进行拉氏逆变换。因此,采用拉氏变换进行系统分析的重点就在于拉氏逆变换。拉氏逆变换的求解方法主要有部分分式展开法和围线积分法(留数法)。

在 MATLAB 中,可以通过三种方式描述系统:传递函数型、零极点型以及状态变量型。

例 6.3.1 求系统函数 $H(s) = \dfrac{2s^2+6s+5}{s^2+s}$ 的拉氏逆变换。

该 MATLAB 程序采用输入零点、极点向量,再转换得到传递函数描述,并转换成符号表达式,然后利用 MATLAB 命令 ilaplace 得到系统函数的拉氏逆变换,最后以图形直观显示原函数和零极点图。

程序代码如下:
```
clear;close all;
z=[-1.5+0.5i,-1.5-0.5i];      %零点向量
p=[-1,0];                      %极点向量
k=2;                           %增益系数
[num,den]=zp2tf(z,p,k);        %由零极点型系统描述得到传递函数型描述
printsys(num,den,'s')
%得到系统函数的符号表达式
a1=poly2sym(num);
a2=poly2sym(den);
a=a1/a2;
ft=ilaplace(a);
```

```
figure
subplot(1,2,1);
rlocus(num,den);
title('像函数 F(s)零、极点图');
subplot(1,2,2);
ft=maple('convert',ft,'radical');
ezplot(ft,[0,4*pi]);
title('时域原函数 f(t)');
```

程序运行结果如下,拉氏变换曲线如图 6.15 所示。

num/den =

    2s^2+6s+5
    ----
    s^2+s

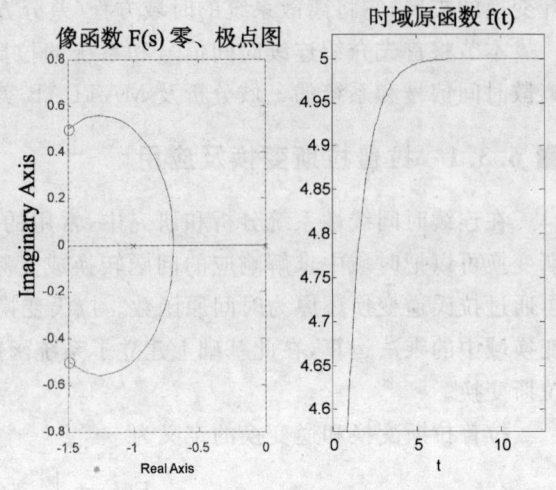

图 6.15 拉氏变换分析

6.3.2 z 变换及应用

1. z 变换及其逆变换

序列 $x(n)$ 的 z 变换定义为

$$X(z)=Z[x(n)]=\sum_{n=-\infty}^{\infty}x(n)z^{-n}$$

其中,符号 Z 表示取 z 变换,z 是复变量。相应地,单边 z 变换定义为

$$X(z)=Z[x(n)]=\sum_{n=0}^{\infty}x(n)z^{-n}$$

如果信号的 z 域表达式 $X(z)$ 是有理函数,进行 z 反变换的另一种方法是对 $X(z)$ 进行部分分式展开,然后求各简单分式的 z 反变换。设 $X(z)$ 的有理分式表示为

$$X(z)=\frac{b_0+b_1z^{-1}+b_2z^{-2}+\cdots+b_mz^{-m}}{1+a_1z^{-1}+a_2z^{-2}+\cdots+a_nz^{-n}}=\frac{B(z)}{A(z)}$$

MATLAB 符号数学工具箱提供了计算离散时间信号单边 z 变换的函数 ztrans 和 z 反变换函数 iztrans,其语句格式分别为

$$z=\text{ztrans}(x)$$

$$x=\text{iztrans}(z)$$

其中,x 和 z 分别为时域表达式和 z 域表达式的符号表示,可通过命令 sym 来定义。

另外,MATLAB 信号处理工具箱提供了一个对 $X(z)$ 进行部分分式展开的函数 residuez,其语句格式为

$$[R,P,K]=\text{residuez}(B,A)$$

其中,B 和 A 是分别表示 $X(z)$ 的分子与分母多项式的系数向量;R 为部分分式的系数向量;P 为极点向量;K 为多项式的系数。若 $X(z)$ 为有理真分式,则 K 为零。

例 6.3.2 使用 ztrans 函数求 $x(n)=a^n\cos(\pi n)u(n)$ 的 z 变换。

程序代码如下:

```
clear;close all;
x=sym('a^n*cos(pi*n)');
z=ztrans(x);
simplify(z)
```
程序的运行结果如下：
ans=z/(z+a)

例 6.3.3 利用 iztrans 函数求 $X(z)=\dfrac{18}{18+3z^{-1}-4z^{-2}-z^{-3}}$ 的 z 反变换，并用 MATLAB 命令对函数进行部分分式展开，然后求其 z 反变换。

程序代码如下：
```
clear;close all;
B=[18];
A=[18,3,-4,-1];
z=sym('(18*z^3)/(18*z^3+3*z^2-4*z-1)');
x=iztrans(z);
simplify(x)
[R,P,K]=residuez(B,A)
```
程序的运行结果如下：
ans=9/25*2^(-n)+16/25*(-1)^n*3^(-n)+2/5*(-1)^n*3^(-n)*n
R=
  0.3600
  0.2400
  0.4000
P=
  0.5000
  -0.3333
  -0.3333
K=
  []

P 中有两个数值相同，表示系统有一个二重极点，所以 $X(z)$ 的部分分式展开为

$$X(z)=\frac{0.36}{1-0.5z^{-1}}+\frac{0.24}{1+0.3333z^{-1}}+\frac{0.4}{(1+0.3333z^{-1})^2}$$

因此，其 z 反变换为

$$x(n)=[0.36\times(0.5)^n+0.24\times(-0.3333)^n+0.4(n+1)(-0.3333)^n]u(n)$$

2. z 变换应用

离散时间系统的系统函数定义为系统零状态响应的 z 变换与激励的 z 变换之比，即

$$H(z)=\frac{Y(z)}{X(z)}$$

如果系统函数 $H(z)$ 的有理函数表达式为

$$H(z)=\frac{b_1z^m+b_2z^{m-1}+\cdots+b_mz+b_{m+1}}{a_1z^n+a_2z^{n-1}+\cdots+a_nz+a_{n+1}}$$

则可以采用 z 变换对系统的零极点进行分析。在 MATLAB 中可通过函数 roots 得到系统函数的零极点，也可借助函数 tf2zp 得到。tf2zp 的语句格式为

$$[Z,P,K]=\text{tf2zp}(B,A)$$

其中，B 与 A 是分别表示 $H(z)$ 的分子与分母多项式的系数向量，它的作用是将 $H(z)$ 的有理分式表达式转换为零极点增益形式，即

$$H(z)=k\frac{(z-z_1)(z-z_2)\cdots(z-z_m)}{(z-p_1)(z-p_2)\cdots(z-p_n)}$$

若要获得系统函数 $H(z)$ 的零极点分布图，可直接应用 zplane 函数，其语句格式为

$$\text{zplane}(B,A)$$

其中，B 与 A 是分别表示 $H(z)$ 的分子和分母多项式的系数向量，它的作用是在 z 平面上画出单位圆、零点与极点。

例 6.3.4 求离散因果 LTI 系统的 $H(z)=\dfrac{z+2}{z^2+z+3}$ 的零极点，并绘出零极点分布图。

程序代码如下：

```
clear;close all;
B=[1,2];
A=[1,1,3];
[Z,P,K]=tf2zp(B,A);
zplane(B,A);grid on;
legend('零点','极点');
title('零极点分布图');
```

程序的运行结果如图 6.16 所示。

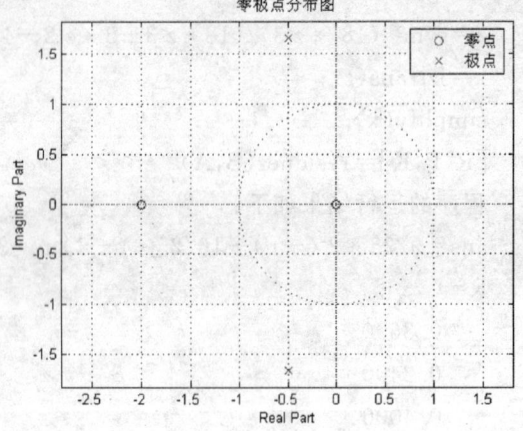

图 6.16　z 变换零极点分布图

6.4　数字滤波器的设计

滤波器可分为两种：模拟滤波器和数字滤波器。模拟滤波器是一个连续时间系统。数字滤波器在数字信号处理的各种应用中发挥着十分重要的作用，主要由加法器、乘法器、存储延迟单元、时钟脉冲发生器和逻辑单元等数字电路构成，精度高，稳定性好，不存在阻抗匹配问题。

数字滤波器既可以通过软件实现，也可以通过专用的硬件实现。数字滤波器用硬件实现的基本部件包括延迟器、乘法器和加法器；用软件实现时，只是一段线性卷积程序。软件实现的优点是系统函数仅依赖于算法结构，具有可变性，可获得较理想的滤波性能。所以，软件实现在滤波器的设计中起到了越来越重要的作用，在这里主要采用 MATLAB 实现。

数字滤波器的设计是确定其系统函数并实现的过程，即确定其传递函数。传递函数 $H(z)$ 已知后，可以确定系统的频率响应 $H(e^{j\omega})$。一般要经过如下步骤：

① 根据任务要求,确定性能指标;
② 用因果稳定的线性时不变离散系统函数去逼近;
③ 用有限精度算法实现这个系统函数;
④ 利用适当的软、硬件技术实现。

这一节主要讨论数字滤波器系统函数的逼近过程,包括无限长冲激响应(IIR)数字滤波器系统函数的逼近和有限长冲激响应(FIR)数字滤波器系统函数的逼近。

6.4.1 IIR 数字滤波器的设计

IIR 数字滤波器设计的主要方法是先设计低通模拟滤波器,然后采用频率转换法将其转换为相应的模拟高通、带通等滤波器,再利用相应的转换方法将其设计成数字滤波器。MATLAB 的工具箱函数提供了 IIR 数字滤波器设计时各步骤需要的相应函数。

1. IIR 数字滤波器的设计原理

IIR 数字滤波器的设计有多种方法,如利用模拟滤波器设计、数字域直接设计以及计算辅助设计等。下面介绍利用模拟滤波器设计数字滤波器的方法。

可以利用的模拟滤波器的原型主要有巴特沃思(Butterworth)滤波器和切比雪夫(Chebyshev)滤波器两种。

从模拟滤波器到数字滤波器的转换,主要有脉冲响应不变法和双线性变换法。

1) 脉冲响应不变法

用数字滤波器的单位脉冲响应序列 $h(n)$ 模仿模拟滤波器的冲激响应 $h_a(t)$,使 $h(n)$ 正好等于 $h_a(t)$ 的采样值,即

$$h(n) = h_a(nT)$$

其中,T 为采样间隔,如果以 $H_a(s)$ 及 $H(z)$ 分别表示 $h_a(t)$ 的拉氏变换及 $h(n)$ 的 z 变换,则

$$H(z)|_{z=e^{sT}} = \frac{1}{T} \sum_{m=-\infty}^{\infty} H_a\left(s + j\frac{2\pi}{T}m\right)$$

2) 双线性变换法

s 平面与 z 平面之间满足以下映射关系

$$s = \frac{2}{T} \frac{1-z^{-1}}{1+z^{-1}}, z = \frac{1 + \frac{Ts}{2}}{1 - \frac{Ts}{2}}, (s = \sigma + j\Omega; z = re^{j\omega})$$

s 平面的虚轴单值地映射到 z 平面的单位圆上,s 平面的左半平面完全映射到 z 平面的单位圆内。双线性变换不存在混叠问题。

双线性变换是非线性变换,它引起的幅频特性畸变,可通过预畸变得到校正。

2. IIR 滤波器的设计步骤

以低通数字滤波器为例,将利用模拟滤波器设计数字滤波器的设计步骤归纳如下:
① 将数字滤波器的技术指标转换为模拟滤波器的技术指标;
② 设计模拟滤波器 $G(s)$;
③ 将 $G(s)$ 转换成数字滤波器 $H(z)$(转换方法主要有双线性变换法及脉冲响应不变法)。

在低通滤波器的设计基础上,可以得到数字高通、带通、带阻滤波器的设计流程:
① 给定数字滤波器的设计要求(高通、带阻、带通);
② 转换为模拟(高通、带阻、带通)滤波器的技术指标;
③ 转换为模拟低通滤波器的指标;
④ 设计得到满足第三步要求的低通滤波器的传递函数;
⑤ 通过频率转换得到模拟(高通、带阻、带通)滤波器;
⑥ 变换为数字(高通、带阻、带通)滤波器。

3. 利用 MATLAB 实现 IIR 滤波器的设计

在 MATLAB 中采用模拟原型法设计 IIR 滤波器的设计函数主要包括完整设计函数 beself,butter,cheby1,cheby2,ellip;滤波器的阶估计函数 buttord,cheb1ord,cheb2ord,ellipord;低通模拟滤波器原型函数 beselap,buttap,cheb1ap,cheb2ap,ellipap;频域变换函数 lp2bp,lp2bs,lp2hp,lp2lp;其他函数 Bilinear,impinvar 等。

各种滤波器间的频率转换函数主要包括低通到低通 $s'=s/\omega_0$:[numt,dent]=lp2lp(num.den,w0),[At,Bt,Ct,Dt]=lp2lp(A,B,C,D,w0);低通到高通 $s'=\omega_0/s$:[numt,dent]=lp2hp(num.den,w0),[At,Bt,Ct,Dt]=lp2hp(A,B,C,D,w0);低通到带通 $s'=\frac{\omega_0}{B_\omega}\frac{(s/\omega_0)^2+1}{s/\omega_0}$:[numt,dent]=lp2bp(num.den,w0),[At,Bt,Ct,Dt]=lp2bp(A,B,C,D,w0);低通到带阻 $s'=\frac{B_\omega}{\omega_0}\frac{s/\omega_0}{(s/\omega_0)^2+1}$:[numt,dent]=lp2bs(num.den,w0),[At,Bt,Ct,Dt]=lp2bs(A,B,C,D,w0)。

1) 利用标准数字滤波器设计函数

(1) butter

函数功能:Butterworth 模拟/数字滤波器设计。

调用格式:[b,a]=butter(n,wn,'ftype','s')

[b,a]=butter(n,wn,'ftype')

其中,n 为滤波器的阶数;wn 是归一化的截止频率,其值为给定截止频率除以采样频率的一半。另外,需要注意选项中加入 s 用于设计各种模拟 Butterworth 滤波器;不加 s 用于设计各种数字 Butterworth 滤波器。如 ftype 为缺省,则设计低通滤波器;如 ftype 为 high,则设计高通滤波器;如 ftype 为 stop,则设计带阻滤波器。

例 6.4.1 设计一个阻带截止频率为 250 Hz,采样频率为 1 000 Hz 的 5 阶 Butterworth 数字高通滤波器。

程序代码如下:

[b,a]=butter(5,250/500,'high');
[z,p,k]=butter(5,250/500);
freqz(b,a,512,1000)

(2) cheby1、cheby2

函数功能:chebyshevⅠ、chebyshevⅡ型模拟/数字滤波器设计。

调用格式:[b,a]= cheby1(n,Rp,wn,'ftype')

[b,a]= cheby2(n,Rs,wn,'ftype')

例 6.4.2 设计一个 7 阶 chebyshev Ⅱ 型数字低通滤波器,截止频率为 300 Hz,Rs 为 30 dB,采样频率为 1 000 Hz。

程序代码如下:

```
[b,a]=cheby2(7,30,300/500);
[z,p,k]=butter(5,250/500);
freqz(b,a,512,1000)
```

2) 变换方法

(1) 脉冲响应不变法

一般脉冲响应不变法主要应用在要求时域冲激响应能模仿模拟滤波器的场合。频率坐标的变换为线性是脉冲响应不变法的重要特点,因此,变换后滤波器的频率响应可不失真地反映原响应与频率的关系。在 MATLAB 中,可以采用函数 impinvar 来实现脉冲响应不变法。

例 6.4.3 设计一个中心频率为 500 Hz,带宽为 600 Hz,采样频率为 1 000 Hz 的数字带通滤波器。

程序代码如下:

```
[z,p,k]=buttap(3);
[b,a]=zp2tf(z,p,k);
[bt,at]=lp2bp(b,a,500*2*pi,600*2*pi);
[bz,az]=impinvar(bt,at,1000);     %将模拟滤波器变换成数字滤波器
freqz(bz,az,512,'whole',1000)
```

(2) 双线性变换法

双线性变换法的主要优点是 s 平面与 z 平面的单值一一对应关系,整个值对应于单位圆的一周,所以从模拟传递函数可直接通过代数置换得到数字滤波器的传递函数。但其缺点是变换过程的非线性,因此一般需要预畸变处理。在 MATLAB 中,可以采用函数 bilinear 来实现双线性变换。

例 6.4.4 设计一个截止频率为 200 Hz,采样频率为 1 000 Hz 的数字低通滤波器。

程序代码如下:

```
[z,p,k]=buttap(3);
[b,a]=zp2tf(z,p,k);
[bt,at]=lp2lp(b,a,200*2*pi);
[bz,az]=bilinear(bt,at,1000);
freqz(bz,az,512,1000)
```

下面我们通过实例来说明如何利用脉冲响应不变法和双线性变换法来设计完整的数字滤波器。

例 6.4.5 基于 Butterworth 模拟滤波器原型,使用脉冲响应不变法和双线性变换法设计数字滤波器。其中,参数指标为:通带截止频率 $\omega_p=0.2\pi$,通带波动值 $R_p=1$ dB,阻带截止频率 $\omega_s=0.3\pi$,阻带波动值 $A_s=15$ dB。

程序代码如下:

%双线性变换法和脉冲响应不变法

```
%巴特沃思低通滤波器设计
%数字滤波器指标
wp=0.2*pi;                          %数字通带频率(弧度)
ws=0.3*pi;                          %数字阻带频率(弧度)
Rp=1;                               %通带波动(dB)
As=15;                              %阻带衰减(dB)
%模拟原型指标的频率逆映射
T=1; Fs=1/T;                        %置 T=1
%双线性变换
OmegaP=(2/T)*tan(wp/2);             %预修正原型通带频率
OmegaS=(2/T)*tan(ws/2);             %预修正原型阻带频率
%脉冲响应不变法
OmegaP1=wp;                         %预修正原型通带频率
OmegaS1=ws;
%模拟巴特沃思原型滤波器计算
[N,Wn] = buttord(OmegaP,OmegaS,Rp,As,'s');
%求模拟滤波器阶数和3 dB截止频率,如果去掉's'就是数字滤波器
[cs,ds] = butter(N,Wn,'s');
%巴特沃思滤波器阶次
[N1,Wn1] = buttord(OmegaP1,OmegaS1,Rp,As,'s');
%求模拟滤波器阶数和3 dB截止频率,如果去掉's'就是数字滤波器
[cs1,ds1] = butter(N1,Wn1,'s');
%双线性变换法
[b,a] = bilinear(cs,ds,T);
%脉冲响应不变法
[c,d]=impinvar(cs1,ds1,T);
%Plotting
figure(1); subplot(1,1,1);
[H1,wd1]=freqz(b,a);                %双线性变换数字滤波器频率响应
%[H1,wd1]=freqz(cs,ds);             %数字滤波器频率响应
[H2,wd2]=freqz(c,d);                %脉冲响应不变法滤波器频率响应
subplot(2,2,1);plot(wd1,abs(H1)); grid on;
title('H1 幅度响应');
xlabel(''); ylabel('|H|'); axis([0,1,0,2]);
subplot(2,2,3); plot(wd1,10*log10(abs(H1)));grid on;
title('H1 模值(dB)');
xlabel(' 频率:(单位:pi)'); ylabel(' 分贝 '); axis([0,1,-40,5]);
subplot(2,2,2); plot(wd2,10*log10(abs(H2))); grid on;
title('H2 模值(dB)');
```

xlabel('频率:(单位:pi)'); ylabel('分贝'); axis([0,1,-40,5]);
subplot(2,2,4);plot(wd2,abs(H2)); grid on;
title('H2 幅度响应');
xlabel(''); ylabel('|H|'); axis([0,1,0,1.2])

程序运行后,产生的 4 阶 Butterworth 数字滤波器的频率响应波形如图 6.17 所示。

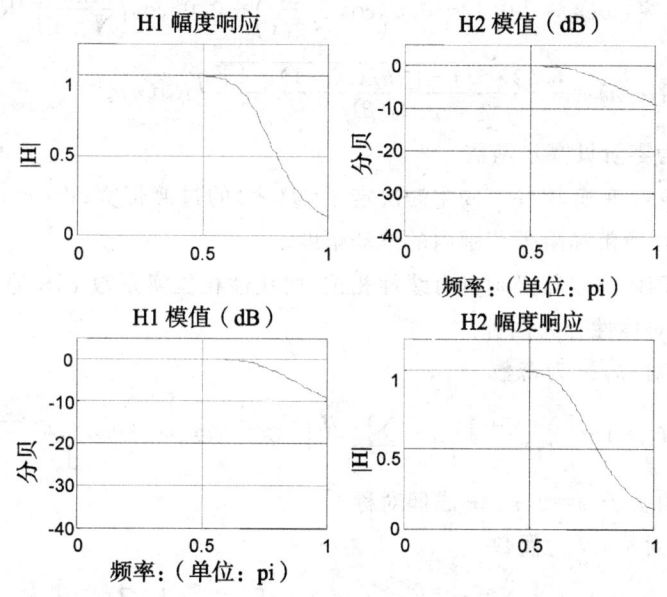

图 6.17 4 阶 Butterworth 数字滤波器

6.4.2 FIR 数字滤波器的设计

1. FIR 数字滤波器的设计原理

如果系统的单位冲激响应 $h_d(n)$ 为已知,则系统的输入输出关系为

$$y(n)=x(n)\cdot h_d(n)$$

通过上式可知,对于低通滤波器,只要设计出低通滤波器的单位冲激响应函数,就可得到系统的输出。假设所希望的数字滤波器的频率响应为 $H_d(e^{j\omega})$,那么它与 $H_d(e^{j\omega})$ 相对应的傅立叶系数为

$$h_d(n)=\frac{1}{2\pi}\int_{-\pi}^{\pi}H_d(e^{j\omega})e^{j n\omega}d\omega$$

以 $h_d(n)$ 为单位冲激响应的数字滤波器的频域响应为 $H_d(e^{j\omega})$。

由于 $h_d(n)$ 是无限长的,并且是非因果的,与 FIR 滤波器脉冲响应有限长这一前提不一致,因此不能直接作为滤波器的单位脉冲响应。一般采取将 $h_d(n)$ 截短,然后将其往右平移的方法得到滤波器的单位脉冲响应 $h_2(n)$。$h_2(n)$ 的实际频域响应 $H_d(e^{j\omega})=\sum_{n=0}^{N-1}h_2(n)e^{j n\omega}$,与理想频域响应 $H_d(e^{j\omega})$ 相近,但不完全一致,从而导致吉布斯现象的发生。为尽可能地减少吉布斯现象,应对 $h_d(n)$ 进行加窗截取,即以 $h(n)=h_d(n)\cdot W_N(n)$ 作为 FIR 滤波器的系数。

下面给出常用的几种窗函数。

① 矩形窗:$w(n)=R_N(n)$;

② Hanning 窗:$w(n)=0.5\left(1-\cos\dfrac{2\pi n}{N-1}\right)R_N(n)$;

③ Hamming 窗:$w(n)=\left[0.54-0.46\left(\cos\dfrac{2\pi n}{N-1}\right)\right]R_N(n)$;

④ Blackmen 窗:$w(n)=\left[0.42-0.5\left(\cos\dfrac{2\pi n}{N-1}\right)+0.08\cos\left(\dfrac{4\pi n}{N-1}\right)\right]R_N(n)$;

⑤ Kaiser 窗:$w(n)=\dfrac{I_0(\beta\cdot\sqrt{1-[2n/(N-1)-1]^2})}{I_0(\beta)}R_N(n)$。

式中,$I_0(x)$为零阶贝塞尔函数。

窗函数的傅立叶变换 $W(e^{j\omega})$ 的主瓣决定了 $H(e^{j\omega})$ 的过渡带宽;$W(e^{j\omega})$ 的旁瓣大小和多少决定了 $H(e^{j\omega})$ 在通带和阻带范围内的波动幅度。

一般设计的 FIR 滤波器必须具有线性相位,而线性相位实系数 FIR 滤波器按其 N 值奇偶和 $h(n)$ 的奇偶对称性分为四种。

1) $h(n)$ 为偶对称,N 为奇数

$$H(e^{j\omega})=\left[h\left(\dfrac{N-1}{2}\right)+\sum_{n=1}^{(N-1)/2}2h\left(\dfrac{N-1}{2}+n\right)\cos(n\omega)\right]e^{-j\omega\frac{N-1}{2}}$$

$H(e^{j\omega})$ 的幅值关于 $\omega=0,\pi,2\pi$ 成偶对称。

2) $h(n)$ 为偶对称,N 为偶数

$$H(e^{j\omega})=\left\{\sum_{n=1}^{N/2}2h\left(\dfrac{N}{2}-1+n\right)\cos\left[\omega\left(n-\dfrac{1}{2}\right)\right]\right\}e^{-j\omega\frac{N-1}{2}}$$

$H(e^{j\omega})$ 的幅值关于 $\omega=\pi$ 成奇对称,不适合作高通。

3) $h(n)$ 为奇对称,N 为奇数

$$H(e^{j\omega})=\left[\sum_{n=1}^{(N-1)/2}2h\left(\dfrac{N-1}{2}+n\right)\sin(n\omega)\right]e^{-j(\omega\frac{N-1}{2}+\frac{\pi}{2})}$$

$H(e^{j\omega})$ 的幅值关于 $\omega=0,\pi,2\pi$ 成奇对称,不适合作高通和低通。

4) $h(n)$ 为奇对称,N 为偶数

$$H(e^{j\omega})=\left\{\sum_{n=1}^{N/2}2h\left(\dfrac{N}{2}-1+n\right)\sin\left[\omega\left(n-\dfrac{1}{2}\right)\right]\right\}e^{-j(\omega\frac{N-1}{2}+\frac{\pi}{2})}$$

$H(e^{j\omega})$ 的幅值在 $\omega=0,2\pi$ 处为 0,不适合作低通。

因此,利用窗函数法设计 FIR 滤波器时,只需根据给定的滤波器的技术指标选择滤波器合适的长度 N 和窗函数即可。

2. 窗函数法设计线性相位 FIR 滤波器

窗函数法设计线性相位 FIR 滤波器的步骤:

① 确定数字滤波器的性能指标,例如,截止频率 ω_c、滤波器单位脉冲响应长度 N 等。

② 根据性能要求,合理选择单位脉冲响应 $h(n)$ 的奇偶对称性,从而确定理想频率响应 $H_d(e^{j\omega})$ 的幅频特性和相频特性。

③ 求理想单位脉冲响应 $h_d(n)$。在实际计算中,可对 $H_d(e^{j\omega})$ 按 M(M 远大于 N)点等距离采样,并对其求 IDFT 得 $h_M(n)$,用 $h_M(n)$ 代替 $h_d(n)$。

④ 选择适当的窗函数 $w(n)$,根据 $h(n)=h_d(n) \cdot W_N(n)$ 求所需设计的 FIR 滤波器的单位脉冲响应。

⑤ 求 $H_d(e^{j\omega})$,分析其幅频特性,若不满足要求,则可适当改变窗函数的形式或长度 N。重复上述设计过程,以得到满意的结果。

MATLAB 用窗函数设计 FIR 滤波器可以采用 fir1()、fir2()、boxcar()(矩形窗函数)、triang()(三角窗函数)、hanning()(汉宁窗函数)、hamming()(汉明窗函数)、blackman()(布莱克曼窗函数)、Kaiser()(凯泽窗函数)等来实现。

例 6.4.6 设计低通 FIR 滤波器,其中,$\omega_p=0.2\pi$,$R_p=0.25$ dB,$\omega_s=0.3\pi$,$A_s=50$ dB。

由于其最小阻带衰减为 50 dB,因此可以选择 Hamming 窗来实现这个滤波器,因为它具有较小的过渡带。MATLAB 源程序为:

```
%数字滤波器指标
wp=0.2*pi;
ws=0.3*pi;
tr_width=ws-wp;
M=ceil(6.6*pi/tr_width)+1;
n=[0:1:M-1];
wc=(ws+wp)/2;
hd=ideallp(wc,M);
%生成Hamming窗
w_ham=(hamming(M));
%频域图像的绘制
h=hd.*w_ham;
freqz(h,[1])
figure(2);
subplot(2,2,1),stem(n,hd);title('理想脉冲响应');
axis([0 M-1 -0.3 0.3]);xlabel('n');ylabel('hd(n)');
hold on
subplot(2,2,2);stem(n,w_ham);title('hamming窗');
axis([0 M-1 -0.3 1.2]);xlabel('n');ylabel('w(n)');
subplot(2,2,3);stem(n,h);title('实际脉冲响应');
axis([0 M-1 -0.3 0.3]);xlabel('n');ylabel('h(n)');
hold on
```

子程序理想滤波器单位冲激响应 ideallp() 为:

```
function hd=ideallp(wc,N);
%hd=点0到N-1之间的理想脉冲响应
%wc=截止频率(弧度)
%N=理想滤波器的长度
tao=(N-1)/2;
```

```
n=[0:N-1];
m=n-tao-eps;
hd=sin(wc*m)./(pi*m);
```
在 MATLAB 中还可以直接调用 fir1 命令实现 FIR 滤波器,程序为:
```
h=fir1(M,1/pi,hamming(M));
[H,w]=freqz(h,1,512);
```
响应波形如图 6.18 和图 6.19 所示。

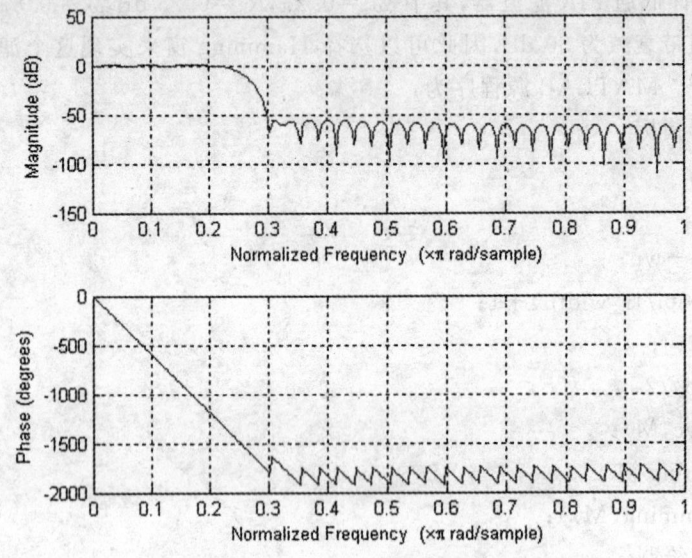

图 6.18 FIR 滤波器的响应图

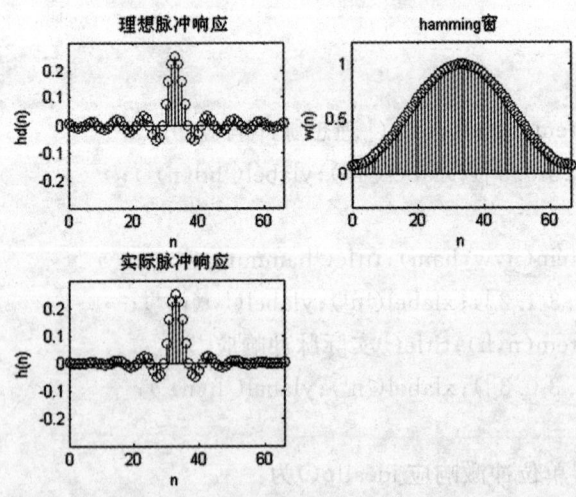

图 6.19 Hamming 窗函数及其脉冲响应图

其他窗函数的应用方法与此类似,只需根据设计滤波器的性能指标要求选择合适的窗函数即可,限于篇幅,这里不再举例。

习 题

6.1 用 MATLAB 表示 $u(n), u(n-n_0), \delta(n), \delta(n-n_0)$。

6.2 试用 MATLAB 命令分别绘出下列各序列的波形图。

(1) $x(n) = \left(\dfrac{1}{2}\right)^n u(n)$ （2）$x(n) = 2^n u(n)$ （3）$x(n) = \left(-\dfrac{1}{2}\right)^n u(n)$

(4) $x(n) = (-2)^n u(n)$ （5）$x(n) = 2^{n-1} u(n-1)$ （6）$x(n) = \left(\dfrac{1}{2}\right)^{n-1} u(n)$

6.3 试用 MATLAB 分别绘出下列各序列的波形图。

(1) $x(n) = \sin\dfrac{n\pi}{5}$ （2）$x(n) = \cos\left(\dfrac{n\pi}{10} - \dfrac{\pi}{5}\right)$

(3) $x(n) = \left(\dfrac{5}{6}\right)^n \sin\dfrac{n\pi}{5}$ （4）$x(n) = \left(\dfrac{3}{2}\right)^n \sin\dfrac{n\pi}{5}$

6.4 试用 MATLAB 命令编程实现下列微分方程的求解。

(1) 一阶 RC 电路：$e(t) = \varepsilon(t-2), R = 10\ \Omega, C = 4\ \text{F}, u(0_-) = 2\ \text{V}$。

(2) 一阶微分方程：$\dfrac{\mathrm{d}y(t)}{\mathrm{d}t} + 0.5y(t) = x(t)$（任选输入激励，求解输出响应）。

(3) 二阶微分方程：$4\dfrac{\mathrm{d}^2 y(t)}{\mathrm{d}t^2} + y(t) = \dfrac{\mathrm{d}x(t)}{\mathrm{d}t} - 0.5x(t)$（要求同上，注意系数补零）。

6.5 自行编程实现下列连续时间信号的卷积。

(1) $x(t) = \mathrm{e}^{-t}[u(t) - u(t-2)], h(t) = 2[u(t) - u(t-2)]$

(2) $x(t) = \left(1 - \dfrac{|t|}{4}\right)[u(t+4) - u(t-4)], h(t) = u(t)$

6.6 试用 MATLAB 命令求解以下离散时间系统的单位取样响应。

(1) $3y(n) + 4y(n-1) + y(n-2) = x(n) + x(n-1)$

(2) $\dfrac{5}{2} y(n) + 6y(n-1) + 10y(n-2) = x(n)$

6.7 已知某系统的单位取样响应为 $h(n) = \left(\dfrac{7}{8}\right)^n [u(n) - u(n-10)]$，试用 MATLAB 求当激励信号为 $x(n) = u(n) - u(n-5)$ 时，系统的零状态响应。

6.8 试画出 $\alpha = \pm 0.9$ 时，$F(\mathrm{e}^{\mathrm{j}\Omega}) = \dfrac{1}{1 - \alpha \mathrm{e}^{-\mathrm{j}\Omega}}$ 的幅度频谱。

6.9 试用 MATLAB 编程实现下列系统的频域分析。

(1) $H(s) = \dfrac{m}{1 + (m - m^2)s}$，$m$ 的取值区间为 $[0,1]$，绘制 $m = 0.1, 0.3, 0.5, 0.7, 0.9$ 时的曲线。

(2) $H(s) = \dfrac{b_2 s^2 + b_1 s + b_0}{a_2 s^2 + a_1 s + a_0}$，通过取不同的 [a2,a1,a0]、[b2,b1,b0] 实现低通、高通、带通、全通滤波器的频率特性分析。

6.10 试用 MATLAB 绘制系统 $H(z) = \dfrac{z^2}{z^2 - \dfrac{3}{4}z + \dfrac{1}{8}}$ 的频率响应曲线。

6.11 试用 MATLAB 求其有限长序列 $x_1(n)=(0.8)^n(0\leqslant n\leqslant 10)$ 与 $x_2(n)=(0.6)^n$ $(0\leqslant n\leqslant 18)$ 的 32 点 DFT,并画出其结果图。

6.12 试用 MATLAB 求复指数信号的 16 点离散傅立叶变换。其中,$x(n)=(0.9e^{j\pi/3})^n$,$n=[0,10]$。

6.13 $2N$ 点实数序列

$$x(n)=\begin{cases}\cos\left(\dfrac{2\pi}{N}7n\right)+\dfrac{1}{2}\cos\left(\dfrac{2\pi}{N}19n\right), & n=0,1,2,\cdots,2N-1\\ 0, & \text{其他 } n \text{ 值}\end{cases}$$

$N=64$。用一个 64 点的复数 FFT 程序,一次算出 $X(k)=\text{DFT}[x(n)]_{2N}$,并绘出 $|X(k)|$。

6.14 使用 MATLAB 命令求 $F(s)$ 的反变换。

(1) $F(s)=\dfrac{s+2}{s^2+4s^2+3s}$

(2) $F(s)=\dfrac{s-2}{s(s+1)^3}$

(3) $F(s)=\dfrac{2s^3+3s^2+5}{(s+1)(s^2+s+2)}$

6.15 已知系统函数 $H(s)=\dfrac{s-1}{s^2+2s+2}$,试求该函数的零极点并画出零极点分布图。

6.16 试分别用 ztrans 函数和 iztrans 函数求:

(1) $f(k)=\cos(ak)u(k)$ 的 z 变换;

(2) $F(z)=\dfrac{1}{(1+z)^2}$ 的 z 反变换。

6.17 试用 MATLAB 的 residuez 函数求 $X(z)=\dfrac{2z^4+16z^3+44z^2+56z+32}{3z^4+3z^3-15z^2+18z-12}$ 的部分分式展开和。

6.18 试用 MATLAB 画出下列因果系统的系统函数零极点分布图,并判断系统的稳定性。

(1) $H(z)=\dfrac{2z^2-1.6z-0.9}{z^3-2.5z^2+1.96z-0.48}$ (2) $H(z)=\dfrac{z-1}{z^4-0.9z^3-0.65z^2+0.873z}$

6.19 基于 chebyshev Ⅰ 型模拟滤波器原型,使用脉冲响应不变法设计数字滤波器。要求参数指标:通带截止频率 $\omega_p=0.2\pi$,通带波动值 $R_p=1$ dB,阻带截止频率 $\omega_s=0.3\pi$,阻带波动值 $A_s=15$ dB。

6.20 分别用脉冲响应不变法和双线性变换法设计一个 Butterworth 数字低通滤波器。参数指标为 $f_p=0.2$ kHz,$A_p=1$ dB,$f_r=0.3$ kHz,$A_r=25$ dB,$T=1$ ms。观察所设计的数字滤波器的幅频特性曲线,记录带宽和衰减量,检查是否满足要求。比较这两种方法的优缺点。

6.21 用 Hanning 窗设计一个线性相位带通滤波器,滤波器的技术指标为 $N=15$,$\omega_1=0.3\pi$,$\omega_2=0.5\pi$。观察它的实际 3 dB 和 20 dB 带宽。当 $N=45$ 时,重复这一设计,观察幅频和相位特性的变化,注意长度 N 变化的影响。

6.22 分别改用矩形窗和 Blackman 窗,设计题 6.21 中的带通滤波器,观察并记录窗函数对滤波器幅频特性的影响,比较三种窗的特点。

第七章 MATLAB 在通信原理中的应用

本章首先对通信系统的基本原理进行简要介绍,主要从模拟调制系统、数字调制系统两个方面进行阐述,然后结合 MATLAB 通信工具箱对通信基本问题进行分析,使设计者能较好地掌握 MATLAB 软件在通信系统中的应用。

本章内容设置如下:
◇ 模拟调制系统
◇ MATLAB 在模拟调制系统中的应用
◇ 数字调制系统
◇ MATLAB 在数字调制系统中的应用

7.1 模拟调制系统

模拟调制系统的模型如图 7.1 所示。图中,$m(t)$ 为调制信号,$s(t)$ 为载波,$s_m(t)$ 为已调制信号,$n(t)$ 为噪声。发送滤波器和接收滤波器皆为带通滤波器(BPF),用来让已调制信号顺利通过,并滤除调制过程中出现的无用分量(由发送 BPF 实现)以及信道中存在的干扰和噪声(由接收 BPF 实现)。

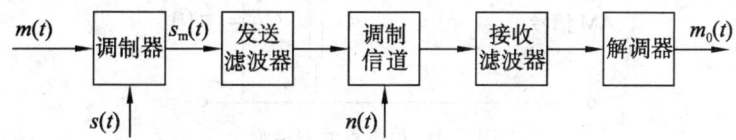

图 7.1 模拟调制系统模型

7.1.1 幅度调制原理

幅度调制是载波幅度随调制信号线性变化的过程。由于调制过程是基带信号频谱的平移或线性变换,因而又称为线性调制。

1. 原理
1) 幅度调制器的一般模型

幅度调制器的一般模型如图 7.2 所示。图中,$m(t)$ 为调制信号,并设 $\overline{m(t)}=0$,$s(t)$ 为载波。相乘器用以实现调制(频谱线性搬移),滤波器 $H(\omega)$ 用来滤取有用分量。

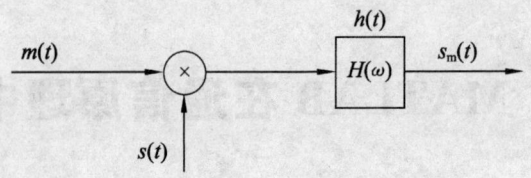

图 7.2　幅度调制器模型

2) 幅度解调器的一般模型

幅度解调器分为两种：一种是相干（同步）解调器，一种是非相干解调器（包络检波器）。相干（同步）解调器的一般模型如图 7.3 所示。图中，BPF 用来让已调制信号顺利通过，并滤除干扰和噪声。载波同步器用来提取相干载波 $s_d(t)$，要求 $s_d(t)$ 与调制器中的 $s(t)$ 同步（同频、同相）。相乘器和低通滤波器（LPF）完成相干解调功能：相乘器用来实现解调（频谱搬移），LPF 则用来提取有用的低频分量。

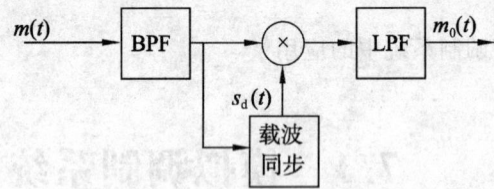

图 7.3　相干解调器的一般模型

非相干解调器（包络检波器）被认为是最简单的非线性电路，它可以只包括一个二极管和一个电容器，如图 7.4 所示。理想情况下，其输出等于输入信号的包络。由于它不要求相干载波，故称为非相干解调。

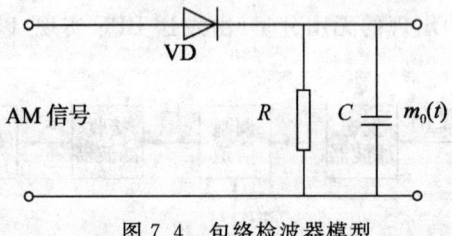

图 7.4　包络检波器模型

2. 幅度调制（AM）信号

1) 表达式

对于 AM 信号，可将 $m(t)$ 先叠加一直流分量 A，然后再与 $s(t)$ 相乘，且满足 $|m(t)|_{\max} \leqslant A$。

(1) 时域表达式为：$s_{AM}(t)=[A+m(t)]s(t)=[A+m(t)]\cos \omega_c t = A\cos \omega_c t + m(t)\cos \omega_c t$。

(2) 频域表达式为：$s_{AM}(\omega)=\pi A[\delta(\omega-\omega_c)+\delta(\omega+\omega_c)]+\frac{1}{2}[M(\omega+\omega_c)+M(\omega-\omega_c)]$。

其中，$m(t) \leftrightarrow M(\omega)$。

2) 解调

(1) 非相干解调：AM 信号可直接采用包络检波器来解调，这是它的主要优点，但要求不能出现过调幅。

(2) 相干解调：AM 也可采用相干解调。由于复杂，通常不采用它，但即使出现过调幅它仍能解调。

AM 信号带宽加倍(调制信号带宽的两倍),其优点是解调简单,缺点是功率利用率低,主要用于中短波段 AM 广播。

3. 双边带调制(DSB)信号

在 AM 信号中,载频分量占据大部分功率,又不包含信息,造成功率浪费,于是可令直流 $A=0$ 即得 DSB 信号。

1) 表达式

(1) 时域表达式为:$s_{\text{DSB}}(t)=m(t)s(t)=m(t)\cos \omega_c t$。

(2) 频域表达式为:$s_{\text{DSB}}(\omega)=\dfrac{1}{2}[M(\omega+\omega_c)+M(\omega-\omega_c)]$。

2) 解调

DSB 信号的解调通常采用相干解调。此外,若插入载波(恢复载波),且幅度较大(满足),则亦可采用后置包络检波器来解调。原因是 DSB 信号加上插入载波后,已变为 AM 信号。

DSB 信号带宽加倍,其主要优点是功率利用率高(与 AM 相比),缺点是解调复杂(与 AM 相比)。主要应用场合有 FM 立体声中的差信号调制,彩色电视系统中的色差信号调制,以及正交调制。

4. 单边带调制(SSB)信号

在 DSB 信号中,调制结果形成两个边带,即上边带和下边带。这两个边带互为对称(只要 $m(t)$ 为实信号),因此可以只传输一个边带,这就是 SSB 信号。

1) 表达式

时域表达式为:当 $s(t)=\cos \omega_c t$ 时,$s_{\text{SSB}}(t)=m(t)\cos \omega_c t \mp \hat{m}(t)\sin \omega_c t$。

式中,"−"号对应上边带,"+"号对应下边带。$\hat{m}(t)$ 是 $m(t)$ 的希尔伯特变换,两者之间的关系为 $\hat{m}(t)=m(t)*\dfrac{1}{\pi t}\leftrightarrow \hat{M}(\omega)=M(\omega)[-\text{jsgn}(\omega)]$。

2) 产生

(1) 滤波法:滤波法的原理是先产生 DSB 信号,然后再滤出一个边带,所用滤波器可采用高通滤波器 HPF(对上边带),或低通滤波器 LPF(对下边带)。

(2) 相移法:根据时域表达式形式,可采用希尔伯特滤波器 $H_h(\omega)=-\text{jsgn}(\omega)$ 实现 SSB 信号,如图 7.5 所示。

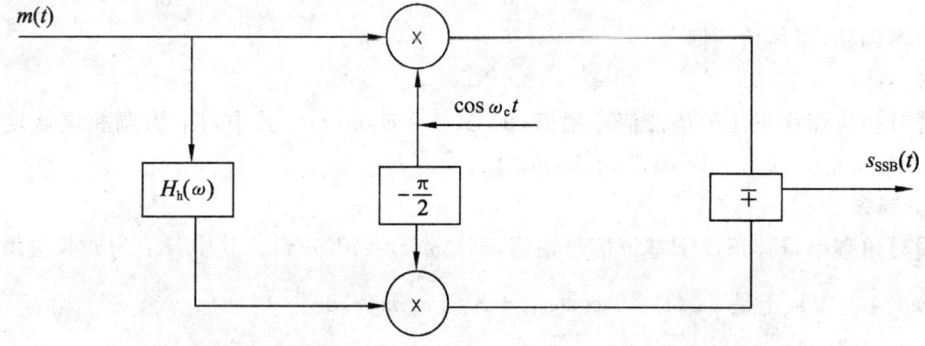

图 7.5 相移法实现 SSB 调制

3) 解调

可采用相干解调。此外,若插入大载波,亦可采用后置包络检波器,只是此时要满足插入载波振幅 $A_c \geqslant |m(t)|_{\max}$。

SSB 信号的主要优点是调制前后带宽保持不变(与调制信号相同),主要缺点是产生、解调较复杂,主要应用场合是长途(载波)电话。

5. 残留边带调制(VSB)信号

在电视系统中,由于图像基带信号的低频分量丰富,且带宽大(我国电视标准为 $0\sim 6$ MHz),因此既不便采用 AM、DSB 调制(带宽达 12 MHz),又不便采用 SSB 调制(难以滤出一个边带),于是采用两者的折中方案——VSB 调制。它是在调制之后保留一个边带的全部(或大部分)以及另一个边带的小部分的一种工作方式,从而带宽介于 SSB 信号带宽 f_H 与 DSB 信号带宽 $2f_H$ 之间,即 $f_H < B_{VSB} < 2f_H$。可采用相干解调的方法从 VSB 信号中恢复基带信号,其产生方法如图 7.6 所示。

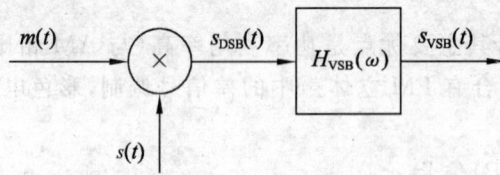

图 7.6 VSB 调制原理图

其中,$H_{VSB}(\omega)$ 为残留边带滤波器,并满足 $H_{VSB}(\omega - \omega_c) + H_{VSB}(\omega + \omega_c) = $ 常数,$|\omega| \leqslant \omega_H$,$\omega_H$ 为基带信号带宽。

7.1.2 角度调制原理

角度解调是载波相角随调制信号变化的过程。由于调制过程并非基带信号频谱的简单平移或线性变换,故称为非线性调制。

1. 调频与调相

1) 角度调制信号的一般表达式为

$$s_m(t) = A\cos\theta(t) = A\cos[\omega_c t + \varphi(t)]$$

式中,A 为振幅(恒定);$\theta(t) = \omega_c t + \varphi(t)$ 为瞬时相位角;$\varphi(t) = \theta(t) - \omega_c t$ 为瞬时相位偏移,简称相移。定义 $\omega(t) = \dfrac{d\theta(t)}{dt} = \omega_c + \dfrac{d\varphi(t)}{dt}$ 为瞬时角频率;$\Delta\omega(t) = \dfrac{d\varphi(t)}{dt} = \omega(t) - \omega_c$ 为瞬时角频率偏移,简称角频偏。

2) 调相

瞬时相位偏移正比于基带信号幅值,即 $\varphi(t) = K_P m(t)$。其中,K_P 为调相灵敏度,单位为 rad/V,于是 $s_{PM}(t) = A\cos[\omega_c t + K_P m(t)]$。

3) 调频

瞬时角频率偏移正比于基带信号幅值,即 $\Delta\omega(t) = K_F m(t)$。其中,$K_F$ 为调频灵敏度,单位为 rad/(s·V),于是 $s_{FM}(t) = A\cos\left[\omega_c t + K_F \int_{-\infty}^{t} m(\tau)d\tau\right]$。

2. 调频波的产生与解调

1) 调频波的产生

(1) 直接调频:众所周知,正弦波振荡器的振荡频率 $\omega_{osc} \approx \dfrac{1}{\sqrt{LC}}$,因此只要以调制信号 $m(t)$ 去控制 L 或 C 即可得到调频。目前,多采用变容二极管作为振荡器回路电容(部分或全部),然后以 $m(t)$ 控制变容二极管的反偏压来实现。其主要难点在于调频的线性以及载波频率(中心频率)的稳定性。不难看出,这里的振荡器实为压控振荡器(VCO),而 VCO 又是锁相环(PLL)的一个部件,于是又可采用 PLL 来实现调频。

(2) 间接调频:间接调频的原理框图如图 7.7 所示,它适用于窄带调频。

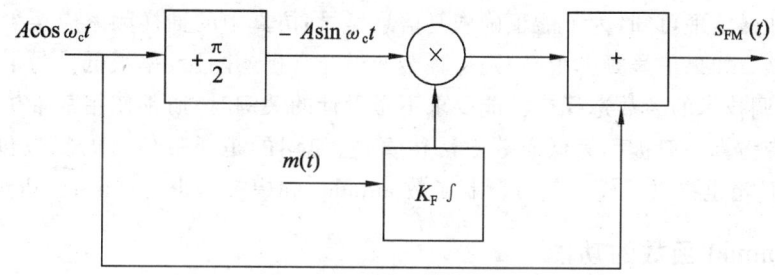

图 7.7　间接调频的原理框图

与直接调频相比,间接调频的主要优点是中心频率稳定性高,因而常用于广播系统的发射机中;主要缺点是频偏小(窄带条件)。采用倍频可增大频偏,但载波频率(中心频率)亦要相应地倍乘。此时可采用混频来降低载频(保持频偏不变),这正是广播发射机采用的方案。

2) 调频波的解调

(1) 振幅鉴频:振幅鉴频的原理如图 7.8 所示。图中频幅转换器具有线性幅频特性,用来把 FM 波转换为 AM-FM 波。即把原先蕴藏于频率中的信息转移到包络上,从而可以用包络检波器检出。频幅转换器可采用输出电压与输入信号频率成线性斜变规律的电路实现(如:失谐工作的 LC 并联回路等),关键在于转换的线性特性。亦可采用时域微分鉴频,原理如图 7.9 所示。

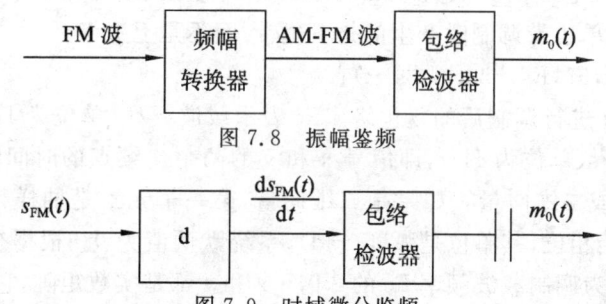

图 7.8　振幅鉴频

图 7.9　时域微分鉴频

(2) 相位鉴频:与振幅鉴频的原理相仿。先把蕴藏于频率中的信息转移到相位上,得到 PM-FM 波,然后与原先的 FM 波一起鉴相,取出转移到相位中的信息,实现解调。相位鉴频器比振幅鉴频器复杂,但鉴频特性的线性度较好。相位鉴频的原理如图 7.10 所示。

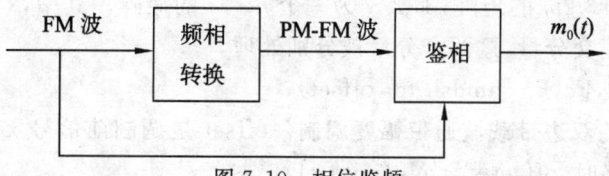

图 7.10　相位鉴频

7.2 MATLAB 在模拟调制系统中的应用

MATLAB 通信工具箱提供了模拟通带调制函数 amod 和模拟通带解调函数 ademod。通带仿真的载波信号包含在模型的发射部分,载波频率通常都远远高于信号的最高频率。由奈奎斯特抽样定理可知,为了能正确恢复信息信号,仿真中的抽样频率应至少为载波频率最大值的两倍。如果信号频率很高,则仿真会变得非常慢,并且效率很低。为了加快仿真速度,当调制解调技术的参数选择或性能要求不是设计的关键时,通常使用基带仿真来代替通带仿真。基带仿真一般被称为低通等效法仿真,它使用的是通带信号的复数包络。MATLAB 通信工具箱也提供了模拟基带调制函数 amodce 和模拟基带解调函数 ademodce。

7.2.1 amod 函数的功能

amod 函数的功能是模拟信号的通带调制,其一般表达通式为"y=amod(x,Fc,Fs,'method');"。其中,"method"选择不同,则对应以下不同格式。

常规 AM 调幅:y=amod(x,Fc,Fs,'amdsb-tc',offset);

双边带抑制载波调幅(DSB-SC):y=amod(x,Fc,Fs,'amdsb-sc');

单边带调幅(SSB):y=amod(x,Fc,Fs,'amssb/opt');

或 y=amod(x,Fc,Fs,'amssb/opt',num,den);

或 y=amod(x,Fc,Fs,'amssb/opt',hilbertflag);

调频(FM):y=amodce(x,Fc,Fs,'fm',deviation);

调相(PM):y=amodce(x,Fc,Fs,'pm',deviation);

其中,参数 offset 省略时默认为 $-\min(\min(x))$;参数 deviation 省略时默认为 1;参数 opt 被省略时默认为单边带调制时产生的是下边带,而不是上边带。

(1) y=amod(x,Fc,Fs,'method',…);

产生原始信号 x 进行调制后的复包络。Fc 表示载波频率(单位为 Hz)。输入和输出信号的采样速率都为 Fs(单位为 Hz),即信号 x 和 y 的两个连续点的时间间隔为 1/Fs。变量 Fs 可以是一个标量或二维向量。如果是二维向量,第一个元素是抽样频率,第二个元素是载波信号调制的初始相位,其单位是弧度(rad),系统默认值为 0。根据奈奎斯特抽样定理,抽样频率 Fs 应至少为调制载波频率 Fc 的 2 倍。x 和 y 都是实数矩阵,它们的大小与调制解调的方式有关。一般的调制方式,x 和 y 有相同的行数和列数,这时 x 的每列信号作为一个单独的信号被分别处理,但对于正交幅度调制(QAM),"y=amod(x,Fc,Fs,'qam');"。其中,x 必须是一个偶数列矩阵,x 的奇数列表示信号的同相分量,偶数列表示信号的正交分量。如果 x 为一个 $n\times 2m$ 的矩阵,那么 y 为一个 $n\times m$ 的矩阵。其中,x 的每对列代表一个信号的同相分量和正交分量,这两个分量被分别处理。

(2) y=amod(x,Fc,Fs,'amdsb-tc',offset);

完成对信号 x 的双边带载波通带幅度调制。offset 是调制前信号 x 加上的直流分量的大小。当 offset 忽略时,offset=$-\min(\min(x))$。

(3) y=amod(x,Fc,Fs,'amssb/opt');

完成对信号 x 的单边带抑制载波通带幅度调制,默认情况下产生下边带。这个函数在计算中使用频域希尔伯特变换,opt 参数为 up 时产生上边带。

(4) y=amod(x,Fc,Fs,'amssb/opt',num,den);

该函数指定了一个时域的希尔伯特滤波器。num 和 den 都为行向量,它们给出了希尔伯特滤波器传递函数分子和分母的参数,且都是以降序排列的。用户可以使用 hilbiir 函数来设计希尔伯特滤波器。

(5) y=amod(x,Fc,Fs,'amssb/opt',hilbertflag);

与上面不同的是,它使用了一个默认的时域希尔伯特滤波器。这个默认滤波器的传输函数被设为[num,den]=hilbiir(1/Fs)。

(6) y=amod(x,Fc,Fs,'fm',deviation);

完成频率调制。deviation 可以指定输入信号的灵敏度,等效于"y=amod(x * deviation,Fc,Fs,'fm');"。

(7) y=amod(x,Fc,Fs,'pm',deviation);

完成相位调制。同样也可以指定输入信号的灵敏度。

■ 7.2.2 ademod 函数的功能

ademod 函数的功能是模拟信号的通带解调,其格式说明如下。

常规 AM 信号解调:z=ademod(y,Fc,Fs,'amdsb-tc',offset,num,den);
或 z=ademod(y,Fc,Fs,'amdsb-tc/costas',offset,num,den);
双边带抑制载波信号解调:z=ademod(y,Fc,Fs,'amdsb-sc',num,den);
或 z=ademod(y,Fc,Fs,'amdsb-sc/costas',num,den);
单边带信号解调:z=ademod(y,Fc,Fs,'amssb',num,den);
鉴频:z=ademod(y,Fc,Fs,'fm',num,den,vcoconst);
鉴相:z=ademod(y,Fc,Fs,'pm',num,den,vcoconst);

其中,参数 offset 省略时默认为一个合适的值,使输出的均值为 0;参数 num 和 den 被省略时默认[num,den]=butter(5,Fc*2/Fs);参数 vcoconst 被省略时默认为 1。应当注意,进行解调时的方式参数必须与调制时配的参数一致,否则不能解调出原始的输入信号。

(1) z=ademod(y,Fc,Fs,…);

表示解调接收到的信号 y。Fc 表示载波频率,单位为 Hz;Fs 为采样速率,单位为 Hz。变量 Fs 可以是一个标量或二维向量。如果是二维向量,此时用法为"z=ademod(y,Fc,[Fs,phase]);"。第一个元素是抽样频率,第二个元素是载波信号调制的初始相位,其单位是 rad,系统默认值为 0。y 为复数矩阵,z 为实数矩阵,它们的大小与调制解调的方式有关。

在解调时使用低通滤波器,滤波器传递函数的分子和分母参数分别由 num 和 den 给出。如果 num 为零或未给出,使用系统默认的巴特沃斯滤波器,它的生成函数为[num,den]=butter(5,Fc*2/Fs)。

对于正交幅度调制(QAM),"z=ademod(y,Fc,Fs,'qam',num,den);"。其中,z 必须是一个偶数列的矩阵,z 的奇数列表示解调信号的同相分量,偶数列表示信号的正交分量。如果 y 为一个 $n \times m$ 的矩阵,那么 z 为一个 $n \times 2m$ 的矩阵。其中,y 的每列代表一个信号,它们被分别处理,z 的每列代表一个信号。对于其他的调制方式,y 和 z 有相同的行数和列数。这时 y 的每列信号作为一个单独的信号被分别处理。

(2) z=ademod(y,Fc,Fs,'amdsb-tc',offset,num,den);

完成对双边带载波通带调幅信号 y 的解调。参数 offset 为一个向量,输出信号的第 k 个值减去 offset 的第 k 个值后才为输出。offset 默认时会被置为合适的值,使得输出的信号均值为 0。

(3) z=ademod(y,Fc,Fs,'amdsb-sc',num,den);

双边带抑制载波调幅的通带解调。"z=ademod(y,Fc,Fs,'amdsb-tc/costas',offset, num,den);"与上面函数输入不同的是,算法中加入了 Costas 锁相环。

(4) z=ademod(y,Fc,Fs,'amssb',num,den);

完成对单边带抑制载波通带幅度调制信号 y 的解调。

(5) z=ademod(y,Fc,Fs,'fm',num,den,vcoconst);

实现调频解调。解调信号的频谱位于 min(y)+Fc 和 max(y)+Fc。解调过程中使用了锁相环,锁相环由一个乘法器(作为鉴相)、一个低通滤波器和一个压控振荡器(VCO)组成。如果 Fs 为一个两元素的向量,那么它的第二个元素为 VCO 的初始相位,单位为弧度。可选项 vcoconst 为一个标量,它代表 VCO 的灵敏度,单位为 Hz/V。

(6) z=ademod(y,Fc,Fs,'pm',num,den,vcoconst);

实现调相解调。解调过程中使用了锁相环,锁相环起 FM 解调器的作用,锁相环后接一个积分器。锁相环由一个乘法器(作为鉴相)、一个低通滤波器和一个压控振荡器(VCO)组成。如果 Fs 为一个两元素的向量,那么它的第二个元素为 VCO 的初始相位,单位为弧度。可选项 vcoconst 为一个标量,它代表输入信号的灵敏度。

7.2.3 amodce 函数的功能

amodce 函数的功能是模拟信号的基带调制,其一般表达通式为"y=amodce(x,Fs, 'method');"。其中,方式"method"选择不同,则对应以下不同的格式。

常规 AM 调幅:y=amodce(x,Fs,'amdsb-tc',offset);

双边带抑制载波调幅(DSB-SC):y=amodce(x,Fs,'amdsb-sc');

单边带调幅(SSB):y=amodce(x,Fs,'amssb');

    或 y=amodce(x,Fs,'amssb/time',num,den);

    或 y=amodce(x,Fs,'amssb/time');

调频(FM):y=amodce(x,Fs,'fm',deviation);

调相(PM):y=amodce(x,Fs,'pm',deviation);

其中,参数 offset 省略时默认为-min(min(x)),参数 deviation 省略时默认为 1。

(1) y=amodce(x,Fs,'method',…);

产生原始信号 x 进行调制后的复包络。输入和输出信号的采样速率都为 Fs(单位为 Hz),即信号 x 和 y 的两个连续点的时间间隔是 1/Fs。载波初始相位为零。x 是实数矩阵,y 为复数矩阵,它们的大小与调制解调的方式有关。一般的调制方式,x 和 y 有相同的行数和列数,这时 x 的每列信号作为一个单独的信号被分别处理,但对于正交幅度调制(QAM),"y=amodce(x,Fs,'qam');"。其中,x 必须是一个偶数列的矩阵,x 的奇数列表示信号的同相分量,偶数列代表信号的正交分量。如果 x 为一个 $n \times 2m$ 的矩阵,那么 y 为一个 $n \times m$ 的矩阵。x 的每对列代表一个信号的同相和正交分量,这两个分量被分别处理。

在"y=amodce(x,[Fs,phase]);"中,变量 Fs 可以是一个标量或二维向量。如果是二维向量,第一个元素是抽样频率,第二个元素是载波信号调制的初始相位,其单位是 rad,系统默认值为 0。

(2) y=amodce(x,Fs,'amdsb-tc',offset);

完成对信号 x 的双边带载波基带幅度调制。offset 是调制前信号 x 加上的直流分量的大小。当 offset 忽略时,offset=-min(min(x))。

(3) y=amodce(x,Fs,'amdsb-sc');

完成对信号 x 的双边带抑制载波基带幅度调制。

(4) y=amodce(x,Fs,'amssb');

完成对信号 x 的单边带抑制载波基带幅度调制。默认情况下产生下边带,这个函数在计算中使用频域希尔伯特变换。

(5) y=amodce(x,Fs,'amssb/time',num,den);

完成对信号 x 的单边带抑制载波基带幅度调制。该句指定了一个时域的希尔伯特滤波器。num 和 den 都为行向量,它们给出了希尔伯特滤波器传递函数分子和分母的参数,且都是以降序排列的。

(6) y=amodce(x,Fs,'amssb/time');

与上面不同的是,它使用了一个默认的时域希尔伯特滤波器。这个默认滤波器的传递函数被设为[num,den]=hilbiir(1/Fs)。

(7) y=amodce(x,Fs,'fm',deviation);

完成频率调制。调制信号的带宽为 max(x)-min(x)。可选参数 deviation 为一个标量,表示调制的频率偏移常数。

(8) y=amodce(x,Fs,'pm',deviation);

完成相位调制。可选参数 deviation 为一个标量,表示调制的相位偏移常数。

7.2.4 ademodce 函数的功能

ademodce 函数的功能是模拟已调信号的解调,其格式说明如下。

常规 AM 信号解调:z=ademodce(y, Fs,'amdsb-tc',offset,num,den);

或 z=ademodce(y, Fs,'amdsb-tc/costas',offset,num,den);

双边带抑制载波信号解调:z=ademodce(y,Fs,'amdsb-tc',num,den);

或 z=ademodce(y,Fs,'amdsb-sc/costas',num,den);

单边带信号解调:z=ademodce(y,Fs,'amssb',num,den);

鉴频:z=ademodce(y,Fs,'fm',num,den,vcoconst);

鉴相:z=ademodce(y,Fs,'pm',num,den,vcoconst);

其中,参数 offset 省略时默认为一个合适的值,使输出的均值为 0;参数 num 和 den 被省略时默认不使用滤波器;参数 vcoconst 被省略时默认为 1。应当注意,进行解调时的方式参数必须与调制时配的参数一致,否则不能解调出原始的输入信号。

(1) z=ademodce(y,Fs,…);

表示解调接收到的信号 y。Fs 为采样速率,单位为 Hz。变量 Fs 可以是一个标量或二维向量,如果是二维向量,此时用法为"z=ademodce(y,[Fs,phase]);"。第一个元素是抽样频率,第二个元素是载波信号调制的初始相位,其单位是 rad,系统默认值为 0。y 为复数矩阵,z 为实数矩阵,它们的大小与调制解调的方式有关。

在解调时使用低通滤波器,滤波器传递函数的分子和分母参数分别由 num 和 den 给出。如果 num 为空、零或默认,表示 ademodce 函数不使用滤波器。

对于正交幅度调制(QAM),"z=ademodce(y,Fs,'qam',num,den);"。其中,z 必须是一个偶数列的矩阵,z 的奇数列表示解调信号的同相分量,偶数列表示信号的正交分量。如果 y 为一个 $n \times m$ 的矩阵,那么 z 为一个 $n \times 2m$ 的矩阵。其中,y 的每列代表一个信号,它们被分别处理,z 的每列代表一个信号。对于其他的调制方式,y 和 z 有相同的行数和列数。这时 y 的每列信号作为一个单独的信号被分别处理。

(2) z=ademodce(y,Fs,'amdsb-tc',offset,num,den);

完成对双边带调幅信号 y 的解调。参数 offset 为一个向量,输出信号的第 k 个值减去 offset 的第 k 个值后才为输出。当 offset 默认时会被置为合适的值,使得输出的信号均值为 0。

(3) z=ademodce(y,Fs,'amdsb-sc',num,den);

实现双边带抑制载波调幅的基带解调。"z=ademodce(y,Fs,'amdsb-tc/costas',offset,num,den);"与上面函数输入不同的是,算法中加入了 Costas 锁相环。

(4) z=ademodce(y,Fs,'amssb',num,den);

完成对单边带抑制载波幅度调制信号 y 的解调。

(5) z=ademodce(y,Fs,'fm',num,den,vcoconst);

完成频率基带调制信号 y 的解调。vcoconst 表示解调制使用的 VCO 的灵敏度。

(6) z=ademodce(x,Fs,'pm', num,den,vcoconst);

完成相位解调。vcoconst 表示解调制使用的 VCO 的灵敏度。

■ 7.2.5 实例分析

例 7.2.1 基带信号为 $x=\sin(2\pi t)$,调制载波为 10 Hz 正弦信号,利用 amod 函数实现 AM 调幅信号(直流分量为 1.5)、DSB-SC 信号、SSB 信号的时域、频域图形。

M 文件源程序:

```
close all;
clear all;
Fs=100;
t=[0:2*Fs+1]/Fs;
Fc=10;
x=sin(2*pi*t);
yam=amod(x,Fc,Fs,'amdsb-tc',1.5);
ydsb=amod(x,Fc,Fs,'amdsb-sc');
yssb=amod(x,Fc,Fs,'amssb/up');
figure(1)
```

```matlab
subplot(3,1,1);
plot(t,yam);
hold on;
plot(t,x+1.5,'r--');
title('AM 信号及其包络');
subplot(3,1,2);
plot(t,ydsb);
hold on;
plot(t,x,'r--');
title('DSB-SC 信号及其基带信号');
subplot(3,1,3);
plot(t,yssb);
hold on;
plot(t,x,'r--');
title('SSB 信号及基带信号');
zam=fft(yam);
zam=abs(zam(1:length(zam)/2+1));
frqam=[0:length(zam)-1]*Fs/length(zam)/2;
zdsb=fft(ydsb);
zdsb=abs(zdsb(1:length(zdsb)/2+1));
frqdsb=[0:length(zdsb)-1]*Fs/length(zdsb)/2;
zssb=fft(yssb);
zssb=abs(zssb(1:length(zssb)/2+1));
frqssb=[0:length(zssb)-1]*Fs/length(zssb)/2;
figure(2)
subplot(3,1,1);
plot(frqam,zam);
hold on;
title('AM 信号频谱');
subplot(3,1,2);
plot(frqdsb,zdsb);
hold on;
title('DSB 信号频谱');
subplot(3,1,3);
plot(frqssb,zssb);
hold on;
title('SSB 信号频谱');
```
运行结果如图 7.11 所示。

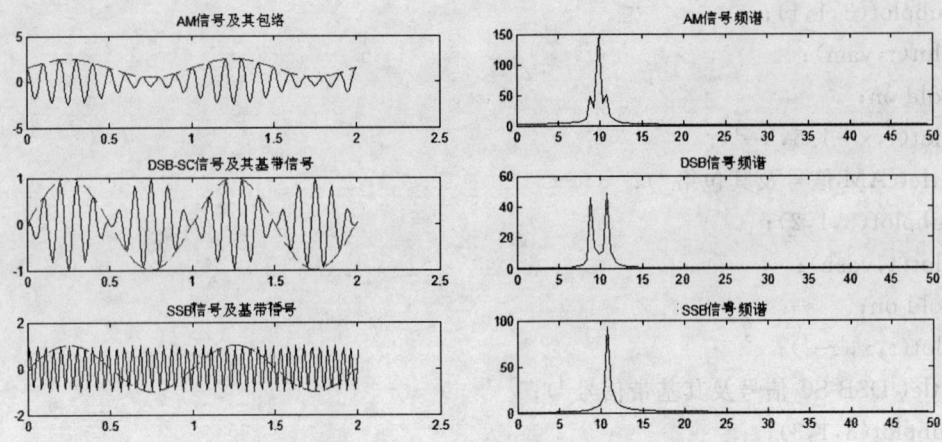

图 7.11　AM 信号、DSB-SC 信号、SSB 信号的时域、频域图形

例 7.2.2　设输入基带信号为 $x=\cos(2\pi t)+1.5\sin(0.6\pi t)$，调频器的压控振荡系数为 5 Hz/V。利用基带调制解调函数 amodce 和 ademodce 实现调频信号的调制解调过程，并画出已调信号的频谱。

M 文件源程序：

```
close all;
clear all;
Kf=5;
Fc=10;
T=5;
dt=0.001;
Fs=1/0.001;
t=0:dt:T;
x=cos(2*pi*t)+1.5*sin(2*pi*0.3*t);
y=amodce(x,Fs,'fm');
xt=ademodce(y,Fs,'fm',Kf);
df=1/T;
N=length(y);
f=-N/2*df:df:N/2*df-df;
z=fft(y);
z=T/N*fftshift(z);
figure(1)
subplot(2,1,1);
plot(t,x,'r--');
title('FM 基带信号');
subplot(2,1,2)
plot(t,xt);
title('FM 解调信号');
figure(2)
```

```
plot(f,abs(z));
axis([-25 25 0 3]);
hold on;
title('FM 信号频谱');
```
运行结果如图 7.12 所示。

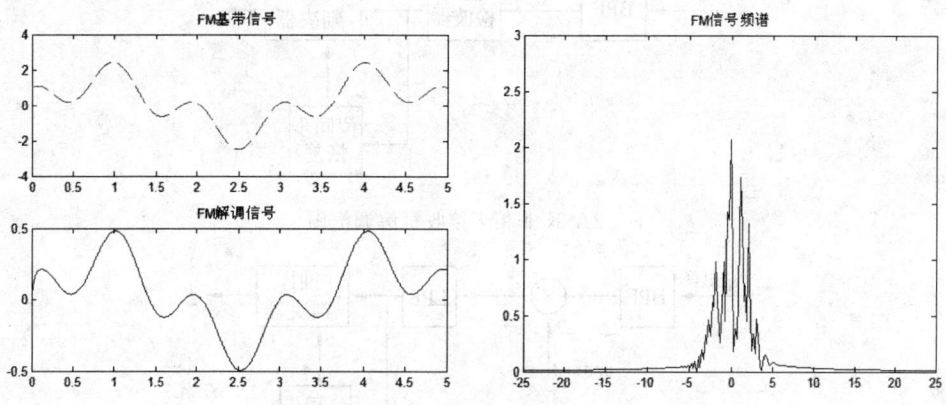

图 7.12 FM 信号的调制解调及频谱图

7.3 数字调制系统

基带数字信号控制高频载波。把基带数字信号变换为频带数字信号的过程称为数字调制,把频带数字信号还原成基带数字信号的反变换过程称为数字解调。

7.3.1 二进制数字振幅调制(2ASK)

1. 表达式

$$e_{2ASK}(t) = s(t)\cos\omega_c t$$

式中,$s(t)$ 是数字基带信号,$s(t) = \sum_n a_n g(t-T_s)$。其中,$a_n$ 可取为 0 和 +1(或 +A),分别对应数字信息 0 和 1(或相反);T_s 是码元宽度;$g(t)$ 是每个码元期间的基带脉冲波形,为简便起见,假设是高度为 1、宽度等于 T 的矩形脉冲(下同)。

2. 产生及解调

模拟调制法(相乘法)和键控法,分别如图 7.13(a)、(b)所示。

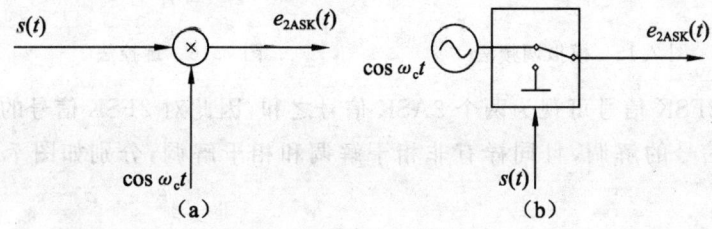

图 7.13 2ASK 信号的产生

与 AM 信号解调类似,2ASK 解调可采用非相干接收机解调,如图 7.14(a)所示,亦可采用相干解调(同步解调),相应的框图如图 7.14(b)所示。需要指出的是,图 7.14 中抽样判决器的判决电平应取为其输入(解调)信号的高电平值的一半(低电平为零)。由于接收信号电平可能变化,应要求判决电平作相应变化,这正是 2ASK 的缺点之一。

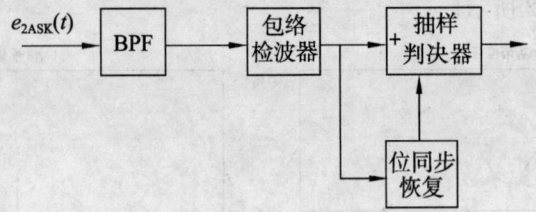

(a) 2ASK 非相干接收机解调框图

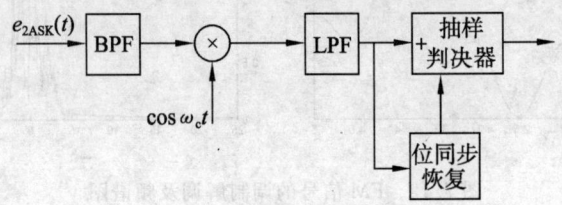

(b) 2ASK 相干接收机解调框图

图 7.14　2ASK 信号的解调

7.3.2　二进制数字频率调制(2FSK)

1. 表达式

2FSK 信号可视为两个 2ASK 信号之和,表达式为

$$e_{2FSK}(t) = s(t)\cos\omega_1 t + \overline{s(t)}\cos\omega_2 t$$

式中,$s(t)$ 是单极性 NRZ 码,$\overline{s(t)}$ 是 $s(t)$ 对应码的反码。

2. 产生及解调

模拟调频法产生相位连续的 2FSK 信号,如图 7.15 所示。键控法产生相位不连续的 2FSK 信号,如图 7.16 所示。

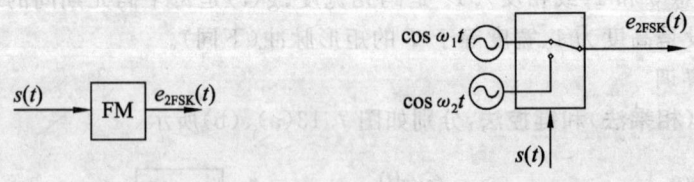

图 7.15　模拟调频法　　　　图 7.16　键控法

由于一个 2FSK 信号可视为两个 2ASK 信号之和,因此对 2FSK 信号的解调可分解为对两路 2ASK 信号的解调,且同样有非相干解调和相干解调,分别如图 7.17(a)、(b)所示。

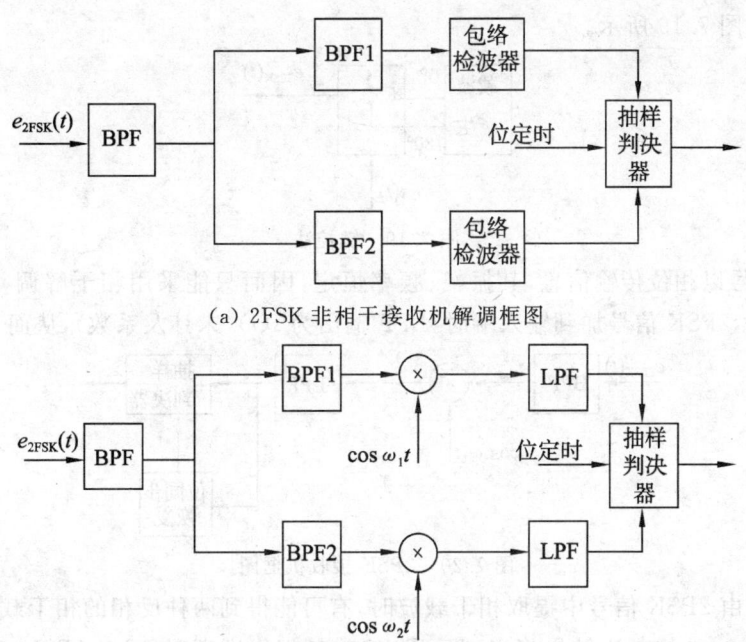

(a) 2FSK 非相干接收机解调框图

(b) 2FSK 相干接收机解调框图

图 7.17 2FSK 信号的解调

需要指出两点:第一,图 7.17 中三个带通滤波器的参数不同。BPF 用来通过 2FSK 信号,因而其中心频率 $f_0 = \dfrac{f_1 + f_2}{2}$,带宽 $B_{\mathrm{BPF}} \geqslant B_{\mathrm{2FSK}}$;BPF1 用来通过 2ASK1 信号,因而其中心频率 $f_0 = f_1$,带宽 B_{BPF1} 大于基带信号带宽;BPF2 用来通过 2ASK2 信号,因而其中心频率 $f_0 = f_2$,带宽 B_{BPF2} 大于基带信号带宽。第二,抽样判决器的判决依据是对两路 LPF 输出进行比较,谁大取谁,因而无需另加判决电平(或理解为:先将两路 LPF 输出相减,再将差值与零判决电平作比较),这正是 2FSK 优于 2ASK 之处。

7.3.3 二进制数字相位调制(2PSK/2DPSK)

1. 表达式

2PSK 信号的表达式为

$$e_{\mathrm{2PSK}}(t) = \cos(\omega_c t + \varphi_k) = s(t)\cos \omega_c t$$

式中,φ_k 取 0 或 π(对应 1 或 0),于是 $s(t)$ 就是双极性 NRZ 码;由于双极性码在等概率时无直流,因而 e_{2PSK} 对应于 DSB-SC 信号。

2. 产生及解调

模拟调制法(相乘法),如图 7.18 所示。

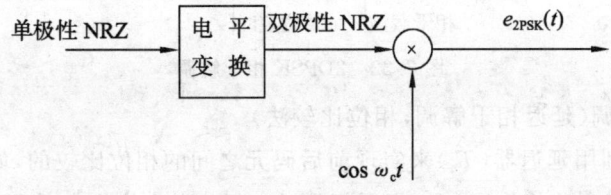

图 7.18 模拟调制法

键控法如图 7.19 所示。

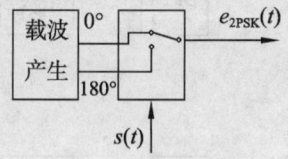

图 7.19 键控法

2PSK 信号以相位传输信息，其振幅、频率恒定，因而只能采用相干解调，如图 7.20 所示。可以看出，2PSK 信号加到输入端时，LPF 输出为 $s(t)$（未计及系数），从而可正确解调。

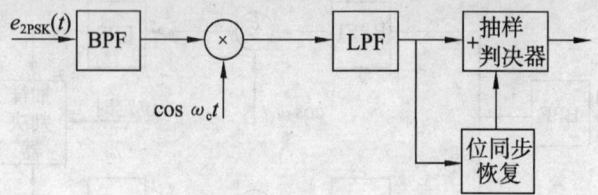

图 7.20 2PSK 接收机框图

在接收端由 2PSK 信号中提取相干载波时，有可能得到两种反相的相干载波，于是 LPF 输出将为 $\pm s(t)$，抽样判决结果将出现反码，这就是相位模糊现象（对 2PSK 又称为倒 π 现象）。相位模糊现象是不允许的，因而 2PSK 实际上不用，而是采用 2DPSK。

3. 2DPSK 的产生

2PSK 以载波（绝对）相位来传输信息，2DPSK 以载波相对相位（即前后码元间相位差）来传输信息，从而克服了相位模糊问题。2DPSK 信号的产生如图 7.21 所示。图中，差分编码用来把绝对码 a_k 变为相对（差分）码，可采用 NRZ(M) 或 NRZ(S) 差分码。

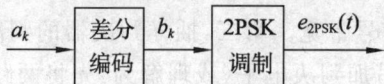

图 7.21 2DPSK 信号的产生

由图可知，图中的输出相对于绝对码 a_k 为 2DPSK 信号，相对于相对码 b_k 则为 2PSK 信号。由于 2DPSK 信号与 2PSK 信号的差异仅在于差分编码，因而 2DPSK 信号的表达式、功率谱与 2PSK 信号相似，带宽则相同。

1) 相干解调（极性比较法）

相干解调方案是调制的反过程，如图 7.22 所示。其中，差分译码规则与差分编码规则相对应。

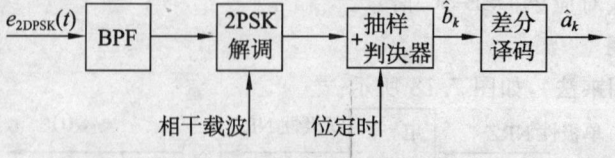

图 7.22 2DPSK 相干解调

2) 差分相干解调（延迟相干解调，相位比较法）

该法的原理是利用延迟器（T_s）来实现前后码元之间的相位比较的，如图 7.23 所示。图中，相乘器和 LPF 实现鉴相作用。与相干解调法相比，该法的优点是无需另行产生本地相干载波,也无需差分译码器,因而简单;缺点是要求延迟精确,且误码率稍高。

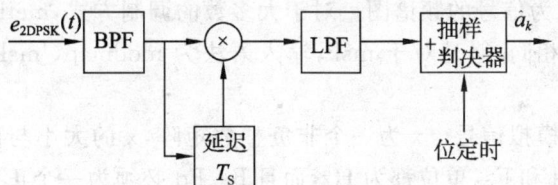

图 7.23 2DPSK 差分相干解调

7.4 MATLAB 在数字调制系统中的应用

利用 MATLAB 实现数字调制的过程可以分为两步:第一步,从数字信号到模拟信号进行映射;第二步,利用模拟调制来实现数字调制。其具体过程如图 7.24 所示。

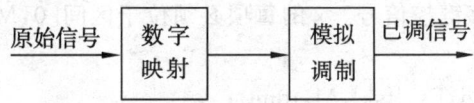

图 7.24 数字信号调制框图

数字解调过程可以认为是数字调制过程的逆过程。这样,数字解调利用 MATLAB 实现也可以分为两步:第一步,调制过的信号被模拟解调;第二步,模拟信号被逆映射为数字信号。具体过程如图 7.25 所示。

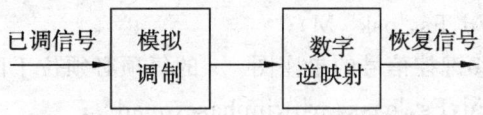

图 7.25 数字信号解调框图

在介绍数字通带调制解调之前,我们先了解一下数字映射和数字逆映射的概念。MATLAB 通信工具箱提供了把数字信号映射成模拟信号的函数 modmap 和模拟信号映射成数字信号的函数 demodmap。

■ 7.4.1 数字映射

modmap 函数的功能是把数字信号映射成模拟信号,其格式说明如下。

M 元幅移键控:y=modmap(x,Fd,Fs,'ask',M);

M 元频移键控:y=modmap(x,Fd,Fs,'fsk',M,tone);

最小频移键控:y=modmap(x,Fd,Fs,'msk');

M 元相移键控:y=modmap(x,Fd,Fs,'psk',M);

正交幅移键控:y=modmap(x,Fd,Fs,'qask/arb',inphase,quadr);

或 y=modmap(x,Fd,Fs,'qask/cir',numsig,amp,phs);

其中,参数 tone 省略时默认为 Fd,参数 amp 省略时默认为[1:length(numsig)],参数 phs 被省略时默认为 numsig * 0。

(1) y=modmap(x,Fd,Fs,'method',…);

如果 method 不是 fsk 或 msk,那么产生的图形为信号的星座图;如果 method 是 fsk 或 msk,那么产生的图像为信号的频谱图。对于大多数的调制方式,method 后跟的参数与相应的映射语法中的参数相同,但是对于 msk,输入语法为 modmap('msk',Fd)。其中,Fd 为信号的采样速率。

将 x 映射到一个模拟信号。x 为一个非负整数矩阵,x 的大小与调制方式有关。x 和 y 的采样速率分别为 Fd 和 Fs,单位都为 Hz,而且 Fs/Fd 必须为一个正整数。对于 ASK、FSK 和 MSK 方式,如果 x 为一个长为 n 的向量,那么 y 就是一个长为 $n×Fs/Fd$ 的列向量。如果 x 为 $n×m$ 的矩阵,则 y 为 $(n×Fs/Fd)×m$ 的矩阵,x 的每一列作为单独信号分别运算。对于 PSK 和 QASK 方式,如果 x 为一个长为 n 的向量,那么 y 就是一个大小为 $n×Fs/Fd×2$ 的矩阵,y 的奇数列表示同相分量,偶数列表示正交分量。如果 x 为 $n×m$ 的矩阵,则 y 为 $(n×Fs/Fd)×2m$ 的矩阵,x 的每一列作为单独信号分别运算。y 的奇数列表示同相分量,偶数列表示正交分量。

(2) y=modmap(x,Fd,Fs,'ask',M);

将 x 映射到 M 元幅移键控信号。x 的每项必须位于区间[0,M−1],y 的每项必须位于区间[−1,1]。

(3) y=modmap(x,Fd,Fs,'fsk',M,tone);

将 x 映射到 M 元频移键控设置的频率数。x 的每项必须位于区间[0,M−1]。可选参数 tone 为 FSK 相邻符号的频率间隔,省略时默认为 Fd。

(4) y=modmap(x,Fd,Fs,'msk');

将 x 映射到最小频移键控设置的频率数。x 为 0 或 1,两频率的间隔为 Fd/2。

(5) y=modmap(x,Fd,Fs,'psk',M);

将 x 映射到 M 元相移键控信号的星座图。x 的每项必须位于区间[0,M−1]。

(6) y=modmap(x,Fd,Fs,'qask/arb',inphase,quadr);

将 x 映射到用向量 inphase 和 quadr 确定的正交幅移键控信号的星座图。其中,星座图中的第 k 个符号点的同相分量为 inphase(k+1),正交分量为 quadr(k+1)。

(7) y=modmap(x,Fd,Fs,'qask/cir',numsig,amp,phs);

将 x 映射到正交幅移键控信号的圆形星座图。numsig、amp 和 phs 是长度相同的向量,numsig 和 amp 必须为正。如果 k 是一个位于区间[1,length(numsig)]的整数,则 amp(k)为第 k 个圆的半径,numsig(k)为第 k 个圆上的星座点数,phs(k)为第 k 个圆上第一个点的相位。第 k 个圆上的所有点都是平均间隔的。phs 省略时默认为 numsig*0,amp 省略时默认为[1:length(numsig)]。

7.4.2 数字逆映射

demodmap 函数的功能是把模拟信号映射成数字信号,其格式说明如下。

M 元幅移键控:z=demodmap(x,Fd,Fs,'ask',M);
M 元频移键控:z=demodmap(x,Fd,Fs,'fsk',M,tone);
最小频移键控:z=demodmap(x,Fd,Fs,'msk');
M 元相移键控:z=demodmap(x,Fd,Fs,'psk',M);
正交幅移键控:z=demodmap(x,Fd,Fs,'qask/arb',inphase,quadr);

或 z=demodmap(x,Fd,Fs,'qask/cir',numsig,amp,phs);

其中,参数 tone 省略时默认为 Fd,参数 amp 省略时默认为[1:length(numsig)],参数 phs 被省略时默认为 numsig*0。

(1) z=demodmap(x,Fd,Fs,'method',…);

将接收到的模拟信号 x 逆映射为数字信号。逆映射时会将接收到的信号与所有编码规则规定的数值进行比较,返回最接近的数值。x 和 z 的采样速率分别为 Fs 和 Fd,单位都为 Hz,而且 Fs/Fd 必须为一个正整数。x 为一个矩阵,x 和 z 的大小与解调方式有关。对于 ASK、FSK 和 MSK 方式,如果 x 为一个长为 $n \times Fs/Fd$ 的向量,那么 z 就是一个长为 n 的列向量;如果 x 为 $(n \times Fs/Fd) \times m$ 的矩阵,则 z 为 $n \times m$ 的矩阵,x 的每一列作为单独信号分别运算。对于 PSK 和 QASK 方式,x 必须为一个偶数列的矩阵,x 的奇数列表示同相分量,偶数列表示正交分量。x 的每列作为单独信号分别计算。如果 x 为 $(n \times Fs/Fd) \times 2m$ 的矩阵,则 z 为 $n \times m$ 的矩阵。

"z=demodmap(x,[Fd offset],…);"可以用参数 offset 将判决时间前移。offset 为一个位于区间[0,Fs/Fd]的正整数,可将判决时间前移 offset。offset 省略时默认为 0。

(2) z=demodmap(x,Fd,Fs,'ask',M);

逆映射 M 元幅移键控信号。z 的值都位于区间[0,M-1]。

(3) z=demodmap(x,Fd,Fs,'fsk',M,tone);

逆映射 M 元频移键控信号。z 的每项必须位于区间[0,M-1]。可选参数 tone 为 FSK 相邻符号的频率间隔,省略时默认为 Fd。

(4) z=demodmap(x,Fd,Fs,'msk');

逆映射最小频移键控信号。z 的值为 0 或 1,两频率的间隔为 Fd/2。

(5) z=demodmap(x,Fd,Fs,'psk',M);

逆映射 M 元相移键控信号。z 的每项必须位于区间[0,M-1]。

(6) z=demodmap(x,Fd,Fs,'qask/arb',inphase,quadr);

用向量 inphase 和 quadr 确定的正交幅移键控信号的星座图来逆映射信号 x。其中,星座图中的第 k 个符号点的同相分量为 inphase(k+1),正交分量为 quadr(k+1)。

(7) z=demodmap(x,Fd,Fs,'qask/cir',numsig,amp,phs);

用正交幅移键控信号的圆形星座图来逆映射信号 x。numsig、amp 和 phs 是长度相同的向量,numsig 和 amp 必须为正。如果 k 是一个位于区间[1,length(numsig)]的整数,则 amp(k)为第 k 个圆的半径,numsig(k)为第 k 个圆上的星座点数,phs(k)为第 k 个圆上第一个点的相位。第 k 个圆上的所有点都是平均间隔的。phs 省略时默认为 numsig*0,amp 省略时默认为[1:length(numsig)]。

MATLAB 的通信工具箱提供了通带数字调制的函数 dmod 和通带数字解调的函数 ddemod。

7.4.3 数字调制

dmod 函数的功能是数字信号的通带调制,其格式说明如下。

M 元幅移键控:y=dmod(x,Fc,Fd,Fs,'ask',M);

M 元频移键控:y=dmod(x,Fc,Fd,Fs,'fsk',M,tone);

最小频移键控：y=dmod(x,Fc,Fd,Fs,'msk');
M元相移键控：y=dmod(x,Fc,Fd,Fs,'psk',M);
正交幅移键控：y=dmod(x,Fc,Fd,Fs,'qask/arb',inphase,quadr);
或 y=dmod(x,Fc,Fd,Fs,'qask/cir',numsig,amp,phs);

其中，参数 tone 省略时默认为 Fd，参数 amp 省略时默认为[1:length(numsig)]，参数 phs 省略时默认为 numsig*0。

在 dmod 函数的参数 method 后加"/nomap"，如"y=dmod(x,Fc,Fd,Fs,'method/nomap',…);"表示 x 已经是映射过的模拟信号，此语句不进行映射。x 的采样速率为 Fs，而不是 Fd。此时 dmod 函数跳过了映射，而由 modmap 函数单独完成。

(1) y=dmod(x,Fc,Fd,Fs,…);

最通常的用法为"y=dmod(x,Fc,Fd,Fs,…);"，调制 x 表示的数字信号。x 为非负整数矩阵，如果 x 为长为 n 的向量，那么 y 为长为 $n×Fs/Fd$ 的向量；如果 x 为 $n×m$ 的矩阵，那么 y 为 $(n×Fs/Fd)×m$ 的矩阵。其中，x 的每列作为单独的信号分别处理。Fc 为载波频率，单位为 Hz，x 和 y 的采样速率分别为 Fd 和 Fs，单位为 Hz。Fs/Fd 必须为一个正整数，最好 Fs、Fc 和 Fd 的取值满足 Fs>Fc>Fd。载波信号的初始相位为 0。

在"y=dmod(x,Fc,Fd,[Fs phase],…);"中，Fs 项为二维向量[Fs phase]。其中，Fs 为采样速率，phase 为载波信号的初始相位，单位为 rad。

(2) y=dmod(x,Fc,Fd,Fs,'ask',M);

完成 M 元幅移键控调制。x 中的元素都为位于[0,M-1]的整数。被调制信号的最大值为 1。

(3) y=dmod(x,Fc,Fd,Fs,'fsk',M,tone);

完成 M 元频移键控调制。x 的每项必须位于区间[0,M-1]。可选参数 tone 为 FSK 相邻符号的频率间隔，省略时默认为 Fd，y 的最大值为 1。

(4) y=dmod(x,Fc,Fd,Fs,'msk');

完成最小频移键控调制。x 为 0 或 1，y 的最大值为 1。

(5) y=dmod(x,Fc,Fd,Fs,'psk',M);

完成 M 元相移键控调制。x 中的元素都为位于[0,M-1]的整数，y 的最大值为 1。

(6) y=dmod(x,Fc,Fd,Fs,'qask/arb',inphase,quadr);

完成 M 元正交幅移键控，其星座图用向量 inphase 和 quadr 确定。其中，星座图中的第 k 个符号点的同相分量为 inphase(k+1)，正交分量为 quadr(k+1)。

(7) y=dmod(x,Fc,Fd,Fs,'qask/cir',numsig,amp,phs);

完成星座图为圆形的正交幅移键控调制。numsig、amp 和 phs 是长度相同的向量，numsig 和 amp 必须为正。如果 k 是一个位于区间[1,length(numsig)]的整数，则 amp(k) 为第 k 个圆的半径，numsig(k) 为第 k 个圆上的星座点数，phs(k) 为第 k 个圆上第一个点的相位。第 k 个圆上的所有点都是平均间隔的。phs 省略时默认为 numsig*0，amp 省略时默认为[1:length(numsig)]。

(8) [y,t]=dmod(…);

将计算时间返回到 t 中。t 为长度等于 y 的行数的向量。

7.4.4 数字解调

ddemod 函数的功能是数字信号的通带解调,其格式说明如下。
M 元幅移键控:z=ddemod(y,Fc,Fd,Fs,'ask/opt',M,num,den);
M 元频移键控:z=ddemod(y,Fc,Fd,Fs,'fsk/opt',M);
最小频移键控:z=ddemod(y,Fc,Fd,Fs,'msk');
M 元相移键控:z=ddemod(y,Fc,Fd,Fs,'psk/opt',M,num,den);
正交幅移键控:z=ddemod(y,Fc,Fd,Fs,'qask/arb/opt',inphase,quadr,num,den);
    或 z=ddemod(y,Fc,Fd,Fs,'qask/cir/opt',numsig,amp,phs,num,den);

其中,参数 opt 被省略时默认为 ddemod 解调后做逆映射。如果使用的是 ASK 方式,则不使用 Costas 环;如果使用的是 FSK 方式,则为相干解调。参数 num 和 den 省略时默认为 ddemod 函数,不使用滤波器;参数 amp 省略时默认为[1:length(numsig)];参数 phs 省略时默认为 numsig * 0。

通常,ddemod 函数首先解调接收的模拟信号,然后逆映射解调后的函数。但如果加上"/nomap"标志,则 ddemod 函数不进行逆映射,输出信号 z 的采样速率为 Fs。此时可以单独使用 demodmap 函数完成逆映射。FSK 和 MSK 方式不提供"/nomap"选项。

(1) z=ddemod(y,Fc,Fd,Fs,…);

解调接收到的模拟信号 y 为数字信号 z。解调时将接收到的信号与所有编码规则规定的数值进行比较,返回最接近的数值。y 和 z 为实矩阵,它们的大小与解调方式有关。对于 ASK、FSK 和 MSK 方式,如果 y 为一个长为 $n×Fs/Fd$ 的向量,那么 z 就是一个长为 n 的列向量;如果 y 为 $(n×Fs/Fd)×m$ 的矩阵,则 z 为 $n×m$ 的矩阵。y 的每一列作为单独信号分别运算。对于 PSK 和 QASK 方式,如果 y 为 $(n×Fs/Fd)×m$ 的矩阵,则 z 为 $n×2m$ 的矩阵。z 的奇数列表示同相分量,偶数列表示正交分量,y 的每列作为单独信号分别计算。载波频率为 Fc,单位为 Hz。y 和 z 的采样速率分别为 Fs 和 Fd,单位都为 Hz,而且 Fs/Fd 必须为一个正整数。

在"z=ddemod(y,Fc,Fd,[Fs initphase],…);"中,Fs 项为二维向量[Fs phase]。其中,Fs 为采样速率,phase 为载波信号的初始相位,单位为 rad。

为了滤除载波信号,ddemod 函数使用一个采样速率为 Fs 的低通滤波器。参数 num 和 den 可以来控制滤波器的特性,它们是行向量,表示滤波器传输函数中降序排列的分子和分母参量。如果 num 为空或零或默认,则 ddemod 函数不使用滤波器。

(2) z=ddemod(y,Fc,Fd,Fs,'ask',M);

完成 M 元幅移键控解调 z 中的元素都为位于[0,M−1]的整数。
"z=ddemod(y,Fc,Fd,Fs,'ask/costas',M);"完成 M 元幅移键控解调,而且在解调过程中使用了 Costas 环。

(3) z=ddemod(y,Fc,Fd,Fs,'fsk',M,tone);

完成 M 元频移键控的相干解调。z 的每项必须位于区间[0,M−1]。可选参数 tone 为 FSK 相邻符号的频率间隔,省略时默认为 Fd。y 的最大值为 1。

"z=ddemod(y,Fc,Fd,Fs,'fsk/noncoherence',M,tone);"用于完成 M 元频移键控的非相干解调。

(4) z=ddemod(y,Fc,Fd,Fs,'msk');

完成最小频移键控解调。z 为 0 或 1,两频率间隔为 Fd/2。

(5) z=ddemod(y,Fc,Fd,Fs,'psk',M);

完成 M 元相移键控解调。z 中的元素都为位于[0,M−1]的整数。

(6) z=ddemod(y,Fc,Fd,Fs,'qask/arb',inphase,quadr);

完成 M 元正交幅移键控解调,其星座图用向量 inphase 和 quadr 确定。其中,星座图中的第 k 个符号点的同相分量为 inphase(k+1),正交分量为 quadr(k+1)。

(7) z=ddemod(y,Fc,Fd,Fs,'qask/cir',numsig,amp,phs);

完成星座图为圆形的正交幅移键控解调。numsig、amp 和 phs 是长度相同的向量,numsig 和 amp 必须为正。如果 k 是一个位于区间[1,length(numsig)]的整数,则 amp(k)为第 k 个圆的半径,numsig(k)为第 k 个圆上的星座点数,phs(k)为第 k 个圆上第一个点的相位。第 k 个圆上的所有点都是平均间隔的。phs 省略时默认为 numsig*0,amp 省略时默认为[1:length(numsig)]。

在通带仿真中,由于载波信号的频率通常比较高,因此需要进行大量计算。为了解决这个问题,可以采用基带仿真技术。MATLAB 通信工具箱提供了数字基带调制函数 dmodce 和解调函数 ddemodce。

■ 7.4.5 基带数字调制

dmodce 函数的功能是数字信号的基带调制,其格式说明如下。

M 元幅移键控:y=dmodce(x,Fd,Fs,'ask',M);

M 元频移键控:y=dmodce(x,Fd,Fs,'fsk',M,tone);

最小频移键控:y=dmodce(x,Fd,Fs,'msk');

M 元相移键控:y=dmodce(x,Fd,Fs,'psk',M);

正交幅移键控:y=dmodce(x,Fd,Fs,'qask',M);

或 y=dmodce(x,Fd,Fs,'qask/arb',inphase,quadr);

或 y=dmod(x,Fd,Fs,'qask/cir',numsig,amp,phs);

其中,参数 tone 省略时默认为 Fd,参数 amp 省略时默认为[1:length(numsig)],参数 phs 省略时默认为 numsig*0。

在 dmodce 函数的参数 method 后加"/nomap",如"y=dmodce(x,Fc,Fd,Fs,'method/nomap',…);"表示 x 已经是映射过的模拟信号,此语句不进行映射。x 的采样速率为 Fs,而不是 Fd。此时 dmodce 函数跳过了映射,而由 modmap 函数单独完成。

(1) y=dmodce(x,Fd,Fs,…);

最通常的用法为"y=dmodce(x,Fd,Fs,…);",调制 x 表示的数字信号。x 为非负整数矩阵,如果 x 为长为 n 的向量,那么 y 为长为 $n×Fs/Fd$ 的向量;如果 x 为 $n×m$ 的矩阵,那么 y 为 $(n×Fs/Fd)×m$ 的矩阵。其中,x 的每列作为单独的信号分别处理。x 和 y 的采样速率分别为 Fd 和 Fs,单位为 Hz。y 的元素为复数。Fs/Fd 必须为一个正整数,信号的初始相位为 0。

在"y=dmodce(x,Fd,[Fs phase],…);"中,Fs 项为二维向量[Fs phase]。其中,Fs 为采样速率,phase 为载波信号的初始相位,单位为 rad。

(2) y=dmodce(x,Fd,Fs,'ask',M);

完成 M 元幅移键控调制。x 中的元素都为位于[0,M−1]的整数。被调制信号的最大值为 1。

(3) y=dmodce(x,Fd,Fs,'fsk',M,tone);

完成 M 元频移键控调制。x 的每项必须位于[0,M−1]。可选参数 tone 为 FSK 相邻符号的频率间隔,省略时默认为 Fd。y 的最大值为 1。

(4) y=dmodce(x,Fd,Fs,'msk');

完成最小频移键控调制。x 为 0 或 1,y 的最大值为 1。两频率间隔为 Fd/2。

(5) y=dmodce(x,Fd,Fs,'psk',M);

完成 M 元相移键控调制。x 中的元素都为位于[0,M−1]的整数,y 的最大值为 1。

(6) y=dmodce(x,Fd,Fs,'qask/arb',inphase,quadr);

完成 M 元正交幅移键控,其星座图用向量 inphase 和 quadr 确定。星座图中的第 k 个符号点的同相分量为 inphase(k+1),正交分量为 quadr(k+1)。

(7) y=dmodce(x,Fd,Fs,'qask/cir',numsig,amp,phs);

完成星座图为圆形的正交幅移键控调制。numsig、amp 和 phs 是长度相同的向量,numsig 和 amp 必须为正。如果 k 是一个位于区间[1,length(numsig)]的整数,则 amp(k)为第 k 个圆的半径,numsig(k)为第 k 个圆上的星座点数,phs(k)为第 k 个圆上第一个点的相位。第 k 个圆上的所有点都是平均间隔的。phs 省略时默认为 numsig∗0,amp 省略时默认认为[1:length(numsig)]。

■ 7.4.6 基带数字解调

ddemodce 函数的功能是数字调制信号的解调,其格式说明如下。

M 元幅移键控:z=ddemodce(y,Fd,Fs,'ask/opt',M,num,den);

M 元频移键控:z=ddemodce(y,Fd,Fs,'fsk/opt',M);

最小频移键控:z=ddemodce(y,Fd,Fs,'msk');

M 元相移键控:z=ddemodce(y,Fd,Fs,'psk/opt',M,num,den);

正交幅移键控:z=ddemodce(y,Fd,Fs,'qask/arb/opt',inphase,quadr,num,den);

或 z=ddemodce(y,Fd,Fs,'qask/cir/opt',numsig,amp,phs,num,den);

其中,参数 opt 省略时默认为 ddemod 解调后做逆映射。如果使用的是 ASK 方式,则不使用 Costas 环;如果使用的是 FSK 方式,则为相干解调。参数 num 和 den 省略时默认为 ddemod 函数,不使用滤波器;参数 amp 省略时默认为[1:length(numsig)];参数 phs 省略时默认为 numsig∗0。

通常,ddemodce 函数首先解调接收的模拟信号,然后逆映射解调后的函数。但如果加上"/nomap"标志,则 ddemodce 函数不进行逆映射,输出信号 z 的采样速率为 Fs。此时可以单独使用 demodmap 函数完成逆映射这一步。FSK 和 MSK 方式不提供"/nomap"选项。

(1) z=ddemodce(y,Fd,Fs,…);

解调接收到的模拟信号 y 为数字信号 z。解调时将接收到的信号与所有编码规则规定的数值进行比较,返回最接近的数值。y 和 z 为实矩阵,它们的大小与解调方式有关。对于 ASK、FSK 和 MSK 方式,如果 y 为一个长为 $n×Fs/Fd$ 的向量,那么 z 就是一个长为 n 的列向量;如果 y 为 ($n \times Fs/Fd$)$\times m$ 的矩阵,则 z 为 $n \times m$ 的矩阵,y 的每一列作为单独信号分别运算。对于 PSK 和 QASK 方式,如果 y 为 ($n \times Fs/Fd$)$\times m$ 的矩阵,则 z 为 $n \times 2m$ 的矩阵。z 的奇数列表示同相分量,偶数列表示正交分量。y 的每列作为单独信号分别计算。y 和 z 的采样速率分别为 Fs 和 Fd,单位都为 Hz,而且 Fs/Fd 必须为一个正整数。

在"z=ddemodce(y,Fd,[Fs initphase],…);"中,Fs 项为二维向量[Fs phase]。其中,Fs 为采样速率,phase 为载波信号的初始相位,单位为 rad。

在 ASK、PSK 和 QASK 解调中,为了滤除载波信号,ddemodce 函数使用一个采样速率为 Fs 的低通滤波器。参数 num 和 den 可以控制滤波器特性,它们是行向量,表示滤波器传递函数中降序排列的分子和分母参量。如果 num 为空或零或默认,则 ddemodce 函数不使用滤波器。

(2) z=ddemodce(y,Fd,Fs,'ask',M);

完成 M 元幅移键控解调。z 中的元素都为位于[0,M−1]的整数。

"z=ddemodce(y,Fd,Fs,'ask/costas',M);"完成 M 元幅移键控解调,而且在解调过程中使用了 Costas 环。

(3) z=ddemodce(y,Fd,Fs,'fsk',M,tone);

完成 M 元频移键控的相干解调。z 的每项必须位于[0,M−1]。可选参数 tone 为 FSK 相邻符号的频率间隔,省略时默认为 Fd。y 的最大值为 1。

"z=ddemodce(y,Fd,Fs,'fsk/noncoherence',M,tone);"完成 M 元频移键控的非相干解调。

(4) z=ddemodce(y,Fd,Fs,'msk');

完成最小频移键控解调。z 为 0 或 1,两频率间隔为 Fd/2。

(5) z=ddemodce(y,Fd,Fs,'psk',M);

完成 M 元相移键控解调。z 中的元素都为位于[0,M−1]的整数。

(6) z=ddemodce(y,Fd,Fs,'qask/arb',inphase,quadr);

完成 M 元正交幅移键控解调,其星座图用向量 inphase 和 quadr 确定。星座图中的第 k 个符号点的同相分量为 inphase(k+1),正交分量为 quadr(k+1)。

(7) z=ddemodce(y,Fd,Fs,'qask/cir',numsig,amp,phs);

完成星座图为圆形的正交幅移键控解调。numsig、amp 和 phs 是长度相同的向量,numsig 和 amp 必须为正。如果 k 是一个位于区间[1,length(numsig)]的整数,则 amp(k) 为第 k 个圆的半径,numsig(k) 为第 k 个圆上的星座点数,phs(k) 为第 k 个圆上第一个点的相位。第 k 个圆上的所有点都是平均间隔的。phs 省略时默认为 numsig * 0,amp 省略时默认为[1:length(numsig)]。

■ 7.4.7 眼图

评价基带传输系统性能的一种定性而方便的方法是观察接收端基带信号的波形。如果将接收波形输入示波器的垂直放大器,把产生水平扫描的锯齿波周期与码元定时同步,则在示波器屏幕上可以观察到类似人眼的图案,称之为"眼图"。满足无串扰条件的基带信号,由于在相邻抽样时刻的串扰恒为零,因而可以得到轮廓非常清晰的且在 M 个电平处聚为一点的眼图。如果不满足无串扰条件,则在抽样时刻的 M 个电平处不可能聚为一点,而呈发散状,从而"眼睛"中部的张开程度变小。"眼睛"的张开程度可以作为基带传输系统性能的一种度量,它不但反映串扰的大小,而且也可以反映信道噪声的影响。

眼图为基带传输系统的性能提供了大量的信息。在一般情况下,眼图张开部分的宽度决定了接收波形可以不受串扰影响而抽样、再生的时间间隔。显然,抽样的最佳时刻是"眼睛"张开最大的时刻。"眼睛"在特定抽样时刻的张开高度决定了系统的噪声容限;"眼睛"的闭合斜率决定了系统对抽样定时误差的敏感程度,斜率越大则对定时误差越敏感。

(1) eyediagram(x,n);

创建信号 x 的眼图,每个轨迹包括 n 个采样点,n 必须是大于 1 的整数。水平轴的坐标范围是[−0.5,0.5]。eyediagram 函数将第一个参数作为信号,并假定它的周期为 n。

(2) eyediagram(x,n,period);

用法与上面的函数基本相同,只是水平轴的坐标范围变为[−period/2,period/2]。

(3) eyediagram(x,n,period,offset);

增加了偏置因子。eyediagram 函数认为信号的第(offset+1)个采样值之后每 n 个值为一周期,且该周期为 period 的整数倍。offset 必须是非负整数,其范围是[0,n−1]。

■ 7.4.8 实例分析

例 7.4.1 利用 dmod 函数实现已给序列[0 0 2 2 1 1 2 3 1 3]的 4 进制 ASK、FSK、PSK,并对 ASK 利用 modmap 函数实现映射。

M 文件源程序:

```
clear all;
close all;
M=4;
Fc=20;
Fd=10;
Fs=50;
x=[0 0 2 2 1 1 2 3 1 3];
x1=modmap(x,Fd,Fs,'ask',M);
[ya,t]=dmod(x1,Fc,Fd,Fs,'ask/nomap',M);
%[ya,t]=dmod(x,Fc,Fd,Fs,'ask',M);%其上两条语句也可由该语句完成
figure(1)
subplot(3,1,1);
plot(t,ya);hold on;
ylabel('ASK')
[yf,t]=dmod(x,Fc,Fd,Fs,'fsk',M);
subplot(3,1,2);
plot(t,yf);hold on;
ylabel('FSK')
[yp,t]=dmod(x,Fc,Fd,Fs,'qsk',M);
subplot(3,1,3);
```

```
plot(t,yp);hold on;
ylabel('QSK')
figure(2)
plot(t,x1);hold on;
title('ASK 调制前映射图像');
z=ddemod(ya,Fc,Fd,Fs,'ask/nomap',M);
figure(3)
plot(t,z);hold on;
title('ASK 解调后逆映射前图像');
```

运行结果分别如图 7.26、图 7.27 和图 7.28 所示。

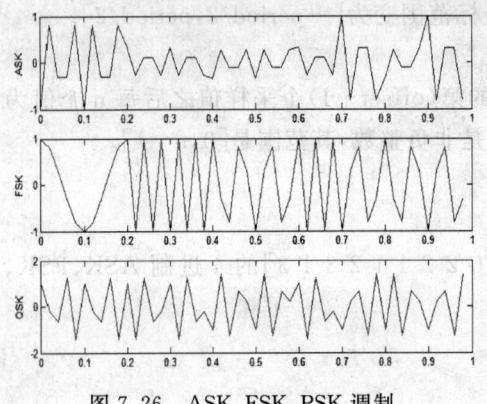

图 7.26 ASK、FSK、PSK 调制

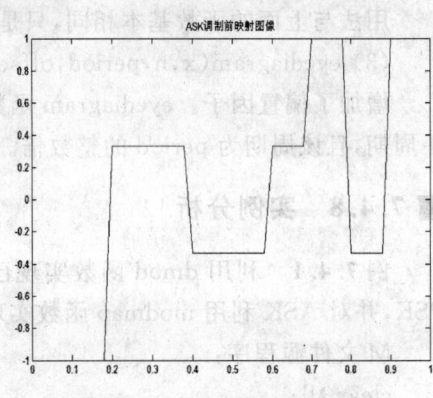

图 7.27 ASK 调制前映射图像

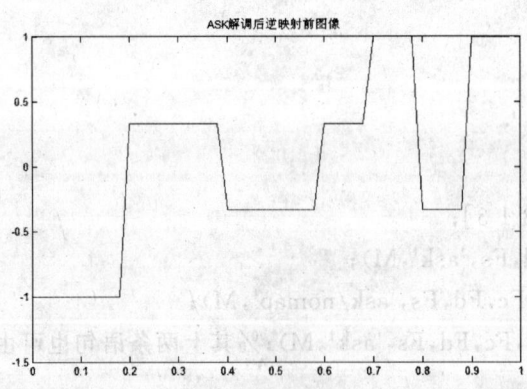

图 7.28 ASK 解调后逆映射前图像

例 7.4.2 设二进制数字基带信号 $a_n \in \{+1,-1\}$,$g(t)=\begin{cases}1, 0\leqslant t\leqslant T_s\\0, 其他\end{cases}$,加性高斯噪声的双边功率谱为 $\dfrac{N_0}{2}=0$。求:

(1) 经过理想低通 $H_1(f)=\begin{cases}1, |f|\leqslant \dfrac{5}{2T_s}\\0, 其他\end{cases}$ 后的眼图。

(2) 经过理想低通 $H_2(f)=\begin{cases}1,|f|\leqslant\dfrac{1}{T_s}\\0,其他\end{cases}$ 后的眼图。

M 文件源程序：
```
clear all;
close all;
N=1000;
N_sample=8;
Ts=1;
dt=Ts/N_sample;
t=0:dt:(N*N_sample-1)*dt;
gt=ones(1,N_sample);
d=sign(randn(1,N));
N1=length(d);
out=zeros(N_sample,N1);
out(1,:)=d;
a=reshape(out,1,N_sample*N1);
st=conv(a,gt);
ht1=2.5*sinc(2.5*(t-5)/Ts);
rt1=conv(st,ht1);
ht2=sinc((t-5)/Ts);
rt2=conv(st,ht2);
eyediagram(rt1+j*rt2,40,5);
```
运行结果如图 7.29 所示。

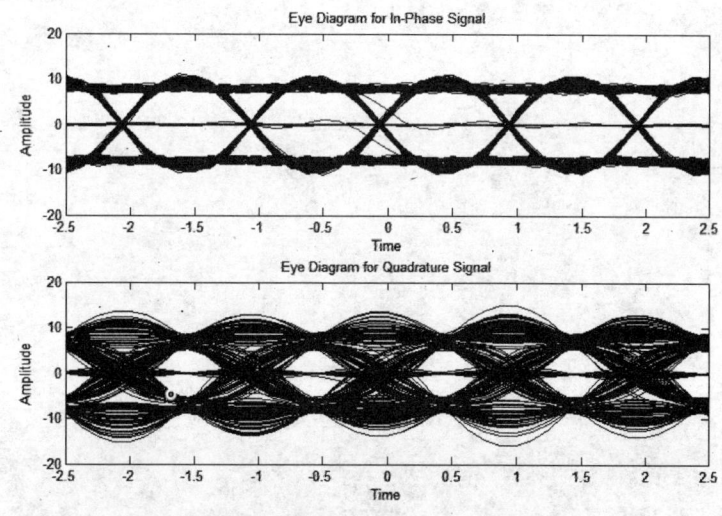

图 7.29 基带信号经不同滤波器后的眼图比较

对于基带信号接收,选择 $H_1(f)$ 滤波器,眼图清晰,接收效果好,选择 $H_2(f)$ 滤波器效果不佳。可见,不同的滤波器对接收效果的影响不同。

习 题

7.1 基带信号 $m(t)=0.5\sin 1\,000\pi t+0.2\cos 1\,000\sqrt{2}\pi t$,载波信号中心频率为 $f_c=10\text{ kHz}$,进行 DSB 调制得 $u(t)$。用 MATLAB 分别画出时域、频域的图形,并对 $u(t)$ 进行解调,画出解调所得信号。

7.2 基带信号 $m(t)=\begin{cases}\sin 100t, & 0\leqslant t\leqslant 0.1\\ 0, & \text{其他}\ t\end{cases}$,载波信号为 $c(t)=\cos 500\pi t$,进行 FM 调制得 $u(t)$。用 MATLAB 分别画出 $u(t)$ 的时域、频域图形,并对 $u(t)$ 进行解调,画出解调所得信号。

7.3 设载波频率为 10 Hz,信息速率为 1 Baud,用 MATLAB 画出:

(1) QASK、MSK 信号的时域、频域波形;

(2) 信号经过带宽为 2 Hz 的低通滤波器后,所得的包络信号。

附 录

附录 A 命令行环境的常用操作

命令	操作说明
clc	清除指令窗口
clear	清除内存变量和函数
clf	清除图对象
clock	时钟
exist	检查变量或函数是否已定义
exit	退出 MATLAB 环境
load	从 mat 文件读取变量
pwd	显示当前工作目录
quit	退出 MATLAB 环境
save	把内存变量保存为文件
workspace	启动内存浏览器

附录 B 特殊变量与常数

变量与常数	说明
ans	计算结果的变量名
eps	浮点相对精度
Inf	无穷大
I	虚数单位
inputname	输入参数名
NaN	非数
nargin	输入参数的个数
nargout	输出参数的个数
pi	圆周率
nargoutchk	有效的输出参数的个数
realmax	最大正浮点数
realmin	最小正浮点数
varargin	实际输入的参量
varargout	实际返回的参量

附录 C 常用操作符

数学运算符		关系运算符		逻辑运算符	
+	加	==	恒等	&	逻辑与
−	减	~=	非恒等	|	逻辑或
*	矩阵乘法	>	大于	xor	逻辑异或
.*	数组乘(对应元素相乘)	>=	大于等于	~	逻辑否
^	矩阵幂	<	小于		
.^	数组幂(各个元素求幂)	<=	小于等于		
\	左除或反斜杠				
/	右除或斜面杠				
./	数组除(对应元素除)				
'	转置或引用				
=	赋值				

附录 D 常用数学函数

1. 基本数学函数

函数	意义	函数	意义
abs	绝对值和复数模长	exp	指数
mod	有符号的求余	round	取整为最近的整数
sqrt	平方根	sign	符号数
gcd	最大公因数	lcm	最小公倍数
log	自然对数	log2	以2为底的对数
log10	常用对数	real	复数的实部
imag	复数值的虚部	sin,sinh	正弦,双曲正弦
asin,asinh	反正弦,反双曲正弦	cos,cosh	余弦,双曲余弦
acos,acodh	反余弦,反双曲余弦	csc,csch	余切,双曲余切
cot,coth	余切,双曲余切	acot,acoth	反余切,反双曲余切
acsc,acsch	反余割,反双曲余割	tan,tanh	正切,双曲正切
atan,atanh	反正切,双曲正切	sec,sech	正割,双曲正割
asec,asech	反正割,反双曲正割	angle	相角

2. 常用位运算函数

函数名	意义
bitand	位逻辑与
bitor	位逻辑或
bitxor	位逻辑异或
bitshift	位逻辑移位
bitsget	位获取

3. 常用集合运算函数

函数名	意义
union	并
intersect	交
setdiff	差
setxor	非
ismember	检测

附录 E 常用矩阵运算函数

函数	功能	函数	功能
blkding	从输入参量建立块对角矩阵	eye	单位矩阵
linespace	产生线性间隔的向量	logspace	产生对数间隔的向量
numel	元素个数	ones	产生全为1的数组
rand	均匀分布随机数和数组	randn	正态分布随机数和数组
zeros	建立一个全零矩阵	cat	连接数组
diag	对角矩阵和矩阵对角线	fliplr	从左至右翻转矩阵
flipud	从上到下翻转矩阵	repmat	复制一个数组
roy90	矩阵翻转 90°	tril	矩阵的下三角
triu	矩阵的上三角	dot	向量点集
cross	向量叉集	ismember	检测一个集合的元素
intersect	向量的交集	setxor	向量异或集
setdiff	向量的差集	union	向量的并集
cumprod	累积	cumsum	累加
factor	质因子	max	最大值
mean	数组的均值	mediam	中值
min	最小值	perms	所有可能的转换
primes	生成质数列表	prod	数组元素的乘积
sort	按升序排列矩阵元素	sortrows	按升序排列行
std	标准偏差	sum	求和
trapz	梯形数值积分	:(colon)	等间隔向量

附录 F 常用文件 I/O 函数

函数	功能
fopen	打开一个文件或获取已打开文件的信息
fclose	关闭一个或多个已打开的文件
fread	以二进制格式读取文件数据
fgetl	按行从文件中读数据,并发送换行符
fgets	按行从文件中读数据,保留换行符
fwrite	以二进制格式将数据写入文件
fprintf	把格式化的数据写入文件
fscanf	从文件中读取格式化数据
fseek	设置文件指针位置
ftell	获得文件指针位置
frewind	把指针位置移到文件头
feof	测试指针是否在文件尾
ferror	测试文件的输入输出错误
open	打开数组或文件
save	保存数据到 M 文件或 ASCII 码文件
load	从 M 文件或 ASCII 码文件加载数据
importdata	加载不同格式的数据
csvread	读取以逗号分隔的数值型数据
csvwrite	以逗号分隔形式写入数据,以换行符结束每一行
dlmread	以指定的分隔形式读取数据
dlmwrite	以指定的分隔形式写入数据
xlsfinfo	检测是否含有 Excel 电子表格
xlsread	读取 Excel 文件
xlswrite	写入 Excel 文件

参考文献

1 苏金明,王永利. MATLAB 7.0 实用指南. 北京:电子工业出版社,2004
2 孙兆林. MATLAB 6.x 图像处理. 北京:清华大学出版社,2002
3 Stephen J. Chapman. MATLAB 编程. 第 2 版. 北京:科学出版社,2005
4 曹弋. MATLAB 教程及实训. 北京:机械工业出版社,2008
5 陈怀琛,吴大正,高西全. MATALB 在电子信息课程中的应用. 第 3 版. 北京:电子工业出版社,2006
6 董长虹. MATLAB 神经网络与应用. 北京:国防工业出版社,2005
7 韩利竹,王华. MATLAB 电子仿真与应用. 北京:国防工业出版社,2001
8 吴大正,杨林耀,张幼瑞. 信号与线性系统分析. 第 3 版. 北京:高等教育出版社,2007
9 郑君里,应启珩,杨为理. 信号与系统. 第 2 版. 北京:高等教育出版社,2001
10 丁玉美,高西全. 数字信号处理. 第 2 版. 西安:西安电子科技大学出版社,2001
11 谷源涛,应启珩,郑君里. 信号与系统——MATLAB 综合实验. 北京:高等教育出版社,2008
12 党宏社. 信号与系统实验(MATLAB 版). 西安:西安电子科技大学出版社,2007
13 余成波. 数字信号处理及 MATLAB 实现. 北京:清华大学出版社,2008
14 陈怀琛. 数字信号处理教程:MATLAB 释义与实现. 北京:电子工业出版社,2004
15 樊昌信,曹丽娜. 通信原理. 第 6 版. 北京:国防工业出版社,2008
16 孙屹. MATLAB 通信仿真开发手册. 北京:国防工业出版社,2005
17 郭文彬,桑林. 通信原理——基于 MATLAB 的计算机仿真. 北京:北京邮电大学出版社,2006
18 John G. Proakis, Masoud Salehi. Contemporary Communication Systems Using MATLAB and Simulink. Bei Jing: Publishing House of Electronics Industry, 2006
19 William H. Tranter. Principles of Communication Systems Simulation with Wireless Applications. Prentice Hall PTR, 2004
20 徐东艳,孟晓刚. MATLAB 函数库查询辞典. 北京:中国铁道出版社,2006
21 夏玮,李朝辉,常春藤,等. MATLAB 控制系统仿真与实例详解. 北京:人民邮电出版社,2008
22 张静. MATLAB 在控制系统中的应用. 北京:电子工业出版社,2007
23 胡寿松. 自动控制原理. 第 4 版. 北京:科学出版社,2002
24 刘金琨. 先进 PID 控制 MATLAB 仿真. 北京:电子工业出版社,2004
25 刘叔军,盖晓华,樊京,等. MATLAB 7.0 控制系统应用与实例. 北京:机械工业出版社,2006
26 李国勇. 智能控制及其 MATLAB 实现. 北京:电子工业出版社,2005
27 薛定宇. 控制系统仿真与计算机辅助设计. 北京:机械工业出版社,2005
28 樊京,刘叔军,盖晓华,等. MATLAB 控制系统应用与实例. 北京:机械工业出版社,2008
29 吴忠强,刘志新,魏立新,等. 控制系统仿真及 MATLAB 语言. 北京:电子工业出版社,2009
30 刘坤. MATLAB 自动控制原理习题精解. 北京:国防工业出版社,2004
31 欧阳黎明. MATLAB 控制系统设计. 北京:国防工业出版社,2001

32　石辛民,郝整清.基于MATLAB的实用数值计算.北京:北京交通大学出版社,2006
33　赵文峰.控制系统设计与仿真.西安:西安电子科技大学出版社,2002
34　薛定宇.控制系统计算机辅助设计——MATLAB语言及应用.北京:清华大学出版社,1996
35　魏克新,王云亮,陈志敏.MATLAB语言与自动控制系统设计.北京:机械工业出版社,1999
36　飞思科技产品研发中心.MATLAB辅助控制系统设计与仿真.北京:电子工业出版社,2005